Knowledge of SAKE

日本酒
圖鑑

積木文化

日本酒圖鑑
Knowledge of SAKE

目錄

Part 1

立刻躍身日本酒通！？

日本酒的新常識

Part 2

找到極致之選！

日本全國各地402款日本酒

Part 3
想知道更多！
日本酒的基礎知識

*本書刊載資訊為截至2014年2月的內容，酒款
　價格或店鋪情報等可能有所變更。

依據香味區分的日本酒四大類型

無法僅以「甘辛」和「濃淡」表述的日本酒風味

　　日本酒原來就是一種含有甜味與旨味的酒，因此即使酒標標示為「辛口」的酒款，也還是能夠感受到酒的甜味。也就是說，沒有甜味的日本酒是不存在的。此外，帶有花果、草本植物及辛香料等豐富香氣的日本酒不斷增加，因此想單純地用「甘口、辛口」、「淡麗、濃醇」等詞彙來表現日本酒的風味，也就愈來愈困難。本書依照日本酒侍酒研究會・酒匠研究會聯合會（SSI）的制定標準，將日本酒分為四大類型。無論是依據味道和香氣的組合來挑選日本酒，或是對於香氣的具體想像，這個分類都會是十分有幫助的工具。之後在挑選日本酒時，請一定要試著活用看看。

依據香味區分的日本酒四大類型

香氣高

薰酒（くんしゅ）
●大吟醸酒系列
●吟醸酒系列

●長期熟成酒系列
●古酒系列

熟酒（じゅくしゅ）

香氣明顯的類型
純米大吟醸酒、大吟醸酒、純米吟醸酒、吟醸酒等，主要為吟醸酒系列。特徵在於香氣華麗、果香豐富以及口感清爽。味道則從甘口到辛口皆有，種類各式各樣。

熟成的類型
被稱作古酒及長期熟成酒等的類型。帶有果乾及香料般的複雜熟成風味、濃郁的甜味以及深厚的酸味，加上豐郁的旨味，口感強勁。

味道淡 ← 日本酒的香味 → 味道濃

輕快滑順的類型
生酒、生貯藏酒、生詰酒等未經過加熱處理，或是減少加熱次數的日本酒，都歸類於爽酒。特徵在於香氣較不明顯，帶清涼感的含香及滑順新鮮的口感。

醇厚的類型
主要將生酛、山廢系列等依循傳統釀造而成的純米酒歸類於此類型。特徵在於米的飽滿香氣及豐郁的旨味所帶來的醇厚口感。可稱得上是日本酒最正統的類型。

爽酒（そうしゅ）
●普通酒系列
●本醸造系列
●生酒系列

●純米酒系列
●生酛系列

醇酒（じゅんしゅ）

香氣低

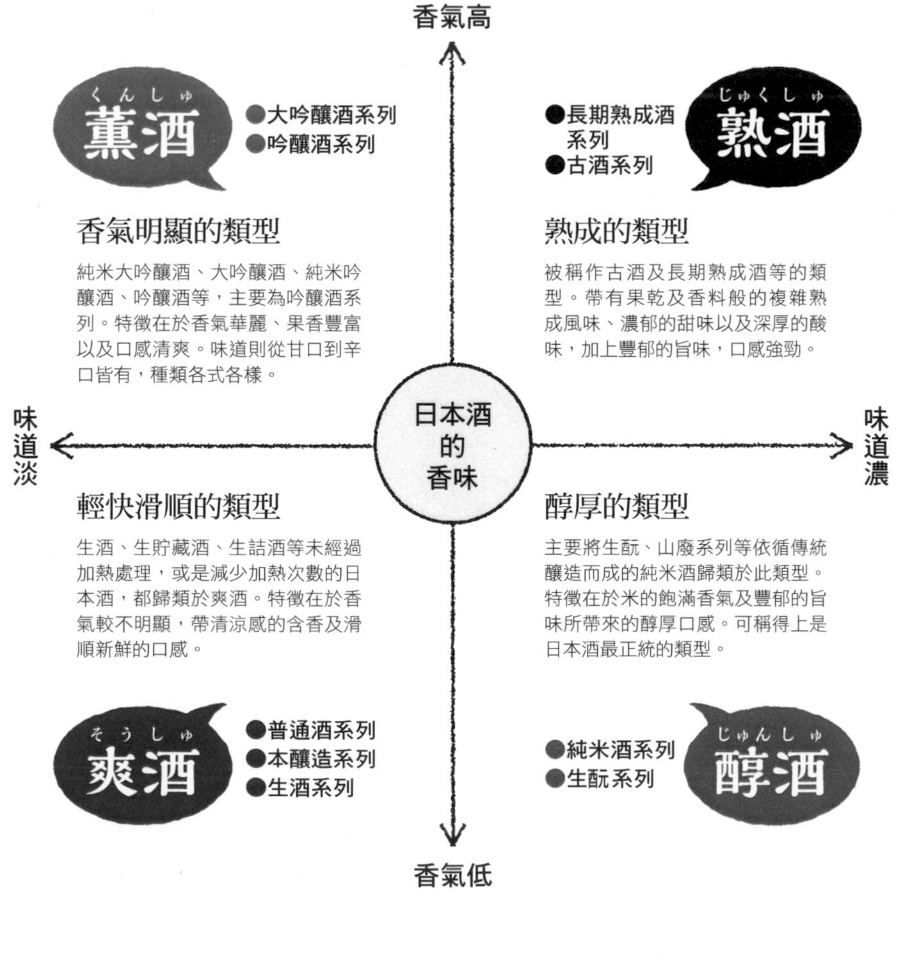

	溫 度	料 理	酒 器

薰酒（くんしゅ）

適溫
10℃左右
（8～15℃）

特徵在於具有清涼感的香氣，冰過之後口感更加清爽。但若冷藏溫度過低，會變得不易感受到香氣，因此要特別留意。

推薦程度
★★ ★★★★ ★★

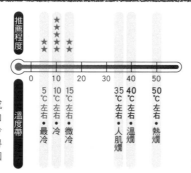

0　10　20　30　40　50

5℃左右・最冷　10℃左右・冷　15℃左右・微冷　35℃左右・人肌燗　40℃左右・溫燗　50℃左右・熱燗

溫度帶

義式涼拌生魚片、海鮮沙拉、鹽烤白肉魚及酒蒸料理等。或是風味清爽的料理、味道單純的料理、用檸檬或是柚子等柑橘類水果調味的料理等，與薰酒都非常搭配。由於香氣高，也很適合作為餐中酒飲用。

為了讓香氣活躍，使用杯口向上擴展的喇叭狀杯型、或是杯口略收的鬱金香型葡萄酒杯最為理想。

爽酒（そうしゅ）

適溫
5～10℃左右

酒質清爽、口感清涼及風味新鮮的優點，充分冰鎮後會更加明顯。

推薦程度
★★★★ ★★★★ ★★★　　★　★★★

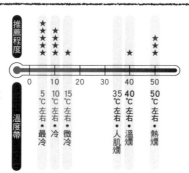

0　10　20　30　40　50

5℃左右・最冷　10℃左右・冷　15℃左右・微冷　35℃左右・人肌燗　40℃左右・溫燗　50℃左右・熱燗

溫度帶

味道單純、輕快，適合搭配的料理十分多元。特別是蕎麥麵、冷豆腐、白肉魚的生魚片、懷石料理等，用清淡的食材製作而成的爽口料理，搭配起來會讓清爽的感覺更加明顯。

多半會先冷藏後再飲用，因此選擇能一次喝完的大小較為合適。選用玻璃等溫度不易上升的材質最為理想。

醇酒（じゅんしゅ）

適溫
15～18℃ 或是
40～55℃

魅力在於醇厚及旨味，適合於各種不同溫度帶享用的類型。推薦以稍微偏高的溫度飲用，旨味的飽和感會更加明顯。

推薦程度
　　★★★★★ ★★★
★ ★★ ★★★ ★★★★★ ★★★

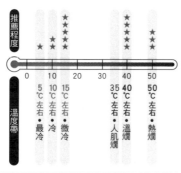

0　10　20　30　40　50

5℃左右・最冷　10℃左右・冷　15℃左右・微冷　35℃左右・人肌燗　40℃左右・溫燗　50℃左右・熱燗

溫度帶

與口感濃郁的料理、澀味鮮明的食材、風味強勁的發酵食品及乳製品等非常調和，適合作為餐中酒飲用。此外，也能試著享受與關東煮、馬鈴薯燉肉、火鍋、鹽辛珍味料理、焗烤海鮮、青椒肉絲等各式各樣料理相互搭配的樂趣。

為了充分展現出米的旨味，建議使用陶器飲用。選擇杯身圓潤的杯型，更能感受到飽滿的香氣。

熟酒（じゅくしゅ）

適溫
15～25℃ 或是
35℃左右

旨味成分愈濃厚的酒款，愈適合加熱飲用。但要注意若溫度過高，會破壞香味的平衡，因此加熱至微溫即可。

推薦程度
　　★★★★
★★★ ★★★★ ★★

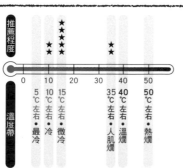

0　10　20　30　40　50

5℃左右・最冷　10℃左右・冷　15℃左右・微冷　35℃左右・人肌燗　40℃左右・溫燗　50℃左右・熱燗

溫度帶

因酒款本身富個性且風味強烈，搭配的料理也需精心挑選。如香煎鵝肝、烤雞肉或熟成起司等無法與其他類型酒款搭配的風味強烈的料理、油脂豐富的料理、辛辣的料理等，與熟酒的搭配性都很好。

為了充分展現出熟成香氣，選擇杯口稍窄的玻璃杯最為理想。此外，酒色也是一大特徵，因此應選擇透明的酒器。

爽酒（そうしゅ）

北海道・東北

醇酒 （じゅんしゅ）

圖鑑解讀法

品牌酒款　酒藏所在地　　酒藏名稱　　酒藏創立時間

日本酒度
表示日本酒甘辛程度的標準。「＋」表示辛口（糖分低），「－」表示甘口（糖分高）。（參考p.189）

DATA

特定名稱
依據原料米、製造方法區分（參照p.19、p.172）

日本建議售價（未稅）
為2014年2月當時，酒藏希望的販售價格（未稅）。販售價格可能逐年變動，實際購入時亦需加上消費稅。

石川
小堀酒造店
Kobori Shuzouten
創立於享保年間（1716～1734）

萬歲樂（萬歲楽）
Manzairaku
石川門 純米
Ishikawamon Junmai

商品名稱

北陸・東海

石川

展現酒米「石川門」雜味少的特性

以石川縣與酒造組合會共同開發的「石川門」為原料米，使用手取川水系的伏流水進行釀造。由於米中心部分的心白較大、蛋白質成分少，因此釀造出雜味少、乾淨的酒質，也因而成了一大特徵。帶酸味的清爽味道，與醋漬或醋拌鮮魚等料理非常搭配。

爽酒

日本酒度 +6

特定名稱 純米酒
建議售價 1.8L ￥2,530、720ml ￥1,220
原料米與精米步合 麴米、掛米均為
石川門70%
酵母 M2酵母（自家酵母）
酒精濃度 16度

推薦品飲溫度帶（℃）
0　10　20　30　40　50

原料米與精米步合
僅標示釀造原料米（麴米、掛米），以及精米步合。沒有標示麴米與掛米的使用比例。此外，若麴米、掛米的米種及精米步合皆相同，則省略標示為「均為」。

酵母
釀造用的酵母。

酒精濃度

推薦品飲溫度帶（℃）
參考品飲鑑定資料（包括香氣等各方面的評比）推薦的飲用溫度。

酒藏其他推薦酒款
商品資料按照特定名稱／日本建議售價（未稅）／原料米與精米步合／酵母／酒精濃度等依序標示。

一併推薦

白山 純米大吟釀
Hakusan Junmai Daiginjo
萬歲樂
Manzairaku

爽酒

純米大吟釀酒／1.8L ￥6,000、720ml ￥3,000、麴米、掛米均為特別A-A地區的山田錦50%／酵母 NK-7（自家酵母）／15度

日本酒度 + 3

推薦品飲溫度帶（℃）
0　10　20　30　40　50

屬於中辛口酒款，適合搭配日式料理。在甜味與旨味中感受到一抹明顯的酸味。口感乾淨清新。

白山 純米大吟釀古酒
Hakusan Daiginjo Koshu
萬歲樂
Manzairaku

熟酒

大吟釀酒／1.8L ￥10,000、720ml ￥5,000、麴米、掛米均為特別A-A地區的山田錦40%／酵母 NK-7（自家酵母）／17度

日本酒度 + 3

推薦品飲溫度帶（℃）
0　10　20　30　40　50

經三年低溫熟成而完成的酒款，是白山系列中的巔峰之作。呈現高貴奢華的香氣和味道。

石川
車多酒造
Shata Shuzou
創立於文政6年（1823）

天狗舞
Tengumai
山廢釀造（山廃仕込）純米酒
Yamahai-jikomi Junmai-shu

醇酒

日本酒度 +4

推薦品飲溫度帶（℃）
0　10　20　30　40　50

特定名稱 純米酒
建議售價 1.8L ￥2,725、720ml ￥1,400
原料米與精米步合 麴米、掛米均為
五百萬石（五百万石）60%
酵母 自家培養酵母
酒精濃度 16度

輕冽水質與優良好米是山廢釀造的代名詞

以產自加賀平野的優良好米為原料，採全量自家精米，使用靈峰白山湧出的伏流水進行釀造。並以自家酵母，由能登杜氏進行山廢釀造。酒質呈現琥珀色澤與芳醇香氣，舌面觸感柔軟滑順，口感濃醇。明確的酸味會在最後湧現上來。搭配個性鮮明的野味料理也不失色。

※刊登內容皆為2014年2月當時的資訊。DATA內容（原料米、精米步合、使用酵母、酒精濃度）可能因製造年份不同而有所改變。

※共軸座標圖及日本酒度僅供參考，可能因製造年份或保存環境的不同而有所改變。

共軸座標圖
由本書監修的日本酒侍酒研究會・酒匠研究會聯合會（SSI）所屬的專屬品飲師所設計，將香味數值化後製成的評比圖表。評比數值分為10個階段。

96　Part 2 日本全國各地402瓶日本酒

■香氣
華麗：感受到甜味的華麗香氣。（吟釀香等）
清爽：感受到酸味的清爽香氣。（吟釀香等）
沉穩：感受到苦味的沉穩香氣。（原料香等）
飽滿：感受到旨味的飽滿香氣。（原料香、熟成香等）

爽酒

華麗　甜味
清爽　飽滿
酸味　旨味
沉穩　苦味

■香氣
■味道

■味道
將日本酒的核心味道**甜味、酸味、苦味、旨味**數值化。

日本酒的類型
依據香味將日本酒區分為「薰酒」、「爽酒」、「醇酒」、「熟酒」四大類型。（參照p.4）
※無法歸類的「濁酒」與「氣泡酒」等類型則標示為「其他」。

12

日本酒圖鑑
Knowledge of SAKE

Part 1

立刻躍身日本酒通！？

日本酒的
新常識

介紹剛開始想接觸日本酒時，
應當認識的20個關鍵字。
具備這些關鍵知識，
你也能順利踏入
日本酒通的世界！

冰鎮！
溫熱！
調和稀釋！
日本酒的飲用方式多采多姿

無論是冷飲、溫熱燜飲、或者是調和稀釋都好喝！

單單一瓶卻能享受多樣品飲樂趣，這就是日本酒。

先試著跟隨季節和心情，

體驗各種不同的品飲方式吧！

冰鎮一下！

涼飲（冷や Hiya）

在日文中，「冷や」這個字有常溫酒之意。源自於沒有冷藏設備的年代，人們將溫酒以外的酒都稱為「冷や」，遂而沿用至今。到手一瓶日本酒後，建議可先以常溫涼飲，再對該酒款所蘊藏的可能性進行一番想像。

冷酒（Reishu）

炎熱的季節裡最先想到就是冷酒。試著分別以微冷（10～15℃）和冰冷（5～10℃）的溫度品飲，找出最美味的品飲溫度帶。但是當溫度低於5℃時，會變得不易感受到香氣和旨味，因此要特別留意。

草莓日本酒冰沙

別覺得這是邪門歪道，試一次看看吧！草莓的酸味與甜味交融於米的旨味中，展現出溫潤的成熟風味。不只是淡麗系酒款，就連旨味豐富的純米酒也意外地與草莓非常相搭。

爛酒（Kanzake）

爛酒，是讓旨味飽滿的品飲方式。透過溫熱讓旨味更佳活躍。相較於會讓舌頭感到刺激的「熱爛」，還是飲用溫潤柔順的「溫爛」吧！

溫熱一下！

加水溫熱

想微醺一番時最適合的品飲方式。作法是加入不會破壞日本酒風味的水量（約一成）再進行加熱。也被認作是模仿杜氏及藏人等「酒通」的品飲方式。

加冰塊

在酒精濃度高的「原酒」中加入冰塊，能讓酒精感變得柔順，入口清爽。此外，當夏天想暢快地來一杯時，也很適合這種品飲方式。選擇口感輕快、辛口的日本酒為佳。

調和稀釋！

加氣泡水

日本酒也可以加入氣泡水。若是想要追求燒酎高球（Highball）帶來的順暢感，就選擇淡麗類型的本釀造或普通酒。最後放上檸檬，或最好為臭橙、醋橘等柑橘類水果。

變化豐富的品飲
Recipe

加氣泡水

準備好已放入冰塊的玻璃杯，加入日本酒與約兩成比例的氣泡水後試試味道，再依據個人喜好調整比例。建議使用碳酸強勁的氣泡水。最後，別忘了放入臭橙、醋橘等柑橘類水果增添風味。

加冰塊

在威士忌酒杯（Rock glass）中放入冰塊，再倒入日本酒就完成！

涼飲

到手一瓶日本酒，先不要溫熱或冷藏，試著享受常溫的口感。雖然一般所謂常溫為20℃左右，但還是以含在口中時感受到些微清涼感為準。

冷酒

20℃的日本酒要下降至10℃，約需放入冰箱（約8℃左右）冷藏2～3小時。若時間不夠，可以將瓶口以下部分浸入冰塊水中，一分鐘約會降溫1℃左右。

草莓日本酒冰沙

將草莓清洗乾淨，取下蒂葉，再加以冰凍。冰凍的草莓中加入約等量的日本酒，用電動攪拌器等打勻之後，倒入玻璃杯中，添上薄荷葉。此外，加入藍莓或是覆盆子也同樣美味。

加水溫熱

以酒精濃度15度左右的一般日本酒為例，約在酒中加入占比一成的水後，進行加熱。加入的水若是酒款的釀造用水最為理想。但要是無法取得，也可使用日本的軟水。酒精濃度高的原酒，則可以直接兌入熱水。

爛酒

將日本酒倒入德利酒器中，再放入約80℃的熱水中隔水加熱，就能品嘗到口感溫潤的爛酒。雖然有些費工，但為避免失敗，溫酒時建議使用溫度計確實測量溫度。此外，由於酒精的沸點是在78.3℃，溫酒時要注意不要超過這個溫度。

日本酒的種類

1 屬於釀造酒的日本酒，相較於燒酎，與葡萄酒要更為相近

日本酒與葡萄酒屬於釀造酒 燒酎與威士忌屬於蒸餾酒

從酒的釀造方式來看，日本酒、葡萄酒與啤酒都歸類在釀造酒。所謂釀造酒，是將原料經由酒精發酵後釀造而成的酒。日本酒就是以米為原料釀造而成。燒酎和威士忌則是將各原料釀造而成的釀造酒，再經過蒸餾程序所產出的酒，因而稱作蒸餾酒。由於此法會將酒精加以濃縮，因此蒸餾酒的酒精濃度較高。

未經蒸餾、處於發酵狀態的日本酒，相較於高酒精濃度帶來的樂趣，更能品味到原料米的味道，以及發酵產生的複雜旨味。

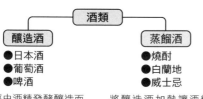

```
              酒類
     ┌──────────┴──────────┐
   釀造酒                  蒸餾酒
  ●日本酒                 ●燒酎
  ●葡萄酒                 ●白蘭地
  ●啤酒                   ●威士忌
```

原料經由酒精發酵釀造而成的酒，主要分為水果原料及穀類原料。其中穀類原料的發酵方式複雜且耗時費工。

將釀造酒加熱讓酒精蒸發，並收集蒸氣中的酒精成分，加以濃縮後製成的就是蒸餾酒。為酒精濃度很高的酒類。

所謂純米酒，顧名思義就是只用米和米麴釀造而成的酒

日本酒當中有大吟釀酒、純米吟釀酒等各種分類，其中若上方標有「純米」字樣，代表是只用米和米麴釀造而成。純米大吟釀酒、純米酒等，都屬於這一類。相反地，未標示「純米」字樣，如大吟釀酒、本釀造酒等，則是除了米和米麴之外，還添加了符合法令規定量之內的釀造酒精※。若是加入超出規定量的釀造酒精，則統稱為普通酒，但是商品並不會標示出「普通酒」的字樣。只要酒標上未出現純米酒等特定名稱（參照p.172）的日本酒即為普通酒，約占日本酒市場的七成左右。

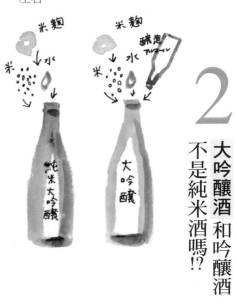

2 大吟釀酒和吟釀酒不是純米酒嗎!?

※以蔗糖、蕃薯、玉米、米等為原料，製造而成的蒸餾酒。

3

将米的表層充分精磨後
釀造的是吟釀酒
更加精磨後釀造的是大吟釀酒
名稱會隨 精米步合 而改變

依據影響日本酒風味的精米程度分類

大吟釀酒和吟釀酒又有什麼不同之處呢？答案就是精米的比例。依據米表層的精磨（精米步合）程度，名稱也會跟著改變。而「精米步合」是指米粒經過精磨後留下的百分比，因此數值愈低，表示磨去的比例愈高。磨去愈多，原料米的總量會減少，成本便會隨之增加，精磨所需的工時及技術也更為重要。因此，精米步合最低的大吟釀酒相對高價也是理所當然。

那麼又為何要將米如此精磨呢？目的就是要去除米表層的蛋白質及脂肪成分，呈現出不帶雜味的米的風味。但是，還有許多其他因素也決定著日本酒的風味表現，因此要記得，即便精米步合數值不低卻美味的日本酒還是非常多。

所謂精米步合

● 精米步合60%的狀態
精白米60%
磨去→米糠40%

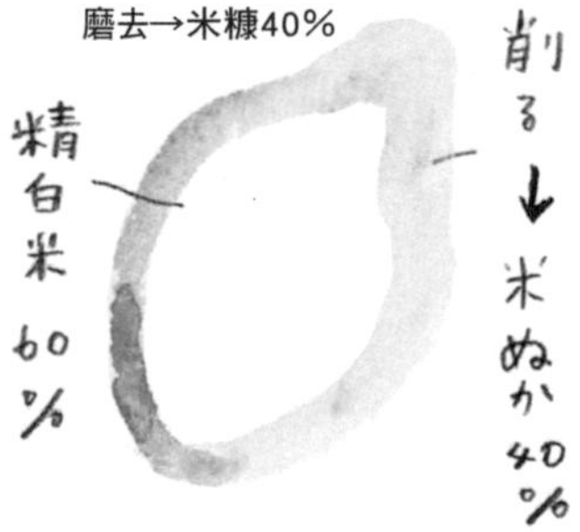

削
る
↓
米
ぬ
か
40
%

精
白
米
60
%

所謂精米步合，是將精磨前米的比例設定為100%，再針對精磨後的米粒所占原先比例的數值。以精米步合60%的吟釀酒為例，指的是磨去米表層40%，僅使用剩下60%的米粒進行釀造。

依據精米步合及是否添加釀造酒精所分類

精米步合	無添加釀造酒精	有添加釀造酒精
50%以下	純米大吟釀酒	大吟釀酒
60%以下	純米吟釀酒	吟釀酒
60%以下，或使用特別的釀造方式（需標示說明）	特別純米酒	特別本釀造酒
沒有規定	純米酒	–
70%以下	–	本釀造酒

關於原料

4 山田錦不能吃嗎!?

與一般食用米性質不同的酒造好適米

以作為釀造銘酒的原料米而聞名的「山田錦」，若是想一嘗這名氣響亮的米種，會發現根本沒有店家在販售。這是由於山田錦被指定作為「酒造好適米」（適合用於釀酒的米），而且是產量稀少的酒米。相較於一般食用米，山田錦的特徵在於顆粒較大、米質較柔軟，以及米中心呈混濁白色的「心白」（澱粉）比例較多。

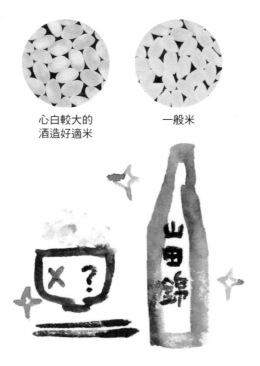

心白較大的
酒造好適米

一般米

5 廣受日本酒通歡迎的雄町

領先業界成功讓純米酒再次回到消費市場，並致力於復興酒米「備前雄町」的玉乃光酒造。陣容堅強的酒款如「玉乃光 純米大吟釀備前雄町100%」、「純米吟釀祝100%」（皆請參照p.122）等，能享受到不同米種呈現的風味。

和葡萄酒不同，日本酒不會直接呈現出原料的味道

目前，以「山田錦」為首的酒造好適米約有100多種，「雄町」也是其中一種。「雄町」是自古以來持續栽培的品種，據說對「日本酒通」而言，雄町與山田錦是平分秋色的兩大存在。其他也有像「五百萬石」與「美山錦」等知名的酒造好適米，不過酒米的品種特性卻不會直接呈現於酒的味道上，這也就是日本酒的深奧之處。除了複雜的釀造流程之外，釀造者的技術對於酒的味道也有很大的影響。想透過品飲日本酒感受不同酒米的品種特性實在不容易。不過也有許多酒藏出品使用不同酒米為原料的同品牌酒款，可藉此享受品飲比較的樂趣。

6 酒藏酵母、協會酵母…進入連酵母也能選擇的時代

香蕉的香氣、花的香氣…酵母生成的香氣特性

釀造日本酒不可或缺的微生物主要有兩種——麴菌和酵母。麴菌扮演的角色是將米所含有的澱粉質加以糖化，而酵母扮演的角色則是將麴菌糖化後產生的糖分轉化成酒精。酵母還同時肩負著構成日本酒風味的酸度、胺基酸及香氣的生成等工作，像是呈現香蕉、蘋果等水果香氣，或花香……。只是改變這些肉眼看不見的微生物種類，香氣就會隨之變化，實在令人感到不可思議。

在生長條件完備的情況下，酵母原本就是大自然中無所不在的微生物。從前釀造日本酒，利用的是存在於酒藏裡的野生酵母（酒藏酵母），而現在大部分的酒藏則是依據想釀造出的目標酒質，來決定使用日本釀造協會頒布的「協會酵母」，或各縣、各酒藏開發的酵母。大吟釀酒等富含豐郁香氣類型的酒款，在酒標上會載明酵母的種類，不妨多留意一下。

7 白麴釀造的日本酒相繼登場

猶如品飲白葡萄酒一般帶酸味的日本酒

屬於黴菌之一的麴菌，有黑麴菌、白麴菌及黃麴菌等不同種類，用來釀造日本酒的幾乎皆為黃麴。由於黑麴及白麴會產生大量檸檬酸，因此即使在高溫地區進行釀造作業，醪（酒精發酵工程）也不會腐壞，加上酸味經過蒸餾會消失，因此主要用於燒酎的釀製。使用白麴釀造的日本酒相繼登場，一時也成了日本酒愛好者之間的熱門話題。雖然因酸味強勁，在日本酒中屬特立獨行的風味，但十分適合搭配西式料理，享受猶如品飲白葡萄酒般的樂趣。

口感輕快、廣受各個客層喜愛的白瀧酒造「上善如水」系列，推出了「上善如水 純米 白麴」（參照p.79）酒款。除了適合作為餐中酒飲用，餐後來上一杯取代甜點也十分享受。

8 居酒屋也提供釀造用水

釀造用水的水質決定日本酒的風味

日本酒的成分中約有八成是水。自古以來即有「名水釀造銘酒」的說法，酒藏一直以來也多建置在清澈潔淨的河川或水源附近，以當地的水為原料釀造日本酒。而有些居酒屋會訂購這些「釀造用水」，有機會不妨多留意看看。追溯與原料相同的水作為品飲時的稀釋用水，還真令人感到有些風雅。

9 淡麗辛口已漸形失色

葡萄酒

啤酒

日本酒

想釀造、想品飲正統日本酒的趨勢

日本酒市場當今正流行「脫・辛口甘口」。回想過去的年代，甜而濃郁的日本酒，即便產量少，還是能滿足百姓的需求。但是當生活變得富裕之後，酒的產量增加，下酒菜也變得豐富多樣，因而便出現了「日本酒因為甜膩而無法喝多」的說法。而將日本酒從這個困境中解救出來的就是淡麗辛口的酒款，「輕快爽口，喝幾杯都不成問題！」、「淡麗辛口＝好喝的日本酒」的觀念逐漸成形。當時正值泡沫經濟的巔峰時期，也因此無論是啤酒、燒酎或是葡萄酒，飲用趨勢無一不倒向大量飲用也不膩口的辛口酒款。

然而，在這個輕鬆的就能品嘗到世界各國酒類的現代，日本酒愛好者開始探索「日本酒的原始風味為何？」。答案之一就是飲用者不再拘泥於甘口、辛口，而是對於能充分品味到米的旨味的正統日本酒需求日益增加。

10 帶甜味的日本酒逐漸增加

實現了昔日無法想像的細緻甜味

如同前面所提到，進入平成時代之後的正統日本酒，也就是甜味明確的日本酒，評價日漸升高。說到「甘口」的酒款，多半會給人甜膩的印象，但是這邊提到的甜味卻是完全不同。入口瞬間會感受到酒質的滑順及溫潤，而絕非甜膩感。這是釀造者以釀造正統的日本酒為目標，促使技術不斷提升的結果。與過去甘口的酒相較，這種劃時代的高雅甜味、香氣豐富以及口感俐落的日本酒在市場上一口氣增加了許多。

左／萬乘釀造「釀人九平次 純米大吟釀 別誂」（參照p.114），濃郁的果香、華麗的甜味及酸味為其魅力所在。
右／富久千代酒造「鍋島 純米吟釀山田錦」（參照p.162），一入口，清爽的高雅甜味便會在口中擴散開來。

11

經熟成後 品飲的年份酒 也人氣十足

左／白木恒助商店「達摩正宗 清酒未來へ 2013釀造酒」（參照p.106），放在家中就能美味熟成。
右／長龍酒造「雙穗 雄町 特別純米酒2009年釀造」（參照p.130），放在低溫貯藏庫超過30個月以上的熟成年份酒。

酒藏開始致力於釀造 經時間淬鍊而進化的日本酒

由於各個酒藏投入的創意及心力，得以讓當今日本酒的釀造技術突飛猛進，而緊接著下一個課題，想必就是「熟成」了。一直以來習慣稱放置一年的日本酒為舊酒，而並沒有所謂熟成的概念。淡麗辛口或香氣豐郁的酒款雖皆以「新鮮」為賣點，但當今成為主流的純米酒，其實是適合「熟成」的酒款。相較於剛釀造完成的口感，稍微放置一段時間後酒質會變得更加溫潤。因此現在有很多酒藏開始投入隨時間淬鍊而進化的日本酒釀造。

12

將一向被視為雜味的「酸味」明顯 表現出來的日本酒 急速增加

搭配現代餐桌的新概念

近期市面上出現愈來愈多帶酸味的日本酒。這會造成話題的原因在於，長久以來日本酒中的「酸味」一直被視為是「雜味」。但是，在西式料理日常化的現代餐桌上，十分適合搭配像葡萄酒一樣帶些酸味的酒。因此，讓酒「呈現出酸味」也成為符合現代趨勢的新概念。像是從前述所提到的白麴開始，另有使用葡萄酒酵母、帶酸味的原料，或能引出酸味的釀造法等方式釀造而成的日本酒也相繼登場。

13

爛酒的人氣儼然已成 一股氣候 溫酒專用酒 進而登場

「溫熱飲用」 是理所當然的品飲方式

能讓日本酒更有風範的，就是爛酒。

據說中世紀以來，日本酒一年四季皆為溫熱飲用。然而，近年來爛酒之所以遭受忽視，是受到吟釀酒的風潮影響，因為「香氣豐郁的吟釀酒，若是溫熱了喝就太浪費了」。而正統的日本酒——也就是純米酒——重新受到重視的現在，爛酒跟著開始興盛起來也是理所當然的。其實純米酒本來就是要透過溫熱才能發揮真正價值日本酒。

14

自古傳承的釀造方式──「生酛釀造」與「山廢釀造」

「製造生酛」的方法有「生酛釀造」與「山廢釀造」兩種類型

　　「製造酛（酒母）」（參照p.184）是釀造日本酒的重要工程之一，也就是大量培養酒精發酵時所需酵母的工程。在這個步驟中，若是利用天然乳酸菌來作用就稱為「製造生酛」。接著進入正題，在進行「製造生酛」時需花費最多力氣的作業稱為「山卸」，就是利用稱為「櫂」的木棒搗碎蒸米，是非常耗費體力的一項作業。因此將有進行「山卸」作業的製法稱為「生酛釀造」，沒有進行的則稱為「山卸廢止酛」，簡稱「山廢釀造」。

左／大七酒造「大七 純米生酛」（參照p.56）承襲自1752年以來的正統「生酛釀造」方式。
右／釀造「群馬縣 超特撰純米」（參照p.68）的島岡酒造，為了發揮其釀造所用硬水的特性，一貫採用「山廢釀造」的方式。

主要的釀造工程與「製酛酒母」

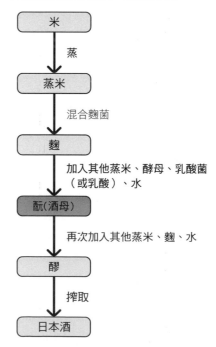

米
↓ 蒸
蒸米
↓ 混合麴菌
麴
↓ 加入其他蒸米、酵母、乳酸菌（或乳酸）、水
酛（酒母）
↓ 再次加入其他蒸米、麴、水
醪
↓ 搾取
日本酒

15 原酒、生酒、生詰酒 與 生貯藏酒 屬性完全不同

釀造過程中，未經加水的稱為「原酒」、未經加熱處理的稱為「生酒」

　　所謂「原酒」，是指省去一般釀造過程中「加水」程序的日本酒。因此酒精濃度偏高，約在18%左右，風味濃郁。此外，為了安定酒的品質，一般的會在貯藏或裝瓶前進行兩次稱為「火入」的加熱作業，而省去這項作業的日本酒就稱為「生酒」，新鮮的風味是其最大特色。然而即便是「生酒」，又分為貯藏前未經火入作業的「生貯藏酒」，以及裝瓶前未經火入作業的「生詰酒」。

根據「火入」（加熱處理）的時間點不同，名稱上也有所差異

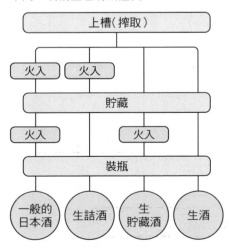

```
            上槽（搾取）
          ┌──────┴──────┐
      火入   火入         │
        └──┬──┘          │
           貯藏
      ┌────┴────┐   ┌────┴────┐
    火入        │  火入        │
      └──┬──────┘   └────┬────┘
         裝瓶
   ┌──────┬──────┬──────┐
 一般的   生詰酒   生        生酒
 日本酒           貯藏酒
```

16 無濾過生原酒 一登場 旋即掀起一股熱潮

未經活性碳濾過、未加水、未加熱，個性豐富的酒

　　所謂「濾過」，是指去除搾取完成的日本酒中米或酵母等固態物質的程序。分為直接將活性碳混入酒中，或通過濾過器等兩種方式。但若是過度濾過的話，會減弱日本酒原來的香氣及個性，因而出現了未經濾過的日本酒，這就是「無濾過」。而若同時也未加水、未加熱，就稱作「無濾過生原酒」。這類型的酒無論在色澤、香氣及味道等方面，都能確實令人感受到酒原有的個性，因此近年來十分受到歡迎。

水果香氣與米的旨味形成絕佳平衡口感的八戶酒造「陸奧八仙」系列。其中人氣最高的是「紅色酒標特別純米無濾過生原酒」（參照p.36）。

17 以杜氏的世代交替為契機，造就酒藏杜氏的增加

優勢在於能夠釀造出接近目標酒質的日本酒

在日本酒業界，由酒藏聘用專業杜氏進行日本酒的釀造工程是一直以來的慣例。近年來，有鑒於杜氏普遍高齡化，世代交接的進行也刻不容緩。然而，由於杜氏是一項非常耗費心力的工作，後繼者的培育也相對困難……。因此，日本酒業界掀起了一個劃時代的行動──由酒藏經營者親自擔任杜氏。市面上也愈來愈常見由這些經營者兼任職人的酒藏杜氏貫徹理念所釀造的日本酒。

18 野心勃勃的年輕酒藏經營者釀造的日本酒值得注目

努力加上情報的蒐集，並以理論作為手段，挑戰全新日本酒釀造方式

近數十年，除了前述杜氏之外，進行世代交接的酒藏也不在少數。這些年紀約三十歲上下的年輕接班人，有的身兼杜氏、有的則與同世代的杜氏及員工共同革新父母親一輩的釀造方式，推出個性鮮明的日本酒。像是親自栽培酒米、意圖利用麴菌或酵母釀造出風味富個性的酒款、挑戰生酛等傳統釀造方式等，透過努力、情報蒐集及融合理論來彌補經驗上的不足，同樣能成功地釀造出符合飲用者需求的日本酒。

推出「上喜元 純米 出羽之里」（參照p.54）的酒田酒造，是由被冠上「山形縣傑出名杜氏」美譽的社長親自進行釀造。

由年輕的第8代釀造的新政酒造「新政 秋田流純米酒」（參照p.46）。能品嘗到山廢釀造獨特的酸味及旨味。

以備前雄町酒米的旨味為最大魅力的「御前酒 純米 美作」（參照p.142），為辻本店所釀造，是岡山縣第一個由女性杜氏管理的酒藏。

以酸味和甜味為人留下深刻印象的「仙禽 無垢 無濾過原酒」（參照p.66）的仙禽，是由兄弟檔經營的酒藏，其中哥哥曾為葡萄酒侍酒師。

福祿壽酒造第16代所釀造的「一白水成純米吟釀」（參照p.47），米的旨味宜人，愛好者持續增加中。

20 決心投入釀造 全量純米酒 的酒藏持續增加

19 進軍海外市場釀造 SAKE 的酒藏相繼登場

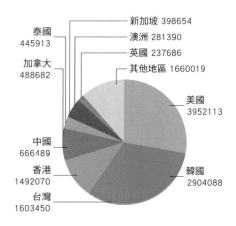

新加坡 398654
澳洲 281390
英國 237686
其他地區 1660019
泰國 445913
加拿大 488682
美國 3952113
中國 666489
香港 1492070
台灣 1603450
韓國 2904088

2012年統計日本酒出口前10名的國家／地區

出口國當中以美國遙遙居冠，和位居第二的韓國合計後的出口量約占總出口量的一半。
（資料來源日本財務省「日本的貿易統計」／單位：kl）

全心致力於心中想要的酒＝全量純米酒釀造

　　根據「平成23酒造年度之清酒製造狀況」（日本國稅廳）的資料顯示，純米酒（包括純米大吟釀酒、純米吟釀酒）占日本酒整體市場的比例為16.7%。而在純米酒的產能本身就較弱的情況下，宣示今後只釀造純米酒，致力於真正想釀造的日本酒的酒藏卻持續增加。其中作為先驅的就是「神龜酒造」。神龜酒造在距今四個半世紀以上的年代，也就是以普通酒或三倍增釀酒（添加釀造酒精、糖類、酸味料等增加量的酒款）為主流的年代，就已宣示釀造全量純米酒，實在令人感到驚訝。為了深入探究純米酒的魅力所在，因而特別造訪了這間神龜酒造。

在海外的評價遠比在日本還高

　　當今在海外國家，特別是歐美地區，掀起了一陣日式料理風潮，而日本酒也順勢成為不可或缺的存在。再加上出現在巴黎米其林星級餐廳的酒單上，更是提高了日本酒的整體評價。

　　此外，在世界各國中，由日本的酒藏或當地人釀造的「SAKE」也逐年增加。像是美國地區，由於可以用遠低於日本進口的價格品嘗到日本酒，因此當地許多日式休閒餐廳也會將這種當地釀造的酒定位為「HOUSE SAKE*」。

* 審訂註：餐廳的指定餐酒酒款。

設立於琦玉縣蓮田市閑靜住宅區中的神龜酒造，酒藏內部仍保留嘉永元年（1848）創立時的廠房。

不是單單讓酒好喝，而是讓料理好吃，這就是我認為的純米酒。

在米即將蒸好之前，藏人們會在甑（蒸米用道具）旁待命。當杜氏發出口令時，就會拿起專用的鏟子將蒸好的米一口氣從甑裡挖取出來。

創立於嘉永元年（1848）的神龜酒造第七代——小川原良征社長。昭和62年（1987），將酒藏釀造的酒全部轉換成純米酒。

至今的目標就是釀造出戰爭前的純米酒風味

12月的清晨5點，在抵達神龜酒造之時，寒冷的酒藏中充斥著蒸米香氣，而蒸氣裊裊的空氣中，包覆著藏人們正待命於酒米蒸好瞬間的緊張情緒。即便處於釀造的關鍵時刻，還願意接受採訪的是神龜酒造的第七代——小川原良征社長。對日本酒有相當研究的人就知道，小川原良征社長被稱為是復興純米酒的大功臣。而小川原社長至今最大的目標就是再現戰爭前的純米酒風味。

「非常可惜的是，現在已經找不到戰爭前的釀酒教科書。我們所學習到的，只有存在於腦海裡的記憶。現在，就是由這裡的杜氏們繼續傳承下去。」

小川原社長所認定的日本酒，是跟進於料理之後，扮演著提引出隱藏在料理中細微味道的角色。

「日本酒不是香水，因此不需要過多的香氣。」

談到了當今日本酒的風潮與日本酒的未來，小川原社長比起任何人都更加擔憂，這也是由於比起任何人，神龜酒造一路走來都抱著最正向積極的信心來看待日本酒之故。

想讓大家喝到真正的濁酒，而走上純米酒釀造之路

小川原社長決定開始釀造純米酒，是在昭和42年（1967）的時候。當時將加了糖、甜膩而

小川原社長與太田杜氏針對蒸米的狀態進行確認。依據當大的氣溫和濕度，蒸米的時間等也會跟著改變，由此可知「蒸」是一道非常縝密的作業。

取一小撮蒸米，捏成猶如麻糬般的狀態後，酒藏會將之稱作「捻餅（ひねりもち）」。藉由試嘗捻餅的味道，能掌握蒸米的狀態。

太田茂典杜氏。熟稔造酒的各項工程，曾擔任造酒總工程的責任者，在經過10～15年後始成為獨當一面的杜氏。

黏稠的酒當作濁酒來販賣。此外，釀造商們為了確保當季酒鋪的陳列空間，據說約在九月初就開始將商品放置於店面架上。

　　「當時我常在想，為何要讓大家喝這種不真實的酒呢？我小時候認識的濁酒，是在釀造作業結束，最後的最後階段產出的酒。其中滓（槽渣）的成分與酵母仍繼續活動，是有生命的酒。剛好在櫻花初開的時節釀成，非常適合用來賞櫻時飲用。」小川原社長娓娓道來。

　　因此「想讓大家喝到真正的濁酒」的心情，成了驅使小川原社長步上純米酒釀造之路的契機。

　　「並不是去除釀造酒精添加的本釀造酒就是純米酒。」小川原社長補充道。

　　為了轉型成功，小川原社長借助了有「釀造學第一人」之稱、東京農業大學的塚原寅次教授、琦玉縣釀造試驗場的內藤丞先生，以及熟知戰前神龜酒造釀造工程的杜氏等三者的力量，徹底改造了神龜酒造的釀造工程。

　　小川原社長也提到，「特別是受到內藤先生的指導，一直從製麴、製酒母，到醪的管理等，鉅細靡遺地傳授給我們。然後在純米酒釀造途中的製醪階段將酒引出，這就是我們的濁酒。此時酵母仍繼續活動，因此能呈現出類似從前濁酒的風味。」

動搖量產體制的業界
神龜的全量純米酒宣言

　　一直到了昭和44年（1969），純米活性濁酒的誕生讓神龜酒造一舉成名。這種酒的真實

風味，不但為飲用者帶來極大的衝擊，同時也慢慢地培養出純米酒的愛好者。昭和62年（1987），神龜酒造終於因「有非常棒的酒」開始受到各界矚目，也突如其然地發表了「從今以後不再使用釀造酒精」的宣言。這個宣言動搖了整個日本酒業界。八年之後，又再度發表了全量純米宣言。當時的日本酒業界正進入量產體制，因此一般酒藏很難立即跟進。

然而，緊接著掀起的吟釀酒風潮，卻讓小川原社長陷入沮喪。

「大吟釀多在冰涼之後飲用，冰冷的東西進入口腔後，味覺會變得遲鈍，舌頭上感覺味道的『味蕾』細胞也會因受到冷的刺激而緊縮起來。但是相反地，口中含著若是爛酒，味蕾就會張開，因此即便是味道清淡的料理，也能感受到美味的所在。此外，爛酒也比較不容易宿醉，對身體是比較友善的。」

若是熟成的日本酒，還能享受加熱後不同溫度變化的樂趣

據說為了讓爛酒的味道穩定呈現，根據酒款的不同，通常需要經過三～五年的熟成。而神龜的純米酒通常需要二～三年以上的熟成時間。酒經過加熱後，旨味等各項要素在口中延展開來的感覺，呈現出獨一無二的風味。但是，要在家中自行溫酒，似乎有點困難……。

「其實沒有這樣的事。只要將裝有1合（180ml）日本酒的德利壺，放入裝有2.5合（450ml）已煮沸熱水的茶壺中，蓋上壺蓋隔水以餘溫加熱，酒的溫度約可達到50℃左右。此外，也可以用微波爐加熱，將酒倒入適用於微波爐加熱的德利壺中，盡可能以低瓦數加熱約30秒。由於使用微波加熱的方式僅能溫熱到上層，還要將酒倒入另一個德利壺中，才能讓整體溫度均衡。」

只有釀造出優質爛酒「神龜」的人，才能創造出這麼不拘泥的溫酒方式。

「其實還有更簡單的方法。就是將熟成的日本酒倒入較大的德利壺中，加熱到無法直接用手拿取的溫度。在酒很熱的時候佐以肉類或烤魚，溫度稍微下降後搭配生魚片，殘留餘溫時再搭配燉煮蔬菜或汆燙蔬菜享用。配合酒的溫度變化，搭配不同的料理，也是一種很不錯的享用方式。」

神龜酒造的經典酒款「神龜 純米酒」（參照p.70）。熟成酒才具有的複雜旨味，加熱後呈現的溫潤口感實在難以用言語形容。稱得上是能真正發揮爛酒價值的日本酒代表之作。

日本酒圖鑑
Knowledge of SAKE

Part 2

找到極致之選！

日本全國各地
402款日本酒

收錄了無論是品飲新手
或日本酒通，都能夠樂在其中的402瓶
日本酒的詳盡介紹。
包括基本資料、香氣類型，
以及品飲鑑定資料等豐富情報。

北海道・東北

嚴寒地區的寒釀造，
展現出稻米之鄉的驕傲

陸奥

北海道

主要在札幌、旭川附近約有十五家酒藏。由於使用清涼的釀造用水及受到寒冷氣候的影響，釀造出的日本酒呈現輕快的香味。因開發了「吟風」、「初雫」與「彗星」等酒米以及「浜梨花酵母（ハマナス花酵母）」等作品，新風味酒款也相繼登場。

青森

聳立著世界遺產──白神山地的青森，主要在弘前地區及八戶附近約有二十家酒藏。擁有「華吹雪」、「豐盃」、「華想（華想い）」等縣產酒米。釀造酒款交雜著傳統的濃醇風味，以及近年陸續登場的吟釀系新風味。

岩手

主要在北上川流域附近約有二十家酒藏。作為南部杜氏故鄉的岩手縣，現在釀造出比以前更為優質的日本酒，且一直以來都是以口感潔淨的酒款居多。擁有「吟銀河（吟ぎんが）」與「吟乙女（ぎんおとめ）」等縣產酒米。

宮城

縣內各地約有三十家酒藏。宮城縣以純米酒的釀造比例高而聞名。作為稻米之鄉，以「笹錦（ササキニシキ）」等食用米為釀造原料的酒藏也越來越多。釀造的酒款從淡麗到濃醇，香味豐富多元。

秋田

縣內各地約有四十家酒藏。日本酒的每人平均消費量位居日本全國第二名，可說是「日本酒大國」。味道以濃醇甘口為主流，但近幾年也陸續推出各式各樣的地酒。縣產酒米「秋田酒小町（秋田酒こまち）」與「秋田流花酵母」等都具有名氣。

山形

以山形、米澤與鶴岡附近為中心，約有六十家酒藏。吟釀酒的釀造比例高，也獨自開發了如「山形酵母」等多種酵母。縣產酒米「出羽燦燦（出羽燦々）」、「出羽之里（出羽の里）」也享富盛名。多為個性豐富的酒款。

福島

以會津、郡山與磐城為中心，約有八十家酒藏。其中堅持山廢釀造與生酛釀造的酒藏為數不少。進入平成時代之後，由於開發了「美島夢酵母（うつくしま夢酵母）」，因此吟釀酒也開始受到矚目，以口感柔軟、潔淨的酒款居多。

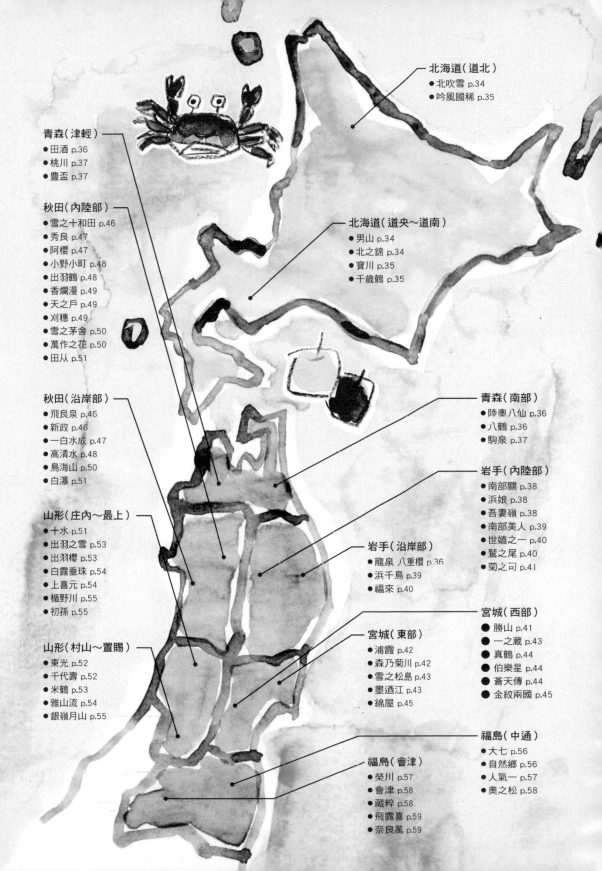

北海道（道北）
- 北吹雪 p.34
- 吟風國稀 p.35

青森（津輕）
- 田酒 p.36
- 桃川 p.37
- 豊盃 p.37

秋田（內陸部）
- 雪之十和田 p.46
- 秀良 p.47
- 阿櫻 p.47
- 小野小町 p.48
- 出羽鶴 p.48
- 香爛漫 p.49
- 天之戶 p.49
- 刈穗 p.49
- 雪之茅舍 p.50
- 萬作之花 p.50
- 田从 p.51

北海道（道央〜道南）
- 男山 p.34
- 北之錦 p.34
- 寶川 p.35
- 千歲鶴 p.35

秋田（沿岸部）
- 飛良泉 p.46
- 新政 p.46
- 一白水成 p.47
- 高清水 p.48
- 鳥海山 p.50
- 白瀑 p.51

青森（南部）
- 陸奧八仙 p.36
- 八鶴 p.36
- 駒泉 p.37

岩手（內陸部）
- 南部關 p.38
- 浜娘 p.38
- 吾妻嶺 p.38
- 南部美人 p.39
- 世嬉之一 p.40
- 鷲之尾 p.40
- 菊之司 p.41

山形（庄內〜最上）
- 十水 p.51
- 出羽之雪 p.53
- 出羽櫻 p.53
- 白露垂珠 p.54
- 上喜元 p.54
- 楯野川 p.55
- 初孫 p.55

岩手（沿岸部）
- 龍泉 八重櫻 p.36
- 浜千鳥 p.39
- 福來 p.40

宮城（西部）
- 勝山 p.41
- 一之蔵 p.43
- 真鶴 p.44
- 伯樂星 p.44
- 蒼天傳 p.44
- 金紋兩國 p.45

山形（村山〜置賜）
- 東光 p.52
- 千代壽 p.52
- 米鶴 p.53
- 雅山流 p.54
- 銀嶺月山 p.55

宮城（東部）
- 浦霞 p.42
- 森乃菊川 p.42
- 雪之松島 p.43
- 墨迺江 p.43
- 綿屋 p.45

福島（中通）
- 大七 p.56
- 自然鄉 p.56
- 人氣一 p.57
- 奧之松 p.58

福島（會津）
- 榮川 p.57
- 會津 p.58
- 藏粹 p.58
- 飛露喜 p.59
- 奈良萬 p.59

男山
Otokoyama
創立於寬文年間（1661～1673）

男山
Otokoyama

木綿屋 特別純米酒
Momenya Tokubetsu Junmaishu

爽酒

● 日本酒度＋5

華麗　甜味
清爽　飽滿
酸味　旨味
沉穩　苦味

■香氣
■味道

推薦品飲溫度帶【℃】

0　10　20　30　40　50

特定名稱　特別純米酒
建議售價　1.8L ￥2,930、
720ml ￥1,600
原料米與精米步合　麴米、掛米均為
美山錦55%
酵母　不公開
酒精濃度　15度

冠上創立商號名的自信之作

由分布於全日本各地眾多男山品牌當中的本家酒藏，所釀造的辛口純米酒。商品名稱「木綿屋」是大約三百多年前，在伊丹（兵庫）開始從事釀造時所使用的商號。使用大雪山伏流水與美山錦酒米釀造而成口感俐落、入喉滑順的得意酒款。被譽為古今第一名酒，承襲著傳統的釀造技術。

小林酒造
Kobayashi Shuzou
創立於明治11年（1878）

北之錦（北の錦）
Kitanonishiki

まる田 特別純米酒
Maruta Tokubetsu Junmai-shu

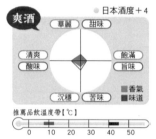

爽酒

● 日本酒度＋4

華麗　甜味
清爽　飽滿
酸味　旨味
沉穩　苦味

■香氣
■味道

推薦品飲溫度帶【℃】

0　10　20　30　40　50

特定名稱　特別純米酒
建議售價　1.8L ￥2,800、
720ml ￥1,400
原料米與精米步合　麴米、掛米均為
吟風50%
酵母　協會9號
酒精濃度　16～17度

北方大地孕育出的強健純米酒

「北之錦」當中最高階的純米酒「まる田」，特徵在於米的旨味延伸出的略辛口且強健的味道。能感受到麻糬香、稻穗及新綠的風味。自明治11年以來，始終追求「北海道才能釀造出的味道」，2010年起所有的酒款百分之百皆使用北海道產酒米釀造。

高砂酒造
Takasago Shuzou
創立於明治32年（1899）

北吹雪
Kitafubuki

純米酒
Junmai-shu

爽酒

● 日本酒度＋3

華麗　甜味
清爽　飽滿
酸味　旨味
沉穩　苦味

■香氣
■味道

推薦品飲溫度帶【℃】

0　10　20　30　40　50

特定名稱　純米酒
建議售價　1.8L ￥2,498、
720ml ￥1,325
原料米與精米步合　麴米為美山錦
68%、掛米為白鳥（はくちょう）
68%
酵母　協會9號
酒精濃度　15.2度

以日本最北端糯米為原料釀造的純米酒

這是以銘酒「國士無雙」作為主要商品，勇於嘗試如雪中釀造、冰室搾取等釀造方式，不斷追求「only one」的高砂酒造有所執著的一款純米酒。使用產自日本最北端稻米產地——遠別町的糯米「白鳥」，釀造出味道醇厚感十足的純米酒。不禁讓人遙想起雪花飄落的景色，適合溫熱品飲。

北海道

田中酒造
Tanaka Shuzou
創立於明治32年（1899）

寶川（宝川）
Takaragawa

鮮榨生原酒（しぼりたて生原酒）
Shiboritate Nama Genshu

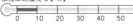

醇酒

日本酒度＋1～3

推薦品飲溫度帶【℃】
0 10 20 30 40 50

特定名稱 特別純米酒
建議售價 720ml ￥2,095
原料米與精米步合 麴米、掛米均為
北海道產酒造好適米——彗星60%
酵母 協會1401號
酒精濃度 17度

小樽名水交織而成的清爽口感

擁有建於明治38年的四季釀造藏「龜甲藏」，全年都能品嘗到新鮮搾取的生原酒。從釀造廠地底75公尺處汲取釀造用水，並以「北海道產酒造好適米——彗星」為主體，堅持百分之百使用北海道生產的酒米。呈現的風味略辛口、口感清爽。

北海道·東北

北海道

日本清酒
Nipponseishu
創立於明治5年（1872）

千歲鶴
Chitosetsuru

純米大吟釀
Junmai Daiginjo

薰酒

日本酒度＋4

推薦品飲溫度帶【℃】
0 10 20 30 40 50

特定名稱 純米大吟釀
建議售價 1.8L ￥6,500、
720ml ￥3,250
原料米與精米步合 麴米、掛米均為
吟風40%
酵母 自家酵母
酒精濃度 15～16度

在細膩、謹慎的杜氏帶領下孕育出的銘酒

創業以來，堅持以經年累月沉浸於札幌南部群山的豐平川伏流水做為釀造用水，以及精磨至40%的北海道產酒米和麴菌，釀造出純米大吟釀。無論是米的浸水時間、蒸米的時間等作業，都在熟練的杜氏嚴格控管下進行。

北海道

國稀酒造
Kunimare Shuzou
創立於明治15年（1882）

吟風國稀
Ginpu Kunimare

純米
Junmai

爽酒

日本酒度＋4

推薦品飲溫度帶【℃】
0 10 20 30 40 50

特定名稱 純米酒
建議售價 1.8L ￥2,095、
720ml ￥1,143
原料米與精米步合 麴米、掛米均為
吟風65%
酵母 協會酵母701號
酒精濃度 15度

以暑寒山麓的清澈天然水釀成的逸品

釀造用水的源頭來自於直到初夏都還可見山頂殘雪的暑寒別岳連峰。優質的用水與精磨至65%的北海道產酒米「吟風」釀造出的純米酒。米的旨味和酸味不明顯，為口感淡麗的酒款。商品名稱「國稀」是大正時期，由當時的創業者取自原陸軍大將乃木希典名諱當中的同音異字所命名，同時也有「國內稀有的好酒」之意。

35

八戶酒造
Hachinohe Shuzou
創立於安永4年（1775）

青森

陸奧八仙 紅色酒標
Mutsuhassen Aka Label
特別純米無濾過生原酒
Tokubetsu Junmai Muroka Nama Genshu

● 日本酒度＋1～3

薰酒

華麗　甜味
清爽　　飽滿
酸味　　旨味
沉穩　苦味

■香氣
■味道

推薦品飲溫度帶【℃】

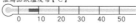
0　10　20　30　40　50

特定名稱 **特別純米酒**
建議售價 1.8L ￥2,267、
720ml ￥1,400
原料米與精米步合 麴米為華吹雪
55%、掛米為驀地（まっしぐら）
60%
酵母 真帆驢馬 吟（まほろば 吟）
酒精濃度 17～18度

融合傳統與現代感性
而生的陸奧地酒

「陸奧八仙」是融合傳統技術與第九代社長的現代感性所誕生的新品牌。以當地產酒米「華吹雪」為原料釀造的純米酒，華麗的香氣與哈密瓜般的清爽甜味，是一款甜而不膩的酒。酒款包括「火入（低溫加熱殺菌）」及「生酒」等，豐富的變化所呈現的口感也讓人心生期待。

八戶酒類 八鶴工場
Hachinohe Shurui Hachitsuru Factory
創立於天明6年（1786）

青森

八鶴
Hachitsuru
純米酒
Junmai-shu

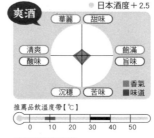

● 日本酒度＋2.5

爽酒

華麗　甜味
清爽　　飽滿
酸味　　旨味
沉穩　苦味

■香氣
■味道

推薦品飲溫度帶【℃】
0　10　20　30　40　50

特定名稱 **純米酒**
建議售價 1.8L ￥2,360、
720ml ￥1,300
原料米與精米步合 麴米、掛米均為
華吹雪60%
酵母 協會1001號
酒精濃度 15～16度

堅持使用10號酵母
釀造的八戶「美酒」

擁有「協會酵母10號發源地」之稱的八戶名門酒造所釀造的純米酒。遵循傳統及有所堅持的釀造方式釀成的淡麗辛口酒款，能充分品味到飽滿的酒米味道與香氣，餘韻乾淨且清爽。充分展現漁港地區的酒應有的風味，與魚貝類料理非常搭配。冷酒或是爛酒皆適合。

西田酒造店
Nishida Shuzouten
創立於明治11年（1878）

青森

田酒
Denshu
特別純米酒
Tokubetsu Junmai-shu

● 日本酒度＋2

醇酒

華麗　甜味
清爽　　飽滿
酸味　　旨味
沉穩　苦味

■香氣
■味道

推薦品飲溫度帶【℃】
0　10　20　30　40　50

特定名稱 **特別純米酒**
建議售價 1.8L ￥2,525、
720ml ￥1,262
原料米與精米步合 麴米、掛米均為
華吹雪55%
酵母 不公開
酒精濃度 15.5度

經細心手工釀造
而成的醇厚旨味

抱著「回歸原點，想釀造出風格獨具、真正的酒」的信念，延續傳統不摻任何添加物的手工釀造方式。「田酒＝田裡的酒」，強調以田裡所產稻米釀造而成的酒。以青森縣產的酒米「華吹雪」為原料，富有旨味，口感醇厚而俐落。

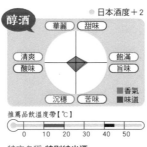

桃川

桃川
Momokawa
創立於明治22年（1889）

桃川
Momokawa

吟醸純米酒
Ginjo Junmai-shu

爽酒

● 日本酒度 +2

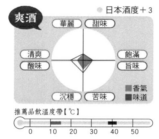

華麗　甜味
清爽　飽滿
酸味　旨味
沉穩　苦味

■香氣
■味道

推薦品飲溫度帶【℃】
0　10　20　30　40　50

特定名稱 純米吟醸酒
建議售價 1.8L ￥2,550、
720ml ￥1,250
原料米與精米步合 麴米為五百萬
石（五百万石）60%、掛米為驀地
（まっしぐら）60%
酵母 青森縣酵母、桃川酵母
酒精濃度 15～16度

奧入瀨川伏流水釀造
而成口感溫潤的酒款

位於以十和田湖為源頭的奧入瀨川邊，從地底250公尺處汲取奧入瀨川伏流水作為釀造用水，由南部杜氏及當地藏人進行釀造工程。呈現出軟水系的溫潤口感，醇厚與旨味形成絕妙平衡。榮獲2013年春季日本全國酒類競賽純米吟醸酒類第一名。

三浦酒造
青森 三浦酒造
Miura Shuzou
創立於昭和5年（1930）

豊盃
Houhai

特別純米酒
Tokubetsu Junmai-shu

爽酒

● 日本酒度 +3

華麗　甜味
清爽　飽滿
酸味　旨味
沉穩　苦味

■香氣
■味道

推薦品飲溫度帶【℃】
0　10　20　30　40　50

特定名稱 特別純米酒
建議售價 1.8L ￥2,619
原料米與精米步合 麴米為豊盃米
55%、掛米為豊盃米60%
酵母 協會1501號
酒精濃度 15～16度

堅持使用青森縣產酒米
「豊盃」釀造的地酒

作為年間生產量600石的小型酒藏，卻是全國唯一以豊盃米為原料釀造的酒藏。由第五代經營者三浦兄弟擔任杜氏，利用自家精磨的酒米，全心投入地釀造出香氣高雅、口感清爽的特別純米酒，充分展現出引以為傲的酒米風味。

盛田庄兵衛

青森 盛田庄兵衛
Morita Shoube
創立於安永6年（1777）

駒泉
Komaizumi

純米酒 白色酒標
Junmai-shu Shiro Label

爽酒

● 日本酒度 +3

華麗　甜味
清爽　飽滿
酸味　旨味
沉穩　苦味

■香氣
■味道

推薦品飲溫度帶【℃】
0　10　20　30　40　50

特定名稱 純米酒
建議售價 1.8L ￥2,297、
720ml ￥1,144
原料米與精米步合 麴米、掛米均為
驀地（まっしぐら）65%
酵母 自家酵母
酒精濃度 14～15度

第11代大家長兼杜氏
釀造的南部流派地酒

以東八甲田山系雪融水流入的高瀨川伏流水作為釀造用水，提引出青森縣產酒米「驀地」的旨味，加上自家酵母釀造而成味道柔順、飽滿的地酒。由於平安時代酒藏所在地七戶町是武士乘騎的馬匹產地，因此以「馬匹之鄉的泉水作為釀造用水」將商品命名為「駒泉」。

岩手

川村酒造店
Kawamura Shuzouten
創立於大正11年（1922）

南部關
Nanbuseki
純米酒
Junmai-shu

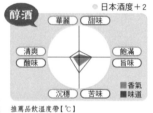

爽酒　　　　　　　　　● 日本酒度＋5

華麗　甜味
爽やか　　　飽滿
酸味　　　旨味
沉穩　苦味

■ 香氣
■ 味道

推薦品飲溫度帶【℃】

0　10　20　30　40　50

特定名稱 純米酒
建議售價 1.8L ￥2,300
原料米與精米步合 麴米、掛米均為
一見鍾情（ひとめぼれ）65%
酵母 協會7號
酒精濃度 15.5度

南部杜氏故鄉孕育出的濃醇辛口

酒藏所在地石鳥谷町，是在日本全國各地酒藏中大顯身手的南部杜氏的發祥地。當地出身的杜氏，承繼了自古流傳下來的釀酒技術及精神，將原料酒米「一見鍾情」精磨至65%，並使用自酒藏用地內汲取的地下水，釀造出這款純米酒。推薦冷酒品飲。

岩手

赤武酒造
Akabu Shuzou
創立於明治29年（1896）

浜娘
Hamamusume
純米酒
Junmai-shu

醇酒　　　　　　　　　● 日本酒度＋2

華麗　甜味
清爽　　　飽滿
酸味　　　旨味
沉穩　苦味

■ 香氣
■ 味道

推薦品飲溫度帶【℃】

0　10　20　30　40　50

特定名稱 純米酒
建議售價 1.8L ￥2,381、
720ml ￥1,191
原料米與精米步合 麴米、掛米均為
岩手縣產米60%
酵母 佑子之念（ゆうこの想い）
酒精濃度 15度

充滿熱忱的「復活藏釀造」

酒藏所在地大槌町，水質甘甜、風光明媚，卻因東日本大震災而遭受波及。失去了酒藏的經營者，在投注心血的「復活藏」中竭盡心力釀造出的純米酒，只使用岩手縣生產的原料進行釀造。新鮮的酸味中散發著清甜的香氣，愈喝愈能感受到口中殘留的濃郁旨味，以及體會到酒藏主人的那股釀酒熱忱。

岩手

吾妻嶺酒造店
Azumamine Shuzouten
創立於弘化3年（1846）

吾妻嶺（あずまみね）
Azumamine
純米 美山錦
Junmai Miyamanishiki

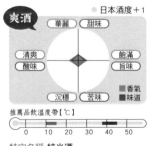

爽酒　　　　　　　　　● 日本酒度＋1

華麗　甜味
清爽　　　飽滿
酸味　　　旨味
沉穩　苦味

■ 香氣
■ 味道

推薦品飲溫度帶【℃】

0　10　20　30　40　50

特定名稱 純米酒
建議售價 1.8L ￥2,400、
720ml ￥1,200
原料米與精米步合 麴米、掛米均為
美山錦55%
酵母 不公開
酒精濃度 15〜16度

岩手縣生產酒米釀成「岩手縣代表酒款」

酒藏位於岩手縣內陸，在冬季溫度零下10℃以下的嚴寒氣候中，南部杜氏利用東根山的伏流水及酒米「美山錦」，謹慎地進行釀造工程。將美山錦的精萃發揮得淋漓盡致，目標是釀造出可以代表岩手縣的酒，採少量生產。帶柔順甜味及能感受到俐落酸味的飽滿口感是這款酒的特徵。

岩手

泉金酒造
Senkin Shuzou
創立於安政元年（1854）

龍泉 八重櫻（八重桜）
Ryusen Yaezakura
特別純米酒
Tokubetsu Junmai-shu

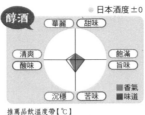
醇酒　●日本酒度 ±0

華麗　甜味
清爽　飽滿
酸味　旨味
沉穩　苦味
■香氣
■味道

推薦品飲溫度帶【℃】

0　10　20　30　40　50

特定名稱 **特別純米酒**
建議售價 1.8L ￥2,500、
720ml ￥1,250
原料米與精米步合 麴米、掛米均為
岩手縣產米60%
酵母 佑子之念（ゆうこの想い）
酒精濃度 15度

龍泉洞名水
釀造而成的優雅酒款

以榮獲日本「名水百選」的龍泉洞地底湖水為釀造用水，因屬於富含礦物質的硬水，釀造出來的酒款呈辛口。岩手縣生產的酒米「吟乙女」，在南部杜氏的巧手之下慢慢地熟成，提引出米的旨味。雖然口感呈現淡麗、略辛口，但卻能感受到米的香氣在口中平穩地擴散開來。冷酒或燗酒品飲皆合適。

岩手

南部美人
Nanbu Bijin
創立於明治35年（1902）

南部美人
Nanbu Bijin
大吟釀
Daiginjo

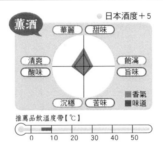
薰酒　●日本酒度 +5

華麗　甜味
清爽　飽滿
酸味　旨味
沉穩　苦味
■香氣
■味道

推薦品飲溫度帶【℃】

0　10　20　30　40　50

特定名稱 **大吟釀酒**
建議售價 720ml ￥2,600
原料米與精米步合 麴米、掛米均為
吟乙女（ぎんおとめ）40%
酵母 喬凡尼（ジョバンニ）及其他
酒精濃度 16～17度

香氣呈果實般
芳醇的美酒

承繼著曾入選日本「現代名工」的已故杜氏——山口一所遺世的卓越技術釀造出的酒款。使用當地生產的特等酒米「吟乙女」為釀造原料，而自酒藏內井底汲取的釀造用水，為屬中軟水的折爪馬仙峽伏流水，釀造出的酒質風味平衡、乾淨。整體而言香氣飽滿、果香豐富且餘韻俐落。

岩手

浜千鳥
Hamachidori
創立於大正12年（1923）

浜千鳥
Hamachidori
純米酒
Junmai-shu

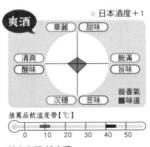
爽酒　●日本酒度 +1

華麗　甜味
清爽　飽滿
酸味　旨味
沉穩　苦味
■香氣
■味道

推薦品飲溫度帶【℃】

0　10　20　30　40　50

特定名稱 **純米酒**
建議售價 1.8L ￥2,420、
720ml ￥1,190
原料米與精米步合 麴米為吟銀河
（吟ぎんが）、美山錦55%，掛米為
吟銀河、美山錦60%
酵母 佑子之念（ゆうこの想い）
酒精濃度 15.4度

最適合搭配東北三陸的
山珍海味

酒名以「有成千成萬的鳥兒交會飛翔的三陸海岸」為印象命名。使用屬於軟水的北上山系仙磐山伏流水，釀造出香氣內斂的酒款。抱著能呈現與當地山珍海味相搭配、提引出料裡美味的穩重風味酒款為目標釀造而成，是一款喝多也不覺膩口的酒。推薦作為餐中酒飲用。冷酒或燗酒品飲皆合適。

岩手 福来
Fukurai
創立於明治40年（1907）

福來（福来）
Fukurai
大吟釀
Daiginjo

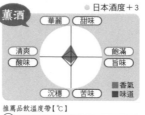

薫酒

● 日本酒度＋3

華麗　甜味
清爽　　飽滿
酸味　　旨味
沉穩　苦味

■ 香氣
■ 味道

推薦品飲溫度帶［℃］

0　10　20　30　40　50

特定名稱 大吟釀酒
建議售價 1.8L ￥4,854、
720ml￥2,524
原料米與精米步合 麴米、掛米均為
山田錦40%
酵母 不公開
酒精濃度 16.5度

富有華麗吟釀香氣的招福酒

抱著能為品嘗的人、販售的人以及釀酒的人帶來福氣，因而命名為「福來」。奢華地使用兵庫縣產「山田錦」，以及經長時間低溫發酵、香氣飽滿的酵母進行釀造。酒質特徵在於華麗延展的吟釀香氣與溫潤高雅的風味。適合搭配味道清淡的生魚片或豆腐類料理，能更加凸顯出酒的味道。

岩手 世嬉の一酒造
Sekinoichi Shuzou
創立於大正7年（1918）

世嬉之一（世嬉の一）
Sekinoichi
純米吟釀
Jumai Ginjo

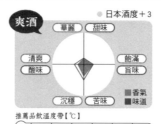

爽酒

● 日本酒度＋3

華麗　甜味
清爽　　飽滿
酸味　　旨味
沉穩　苦味

■ 香氣
■ 味道

推薦品飲溫度帶［℃］

0　10　20　30　40　50

特定名稱 純米吟釀酒
建議售價 1.8L ￥3,048、
720ml￥1,524
原料米與精米步合 麴米、掛米均為
吟銀河（ぎんぎんが）50%
酵母 佑子之念（ゆうこの想い）
酒精濃度 15.8度

清爽的口感非常適合搭配肉類料理或油炸物

將栗駒山系的雪融水與一關地區的清涼地下水經以生物能量理論為基礎的設備處理，希望在追求美味的同時，也能釀造出充滿活力的酒。使用精磨至大吟釀等級的岩手縣產酒米「吟銀河」，加上南部杜氏的釀造手法，清爽的口感十分適合作為餐前酒或是餐中酒飲用。推薦使用冰鎮過的葡萄酒杯品飲。

岩手 わしの尾
Washinoo
創立於文政12年（1829）

鷲之尾（鷲の尾）
Washinoo
北窗三友（北窓三友）
Hokusousanyu

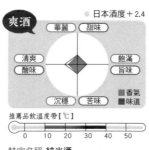

爽酒

● 日本酒度＋2.4

華麗　甜味
清爽　　飽滿
酸味　　旨味
沉穩　苦味

■ 香氣
■ 味道

推薦品飲溫度帶［℃］

0　10　20　30　40　50

特定名稱 純米酒
建議售價 1.8L ￥2,330、
720ml￥1,170
原料米與精米步合 麴米為吟銀河
（吟ぎんが）60%、掛米為吟乙女
（ぎんおとめ）60%
酵母 協會9號
酒精濃度 15.5度

想與好友一同舉杯小酌的暖心純米酒

「北窗三友」是詩人白居易的唐詩，其中「三友」指的是「酒、琴、詩」，帶有「與心靈相通的好友一同開心品嘗美酒」的意涵在。混合兩種酒米為原料，並使用岩手山清澈水源釀造而成，表現出溫潤的風味。非常適合搭配白肉魚類料理享用。銷售主要僅以岩手縣為主。

岩手

菊の司酒造
Kikunotsukasa Shuzou
創立於安永年間（1772～1780）

菊之司（菊の司）
Kikunotsukasa

無濾過 純米生原酒 龜之尾釀造
Muroka Junmai Nama Genshu Kamenoo Shikomi

醇酒

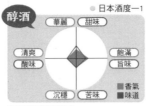
● 日本酒度－1

推薦品飲溫度帶【℃】
0 10 20 30 40 50

特定名稱 特別純米酒
建議售價 1.8L ￥2,700、
720ml ￥1,350
原料米與精米步合 麴米、掛米均為
龜之尾（亀の尾）60%
酵母 不公開
酒精濃度 17.5度

使用夢幻酒米釀造而成的精心打造酒款

使用在明治時代有「稀世的名品種」之稱的夢幻酒米「龜之尾」為原料。此酒米委託宮城縣石卷市農家進行契約栽培，是從米的種植開始就有所堅持的一款酒。榨取後直接裝瓶的新酒，口感新鮮並帶稍強的酸味。放置一段時間後，則能享受到愈漸濃厚的旨味。

宮城

仙台伊澤家 勝山酒造
Sendai Izawake Katsuyama Shuzou
創立於元祿年間（1688）

勝山
Katsuyama

鸞 藍寶石酒標
Rei Sapphire Label

適合搭配法式料理的新概念日本酒

作為仙台伊達政宗家的御用酒屋而顯赫的酒藏，為了將日本酒輸出到法國，開發了低酒精濃度的酒款。帶微苦及微酸的新鮮果實風味，但同時兼具紮實的酒體，因此與肉類料理搭配也毫不遜色。是一款適合在特別時刻與珍惜的人一起品嘗的酒。

薰酒

● 日本酒度－35

特定名稱 特別純米酒
建議售價 720ml ￥3,500
原料米與精米步合 麴米、掛米均為
一見鍾情（ひとめぼれ）55%
酵母 協會酵母
酒精濃度 12度

推薦品飲溫度帶【℃】
0 10 20 30 40 50

一併推薦！

鸞 紅寶石酒標
Rei Ruby Label **薰酒**
勝山
Katsuyama

純米大吟釀／720ml ￥30,000／麴米、掛米均為山田錦35%／酵母 協會酵母／15度

● 日本酒度－35
推薦品飲溫度帶【℃】
0 10 20 30 40 50

更加強調與肉類的搭配性，口感如葡萄酒般深奧的日本酒。品飲時建議使用杯身大一點的葡萄酒杯。

元 紅寶石酒標
Gen Ruby Label **薰酒**
勝山
Katsuyama

純米大吟釀／720ml ￥30,000／麴米、掛米均為山田錦50%／酵母 協會酵母／12度

● 日本酒度－116
推薦品飲溫度帶【℃】
0 10 20 30 40 50

好似完全熟成的哈密瓜般，呈現濃郁的香氣和甜味。適合搭配鵝肝或藍起司等。

| 宮城 | 佐浦
Saura
創立於享保9年（1724） |

浦霞
Urakasumi

特別純米酒 生一本
Tokubetsu Junmai-shu Kiippon

不拘泥於飲用溫度，無論是夜晚小酌或搭配家庭料理都很合適的一款日常酒

這間已有290年歷史的酒藏，以發現適用於釀造吟釀酒的浦霞酵母（12號酵母）而聞名。百分之百使用宮城縣產米種「笹錦」，散發新鮮麻糬般的原料香氣。口感沉穩，餘韻俐落輕快。從日式料理到奶油風味西式料理都能輕鬆搭配，很適合作為家庭料理的餐搭酒。

醇酒

● 日本酒度 ±0～＋1

特定名稱 **特別純米酒**
建議售價 1.8L ￥2,700、720ml ￥1,300
原料米與精米步合 麴米、掛米均為笹錦（ササニシキ）60%
酵母 自家培育酵母
酒精濃度 15～16度

推薦品飲溫度帶【℃】

0　10　20　30　40　50

一併推薦！

本醸造（本仕込）
Honjikomi
爽酒

浦霞
Urakasumi

本醸造酒／1.8L ￥1,960、720ml
￥900／麴米、掛米均不公開65%／
酵母 自家培育酵母／15～16度

● 日本酒度 ＋1～2

推薦品飲溫度帶【℃】

0　10　20　30　40　50

伴隨清爽香氣而來的是入口後明顯感受到的旨味。是一款餘韻俐落、整體呈現均衡風味的本醸造酒。

辛口（からくち）
Karakuchi
爽酒

浦霞
Urakasumi

本醸造酒／1.8L ￥2,200、720ml
￥1,400／麴米、掛米均不公開65%／
酵母 自家培育酵母／15～16度

● 日本酒度 ＋5

推薦品飲溫度帶【℃】

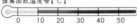

0　10　20　30　40　50

口感輕快、味道清爽的辛口酒款。從冷飲到爛酒皆適合，能享受到廣泛溫度帶來的品飲樂趣。

| 宮城 | 森民酒造本家
Moritami Shuzou Honke
創立於嘉永2年（1849） |

森乃菊川
Morinokikukawa

本醸造 濁酒（にごり酒）
Honjouzo Nigorizake

其他

● 日本酒度 －21

特定名稱 **本醸造酒**
建議售價 1.8L ￥2,400、720ml ￥1,120
原料米與精米步合 麴米、掛米均為一見鍾情（ひとめぼれ）70%
酵母 協會9號
酒精濃度 15度

推薦品飲溫度帶【℃】

0　10　20　30　40　50

口感黏稠、味道濃厚適合溫熱飲用的冬季限定酒

座落於仙台市區，自嘉永2年創業以來，承繼了南部杜氏傳統的手工釀造方式。以宮城縣產米為原料釀造的冬季限定濁酒。口感黏稠，味道濃厚。冷酒能品嘗到如新酒般的華麗香氣，溫熱飲用則能將米中的旨味發揮得淋漓盡致。

一之藏（一ノ蔵）

宮城　一ノ蔵　Ichinokura　創立於昭和48年（1973）

一之藏（一ノ蔵）
Ichinokura
無鑑查本醸造超辛口
Mukansa Honjouzou Choukarakuchi

爽酒

● 日本酒度＋9～10

華麗　甜味
清爽　　飽滿
酸味　　旨味
沉穩　苦味

■香氣
■味道

推薦品飲溫度帶【℃】
0　10　20　30　40　50

特定名稱 **本醸造酒**
建議售價 1.8L ￥1,886、
720ml ￥829
原料米與精米步合 麴米、掛米均為
豐錦（トヨニシキ）、其他65%
酵母 協會9號
酒精濃度 15度

讓人想一飲而盡，男性所喜好的辛口熱爛酒

以稻米之鄉宮城縣的米為原料酒米，以及大松澤丘陵地的地下水釀造而成。帶些微苦味的辛口風味與俐落鮮明、爽快的口感，是辛口酒款愛好者的最佳選擇。因為喝多也不膩口，與生魚片、燒烤、油炸物及火鍋等都很相配。適合在平日夜晚小酌時溫熱飲用。

宮城　大和藏酒造　Taiwakura Shuzou　創立於平成5年（1993）

雪之松島（雪の松島）
Yukino Matsushima
入魂超辛 ＋20
Nyukon Choukara

爽酒

● 日本酒度＋18～22

華麗　甜味
清爽　　飽滿
酸味　　旨味
沉穩　苦味

■香氣
■味道

推薦品飲溫度帶【℃】
0　10　20　30　40　50

特定名稱 **本醸造酒**
建議售價 1.8L ￥2,340、
720ml ￥996
原料米與精米步合 麴米、掛米均為
宮城縣產米65%
酵母 協會酵母
酒精濃度 18～19度

餘韻帶Dry感的極辛口風味

持續嘗試近代的釀造法，並以手工釀造的概念，創造出全新釀造方式。使用船形山的伏流水與宮城縣產米釀造而成的酒款。帶有乾燥穀物般的原料香，呈現收斂的Dry感以及能襯托料理的沉穩香氣。酒名取自日本三景之一的「松島」。

宮城　墨迺江酒造　Suminoe Shuzou　創立於弘化2年（1845）

墨迺江
Suminoe
純米吟釀 山田錦
Junmai Ginjo Yamadanishiki

爽酒

● 日本酒度＋3

華麗　甜味
清爽　　飽滿
酸味　　旨味
沉穩　苦味

■香氣
■味道

推薦品飲溫度帶【℃】
0　10　20　30　40　50

特定名稱 **純米吟釀酒**
建議售價 1.8L ￥2,900
原料米與精米步合 麴米、掛米均為
山田錦55%
酵母 宮城酵母
酒精濃度 16.5度

以山田錦搭配宮城酵母釀造而成的柔軟風味

在漁港之城——石卷，以「乾淨、柔軟及高雅的酒」為理想進行釀造。使用有酒造好適米代表之稱的兵庫縣產山田錦，搭配宮城酵母進行發酵。擁有蘋果般清爽又華麗的香氣以及輕柔的口感，對女性或初學者而言皆十分容易入口。適合搭配魚類海鮮料理。

田中酒造店
Tanaka Shuzouten
創立於寬政元年（1789）

宮城

真鶴
Manatsuru
山廢釀造(山廃仕込み) 純米酒
Yamahai Jikomi Junmai-shu

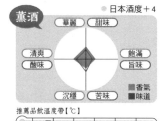

醇酒　　　● 日本酒度＋3

華麗　甜味
清爽　　　　飽滿
酸味　　　　旨味
沉穩　苦味
■香氣
■味道

推薦品飲溫度帶【℃】
0　10　20　30　40　50

特定名稱 純米酒
建議售價 1.8L ￥2,238、
720ml ￥1,048
原料米與精米步合 麴米、掛米均為國
產米60%
酵母 小川酵母
酒精濃度 15～16度

二百多年持續遵守著天然乳酸菌釀造法

創業以來經過兩百多年，持續遵循使用暖杉木樽製造山廢酒母，並利用天然乳酸菌進行釀造的傳統手法。以品質優良的日本國產米為原料，釀造出只有山廢釀造才能表現出的芳醇香氣與醇厚的甜味。適合搭配風味強烈的料理或發酵類食品。

新澤釀造店
Shinzawa Jouzouten
創立於明治6年（1873）

宮城

伯樂星(伯楽星)
Hakurakusei
純米吟釀
Junmai Ginjo

薫酒　　　● 日本酒度＋4

華麗　甜味
清爽　　　　飽滿
酸味　　　　旨味
沉穩　苦味
■香氣
■味道

推薦品飲溫度帶【℃】
0　10　20　30　40　50

特定名稱 純米吟釀酒
建議售價 1.8L ￥2,940、
720ml ￥1,575
原料米與精米步合 麴米、掛米均為
藏之華（蔵の華）55%
酵母 自社酵母
酒精濃度 15～16度

襯托出料理的美味，以極致的餐中酒為主題釀造而成

控制糖分，以佐餐時不會感到膩口的「極致餐中酒」為概念釀造而成。使用藏王連峰的地下水與宮城縣產酒米「藏之華」釀造而成。帶有淡淡香氣的甜味，入口後瞬而消失，不會影響料理的風味。雖然酒藏因受東日本大震災的影響而遷移他處，但酒的風味依舊不變。

男山本店
Otokoyama Honten
創立於明治45年（1912）

宮城

蒼天傳(蒼天伝)
Sotenden
特別純米酒
Tokubetsu Junmai-shu

爽酒　　　● 日本酒度±0

華麗　甜味
清爽　　　　飽滿
酸味　　　　旨味
沉穩　苦味
■香氣
■味道

推薦品飲溫度帶【℃】
0　10　20　30　40　50

特定名稱 特別純米酒
建議售價 1.8L ￥2,600、
720ml ￥1,400
原料米與精米步合 麴米、掛米均為
酒造好適米55%
酵母 宮城MY酵母（宮城マイ酵母）
酒精濃度 16度

適合搭配富有旨味的海鮮料理，尾韻俐落的辛口酒款

以氣仙沼的湛藍大海與豐富大自然為印象，取名「蒼天傳」。透過低溫發酵細心地進行釀造，呈現如蘋果與水蜜桃般的澄淨果香。溫潤的甜味與酸味在口中慢慢地擴散開來，餘韻芳醇，收尾潔淨。屬淡麗辛口酒款，適合搭配鰹魚、螃蟹及鮮蝦等海鮮料理。

宮城

角星
Kakuboshi
創立於明治39年（1906）

金紋兩國（金紋両国）
Kinmon Ryogoku

藏之華（蔵の華）純米吟釀
Kuranohana Junmai Ginjo

● 日本酒度＋2

醇酒

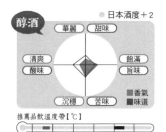

華麗　甜味
清爽　飽滿
酸味　旨味
沉穩　苦味

■ 香氣
■ 味道

推薦品飲溫度帶〔℃〕

0　10　20　30　40　50

特定名稱 **純米吟釀酒**
建議售價 1.8L ￥3,600、
720ml ￥1,700
原料米與精米步合 麴米、掛米均為
藏之華（蔵の華）50％
酵母 宮城MY酵母（宮城マイ酵母）
酒精濃度 15.5度

富有果香風味
適合搭配生魚片

以「從第一杯到最後一滴都不膩口」為目標，釀造出適合搭配氣仙沼地區料理的酒款。百分之百使用宮城縣氣仙沼產酒米「藏之華」，釀造用水也源自當地，堅持只使用當地生產的原料。呈現如核果般的香氣與果實般的香甜味道，口感滑順。

宮城

金の井酒造
Kanenoi Shuzou
創立於大正4年（1915）

綿屋
Wataya

特別純米 幸之助院殿
Tokubetsu Junmai Kounosuke Inden

● 日本酒度＋4

爽酒

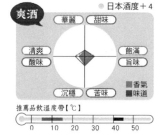

華麗　甜味
清爽　飽滿
酸味　旨味
沉穩　苦味

■ 香氣
■ 味道

推薦品飲溫度帶〔℃〕

0　10　20　30　40　50

特定名稱 **特別純米酒**
建議售價 1.8L ￥2,800、
720ml ￥1,400
原料米與精米步合 麴米、掛米均為
一見鍾情（ひとめぼれ）55％
酵母 宮城酵母
酒精濃度 15度

不斷冒出各種風味
充滿驚喜的辛口酒款

以食用中藥草的牛產生的有機肥料所栽培的宮城縣產米「一見鍾情」，和清澈乾淨的「小僧山水」釀造而成風味豐富的酒款。酒質乾淨，口感柔順。甜味和旨味在辛口風味中平衡地延展開來。喝多幾口後，會感受到酸味和苦味穿過喉嚨的暢快感，是一款不膩口的逸品。

選購日本酒的推薦酒鋪

地酒＆葡萄酒 酒本商店（本店）

店主親自在日本全國銘酒中挑選來自六十家酒藏約五百多種酒款，且與北陸、中國地區及福岡等地的酒藏有較深的連結。對熟成酒及秘藏酒尤其有十分自信，且選品齊全。

酒本商店 （本店）Sakemoto Shouten Honten
TEL 0143-27-1111
FAX 0143-27-2310
URL http://sakemoto.org
〒051-0036 北海道室蘭市祝津町2-13-7
營業時間 平日9:00〜19:30／例假日10:00〜18:00（本店）
店休日 星期天、一月〜二月的例假日（本店）

佐野屋

以經銷當地山形縣的酒為主，特別是位於面向日本海「庄內地方」18家酒藏的酒款。限定酒款、季節限定酒款等稀少酒款的品項豐富。

佐野屋 Sanoya
TEL 0235-22-8062
FAX 0235-22-8062
URL http://sano.tyo.ne.jp
〒999-0034 山形縣鶴岡市稻生1-24-31
營業時間 12:00〜21:00
店休日 星期三

宮城　北海道・東北

秋田 飛良泉本舖
Hiraizumi Honpo
創立於長享元年（1487）

飛良泉
Hiraizumi

山廢（山廃）純米酒
Yamahai Junmai-shu

● 日本酒度＋4

醇酒

推薦品飲溫度帶【℃】

特定名稱 **特別純米酒**
建議售價 1.8L ￥2,800、
720ml ￥1,550
原料米與精米步合 麴米、掛米均為
美山錦60%
酵母 自社酵母
酒精濃度 15度

適合搭配秋田縣
鄉土料理的傳統風味

創立以來已超過五百年的秋田縣最古老酒藏，始終延續著山廢釀造的傳統。典型的醇酒類型，味道濃厚飽滿。山廢釀造獨特的酸味，讓味道更具深度。餘韻綿長，旨味在口中慢慢地散去。溫熱飲用能使口感更加溫潤，同時將米的旨味發揮到淋漓盡致。

秋田 北鹿
Hokushika
創立於昭和19年（1944）

雪之十和田（雪の十和田）
Yukino Towada

純米吟釀原酒
Junmai Gingo Genshu

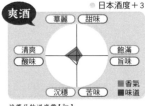

● 日本酒度＋3

爽酒

推薦品飲溫度帶【℃】

特定名稱 **純米吟釀酒**
建議售價 1.8L ￥2,250、
720ml ￥1,100
原料米與精米步合 麴米、掛米均為
山田錦50%
酵母 協會901號
酒精濃度 17～18度

秋田流生酛釀造
呈現的精鍊風味

座落於秋田縣北部穀倉地帶的中心位置，北西部為世界遺產白神山地，東部為奧羽山脈，是一間被豐富大自然所環繞的酒藏。山內杜氏運用傳統的釀造技術，在嚴寒時期進行生酛釀造。帶有水果香氣與飽滿、精鍊的濃厚味道。推薦冷酒品飲。

秋田 新政酒造
Aramasa Shuzou
創立於嘉永5年（1852）

新政
Aramasa

秋田流 純米酒
Akita-ryu Junmai-shu

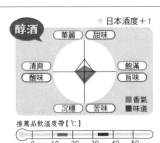

● 日本酒度＋1

醇酒

推薦品飲溫度帶【℃】

特定名稱 **純米酒**
建議售價 1.8L ￥2,180、
720ml ￥1,090
原料米與精米步合 麴米為酒小町
（酒こまち）40%、掛米為めんこい
な 65%
酵母 協會6號
酒精濃度 14.8度

酸味與旨味口感平衡，
搭配清淡的料理也合適

因發現協會酵母中最古老的6號酵母（新政酵母）而聞名的酒藏。2013年重新改裝，以自家山廢酒母釀造出香氣凜冽優雅、酸味與旨味平衡、口感柔軟的純米酒。適合搭配雞肉等味道清淡的料理。

秋田　鈴木酒造店
Suzuki Shuzouten
創立於原祿2年（1689）

秀良（秀よし）
Hideyoshi
寒釀造（寒造り）純米酒
Kandukuri Junmai-shu

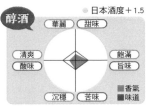

醇酒

● 日本酒度 +1.5

華麗　甜味
清爽　　飽滿
酸味　　旨味
沉穩　苦味

■香氣
■味道

推薦品飲溫度帶【℃】

0　10　20　30　40　50

特定名稱 純米酒
建議售價 1.8L ￥2,330、
720ml ￥1,450
原料米與精米步合 麴米、掛米均為
めんこいな 60%
酵母 協會1501號
酒精濃度 15.3度

不刻意張揚的淡麗風格
適合餐搭的酒款

嘉永3年（1850），在銘酒評比宴席上，秋田藩主佐竹侯以「秀麗良好」來讚賞這款酒，因而命名。杜氏將五感發揮到極致，使用秋田縣產酒米「めんこいな」進行手工製麴作業。整體呈淡麗口感，秋田流花酵母（1501號）的飽滿香氣在口中沉穩地擴散開來。

秋田　阿桜酒造
Azakura Shuzou
創立於明治19年（1886）

阿櫻
Azakura
特別純米 無濾過生原酒
Tokubetsu Junmai Muroka Nama Genshu
中取限定酒款（中取り限定品）
Nakatori Genteihin

爽酒

● 日本酒度 +4

華麗　甜味
清爽　　飽滿
酸味　　旨味
沉穩　苦味

■香氣
■味道

推薦品飲溫度帶【℃】

0　10　20　30　40　50

特定名稱 特別純米酒
建議售價 1.8L ￥2,600、
720ml ￥1,300
原料米與精米步合 麴米、掛米均為
秋田酒小町（秋田酒こまち）60%
酵母 協會901號
酒精濃度 17.2度

享受生原酒獨有的酒色
、香氣、味道

由山內杜氏統籌，使用長期低溫發酵的秋田流派寒釀造方式進行的釀造工程。除了承襲傳統，同時也推出針對女性或日本酒品飲新手為對象的酒款。酒色呈山吹色的色調，生原酒獨有的酸味襯托出清爽香氣與新鮮水潤的風味。適合使用杯身輕薄的玻璃杯，作為餐中酒品飲。

秋田　福禄寿酒造
Fukurokuju Shuzou
創立於元祿元年（1688）

一白水成
Ippakusuisei
純米吟釀
Junmai Ginjo

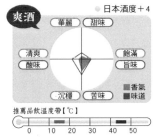

薰酒

● 日本酒度 +3

華麗　甜味
清爽　　飽滿
酸味　　旨味
沉穩　苦味

■香氣
■味道

推薦品飲溫度帶【℃】

0　10　20　30　40　50

特定名稱 純米吟釀酒
建議售價 1.8L ￥2,835
原料米與精米步合 麴米、掛米均為
美山錦50%
酵母 秋田縣酵母
酒精濃度 16度

充滿水果的甜味
以愛好美食的女性
為對象釀造的酒款

酒名來自於以「白」米和「水」釀製而「成」的「一」等好酒。特徵在於富有蘋果的蜜香和網紋哈密瓜的吟釀香，以及帶有剛搗好麻糬般的原料香。圓潤的口感中，甜味、酸味及苦味表現平衡性佳。將酒含在口中的同時，用鼻腔吐氣以感受酒的含香，是邁向「日本酒通」的品飲方式。

秋田県醱酵工業
Akitakenhakko Kogyo
創立於昭和20年（1945）

小野小町（小野こまち）
Onono Komachi

特別純米酒
Tokubetsu Junmai-shu

● 日本酒度 + 2～4

醇酒

華麗　甜味
清爽　　　飽滿
酸味　　　旨味
沉穩　苦味

■ 香氣
■ 味道

推薦品飲溫度帶【℃】

0　10　20　30　40　50

特定名稱 特別純米酒
建議售價 1.8L ￥2,033、
720ml ￥1,213
原料米與精米步合 麴米為秋田酒小
町（秋田酒こまち）60%、掛米為秋
田小町（あきたこまち）60%
酵母 協會701號
酒精濃度 15度

冠上美女之名
以生酛釀造的純米酒

以流傳誕生於秋田湯澤雄勝
町，平安時期六歌仙之一、才
色兼備的美女小野小町的芳名
作為酒名的純米酒。以酒米
「秋田小町」與「秋田酒小
町」為原料，在寒冬中進行生
酛釀造而成。酸味與旨味口感
平衡，帶飽滿的芳醇香氣。溫
熱後品飲口感會更加溫潤。

秋田酒類製造
Akita Shurui Seizou
創立於昭和19年（1944）

高清水
Takashimizu

純米大吟釀
Junmai Daiginjo

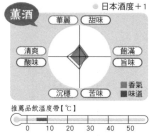

● 日本酒度 + 1

薰酒

華麗　甜味
清爽　　　飽滿
酸味　　　旨味
沉穩　苦味

■ 香氣
■ 味道

推薦品飲溫度帶【℃】

0　10　20　30　40　50

特定名稱 純米大吟釀酒
建議售價 1.8L ￥2,857、
720ml ￥1,333
原料米與精米步合 麴米、掛米均為
秋田酒小町（秋田酒こまち）45%
酵母 秋田酵母No.15
酒精濃度 15.5度

細心精磨而來
米的高雅香氣與甜味

細心地將品質優良的酒造好
適米「秋田酒小町」精磨至
45%，由山內杜氏採用秋田流
派寒釀造方式進行釀造。以秋
田縣豐富大自然所孕育的軟水
為釀造用水，口感相當輕柔。
伴隨華麗香氣而來的是入口後
擴散開來的高雅酸味和甜味。
適合搭配海鮮類的燒烤或油炸
物等料理。

秋田清酒
Akita Seishu
創立於慶應元年（1865）

出羽鶴
Dewatsuru

自然米酒 松倉
Shizenmai-shu Matsukura

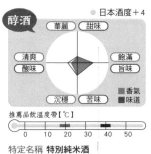

● 日本酒度 + 4

醇酒

華麗　甜味
清爽　　　飽滿
酸味　　　旨味
沉穩　苦味

■ 香氣
■ 味道

推薦品飲溫度帶【℃】

0　10　20　30　40　50

特定名稱 特別純米酒
建議售價 1.8L ￥3,830、
720ml ￥1,920
原料米與精米步合 麴米、掛米均為
特別栽培（栽培期間不使用農藥）
秋之精（秋の精）60%
酵母 協會9號
酒精濃度 16～17度

特別栽培米釀造而成的
有機清酒

選用位於秋田縣大仙市大曲北
部的松倉沿山地區，隔離出獨
立的水田進行特別栽培（栽培
期間不使用農藥）的酒米釀造
而成的純米酒。釀造用水使用
屬於軟水的出羽山系伏流水，
口感柔順。入口後能感受到來
自優質酒米的醇厚風味與旨
味，並散發細緻的含香。

秋田

秋田銘釀
Akita Meijou
創立於大正11年（1922）

香爛漫（香り爛漫）
Kaoriranman

純米吟釀
Junmai Ginjo

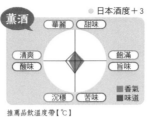

● 日本酒度＋3

薰酒

華麗　甜味
清爽　飽滿
酸味　旨味
沈穩　苦味

■ 香氣
■ 味道

推薦品飲溫度帶【℃】

0　10　20　30　40　50

特定名稱 **純米吟釀酒**
建議售價 720ml ￥1,000
原料米與精米步合 麴米、掛米均為
秋田酒小町（秋田酒こまち）60%
酵母 小町酵母Specical（こまち酵母
スペシャル）
酒精濃度 15～16度

散發出「小町特別酵母」的華麗香氣

大正11年（1922），秋田縣酒藏的有志之士開始發起「將秋田的酒推向全國」的運動。「香爛漫」是使用經自家研磨的當地秋田縣湯澤產酒米「秋田酒小町」，以及「小町特別酵母」釀造而成。酵母的特徵在於華麗的香氣，因此釀造出了香氣在吟釀香之上的純米吟釀酒。整體風味柔和，屬於略辛口酒款。

秋田

舞酒造
Asamai Shuzou
創立於大正6年（1917）

天之戶（天の戶）
Amanoto

純米大吟釀35
Junmai Daiginjo 35

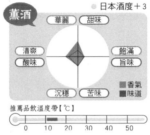

● 日本酒度＋3

薰酒

華麗　甜味
清爽　飽滿
酸味　旨味
沈穩　苦味

■ 香氣
■ 味道

推薦品飲溫度帶【℃】

0　10　20　30　40　50

特定名稱 **純米大吟釀酒**
建議售價 1.8L ￥6,667、
720ml ￥3,333
原料米與精米步合 麴米、掛米均為
秋田酒小町（秋田酒こまち）35%
酵母 自社酵母
酒精濃度 16.5度

灌注心力精磨而成散發柔順香氣的酒米

使用木製道具，以著重人手溫度觸感為信念的釀酒工程。將「JA秋田故鄉平鹿町 酒米研究會」所栽培的「秋田酒小町」豪奢地精磨至35%，以酒藏內湧出的軟水進行釀造。低調而奢華的沈穩吟釀香，喝起來清爽順口。

秋田

刈穗酒造（銷售：秋田清酒）
Kariho Shuzou
創立於大正2年（1913）

刈穗
Kariho

山廢（山廃）純米超辛口
Yamahai Junmai Choukarakuchi

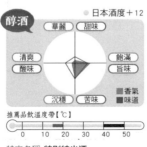

● 日本酒度＋12

醇酒

華麗　甜味
清爽　飽滿
酸味　旨味
沈穩　苦味

■ 香氣
■ 味道

推薦品飲溫度帶【℃】

0　10　20　30　40　50

特定名稱 **特別純米酒**
建議售價 1.8L ￥2,612、
720ml ￥1,310
原料米與精米步合 麴米為美山錦
60%、掛米為秋之精（秋の精）60%
酵母 協會9號
酒精濃度 16度

中硬度水質孕育出的辛口風味與旨味

出羽鶴酒造的姐妹公司。酒藏內有六個傳統船型壓搾酒槽，全部的酒皆在此進行搾取。釀造用水為雄物川水系的地下水，是秋田縣難得一見的中硬水。利用容易促進發酵的水質，透過山廢釀造方式釀成，凝縮旨味，是一款安定持續的辛口酒。

天寿酒造
Tenju Shuzou
創立於明治7年（1874）

鳥海山
Choukaisan

純米大吟釀
Junmai Daiginjo

● 日本酒度 ±0～＋2

薫酒

華麗　甜味
清爽　　　飽滿
酸味　　　旨味
沉穩　苦味

■香氣
■味道

推薦品飲溫度帶【℃】
0　10　20　30　40　50

特定名稱 純米大吟釀酒
建議售價 1.8L ￥3,143、
720ml ￥1,600
原料米與精米步合 麴米、掛米均為
天壽酒米研究會契約栽培酒造好適
米50%
酵母 ND-4
酒精濃度 15度

用葡萄酒杯品飲的日本酒代表作

使用以藏人們為中心組織而成的天壽酒米研究會所栽培的特上酒造好適米為原料，以及源自鳥海山萬年雪的伏流水進行釀造。香氣優美、口感沉穩，除榮獲2012年「葡萄酒杯中美味的日本酒（The Fine Sake Awards, Japan）」最高金賞獎之外，也在其他獎項上嶄露頭角。是藏人們使出渾身解數釀造而成的一款酒。

齋彌酒造店
Saiya Shuzouten
創立於明治35年（1902）

雪之茅舍（雪の茅舍）
Yukino Bousha

純米吟釀
Junmai Ginjo

● 日本酒度 ±0

薫酒

華麗　甜味
清爽　　　飽滿
酸味　　　旨味
沉穩　苦味

■香氣
■味道

推薦品飲溫度帶【℃】
0　10　20　30　40　50

特定名稱 純米吟釀酒
建議售價 1.8L ￥2,800、
720ml ￥1,500
原料米與精米步合 麴米為山田錦
55%、掛米為秋田酒小町（秋田酒
こまち）55%
酵母 自家酵母
酒精濃度 16度

米和酵母釀造而成高雅滑順的口感

以杜氏和藏人親自栽培的酒米「秋田酒小町」為原料，利用由利本莊自然豐富的泉水進行釀造。酒藏中設有使用秋田杉木打造的麴室，酵母也是自家培養，並在「不加水、不經活性碳過濾、不使用木槳攪拌」的前提下進行釀造。酒名以白雪覆蓋一間間農家的茅草屋頂為象徵命名。整體表現出溫和的酸味和高雅的味道。

日の丸釀造
Hinomaru Jouzou
創立於元祿2年（1689）

萬作之花（まんさくの花）
Mansakuno Hana

特別純米酒
Tokubetsu Junmai-shu

● 日本酒度 ＋4～6

爽酒

華麗　甜味
清爽　　　飽滿
酸味　　　旨味
沉穩　苦味

■香氣
■味道

推薦品飲溫度帶【℃】
0　10　20　30　40　50

特定名稱 特別純米酒
建議售價 1.8L ￥2,430、
720ml ￥1,250
原料米與精米步合 麴米、掛米均為
秋田酒小町（秋田酒こまち）、吟
之精（吟の精）55%
酵母 自家酵母
酒精濃度 15～16度

以潔淨的萬作之花「金縷梅」為印象表現的沉穩酒質

位於自古以來即為酒造好適米產地的橫手盆地，利用與當地農家訂定契約所栽培的酒米，以及栗駒山系的伏流水進行釀造。將酒米精磨至55%釀造而成的特別純米酒，能同時享受到沉穩的吟釀香氣及溫和的口感。適合作為餐中酒享用。

秋田 山本
Yamamoto
創立於明治34年（1901）

白瀑 純米吟釀 山本
Shirataki Junmai Ginjo Yamamoto

生原酒 黑色酒標
Nama Genshu Kuro Label

爽酒 ● 日本酒度＋2

華麗　甜味
清爽　　飽滿
酸味　　旨味
沉穩　苦味

■香氣
■味道

推薦品飲溫度帶【℃】
0　10　20　30　40　50

特定名稱 純米吟釀酒
建議售價 1.8L ￥3,048、
720ml ￥1,523
原料米與精米步合 麴米為秋田酒小
町（秋田酒こまち）50%、掛米為秋
田酒小町55%
酵母 秋田酵母No.12
酒精濃度 16.5～16.8度

藏人們全心投入
釀造而成的逸品

釀造用水使用的是深山湧出的天然水，酒米也是將自家釀造用水引流至梯田中，親自栽培而成。伴隨清澈而強烈的上立香而來的是入口後清爽的酸味，以及果實般的含香，均衡地擴散開來。口感纖細，餘韻俐落乾淨。目前已廢除杜氏制度，以「藏人們共同釀造的酒」為概念進行釀造工程。

秋田 舞鶴酒造
Maizuru Shuzou
創立於大正7年（1918）

田从
Tabito

山廢釀造（山廃仕込）純米酒
Yamahai-jikomi Junmai-shu

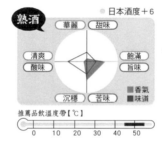

熟酒 ● 日本酒度＋6

華麗　甜味
清爽　　飽滿
酸味　　旨味
沉穩　苦味

■香氣
■味道

推薦品飲溫度帶【℃】
0　10　20　30　40　50

特定名稱 純米酒
建議售價 1.8L ￥2,730、
720ml ￥1,365
原料米與精米步合 麴米、掛米均為
一見鍾情（ひとめぼれ）60%
酵母 協會9號
酒精濃度 15度

女性經營者兼杜氏
釀造的熟成古酒

秋田縣唯一的女性杜氏，堅持釀造真正的純米酒，承襲傳統的山廢釀造方式慢慢地進行熟成。以奧羽山脈融雪伏流水聞名的「琵琶寒泉」為釀造用水。入口後能感受到俐落的酸味和明顯的酒米旨味。溫熱過後更提升了飽滿感，呈現令人感到放鬆的風味。

山形 加藤嘉八郎酒造
Kato Kahachiro Shuzou
創立於明治5年（1872）

十水
Tomizu

清酒大山 特別純米酒
Seishu Oyama Tokubetsu Junmai-shu

醇酒 ● 日本酒度－3～－4

華麗　甜味
清爽　　飽滿
酸味　　旨味
沉穩　苦味

■香氣
■味道

推薦品飲溫度帶【℃】
0　10　20　30　40　50

特定名稱 純米吟釀酒
建議售價 1.8L ￥2,520、
720ml ￥1,200
原料米與精米步合 麴米、掛米均為
生拔（はえぬき）60%
酵母 山田KA
酒精濃度 15～15.9度

適合襯托各種食物
味道細緻濃醇

採用江戶後期「十水釀造」方式，亦即酒米和釀造用水採「1:1」的比例釀造而成的特別純米酒。比起現在主流的調和方式，米的濃度較高，源自米的飽滿甜味會轉變為清爽的酸味，整體呈細緻濃醇的風味。與鰻魚、牡蠣或中式芙蓉蟹蛋等都很相配，可搭配的料理範圍很廣。

山形　小嶋総本店
Kojima Souhonten
創立於慶長2年（1957）

東光
Toko
純米吟醸原酒
Junmai Ginjo Genshu

果香豐富、風味醇厚、收尾俐落
齊聚三要件於一身的酒款

擁有曾作為上杉十五萬石的城下町米澤藩主御用酒屋的歷史。使用百分之百山形縣產米作為原料，並利用山形酵母進行發酵釀成的純米吟醸原酒，是聆聽消費者意見，以「平常喝的酒」為概念開發的酒款。能享受到果香豐富的吟醸香、芳醇的厚實感與收尾俐落潔淨的風味。建議使用葡萄酒杯品飲。

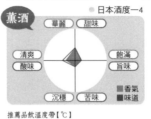

薰酒

　● 日本酒度－4

特定名稱 **純米吟醸酒**
建議售價 1.8L ￥2,400、
720ml ￥1,200
原料米與精米步合 麴米、掛米均為
山形縣產米55%
酵母 山形酵母
酒精濃度 16度

推薦品飲溫度帶【℃】

一併推薦！

純米大吟醸 生酒
Junmai Daiginjo Namazake　薰酒
東光
Toko

純米大吟醸酒／720ml￥1,450／麴米、掛米均為出羽燦燦50%／酵母 山形酵母／15度薰酒

● 日本酒度＋2

推薦品飲溫度帶【℃】

未經加熱處理的新鮮口感，屬於略辛口酒款。適合搭配白肉魚生魚片等清淡料理。

出羽之里（出羽の里）純米吟醸原酒
Dewanosato Junmai Ginjo Genshu
山形 Selection
Yamagata Selection　薰酒
東光
Toko

純米吟醸酒／1.8L ￥2,600、720ml ￥1,300／麴米、掛米均為出羽之里60%／酵母 山形酵母／17度

● 日本酒度－4

推薦品飲溫度帶【℃】

呈現如白桃、哈密瓜般的甜美果香，餘韻鮮明。建議使用葡萄酒杯品飲。

山形　千代寿虎屋
Chiyokotobuki Toraya
創立於大正11年（1922）

千代壽 （千代寿）
Chiyokotobuki
魁 辛口純米酒
Sakigake Karakuchi Junmai-shu

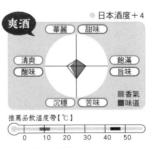

爽酒

　● 日本酒度＋4

推薦品飲溫度帶【℃】

特定名稱 **純米酒**
建議售價 1.8L ￥2,000
原料米與精米步合 麴米、掛米均為
生抜（はえぬき）70%
酵母 協會7號
酒精濃度 15.3度

以米至上的酒藏投注
心力釀造出的辛口酒款

成功復育明治、大正時代栽培於寒河江地區的酒造好適米「豐國」，從米的栽培開始致力於地酒的釀造。「魁」是以山形縣產高品質米「生拔」為原料，使用匯集月山雪融水的寒河江伏流水釀造而成。香氣沉穩、收尾俐落，屬辛口酒款。適合搭配山形縣的鄉土料理。

渡會本店
Watarai Honten
創立於元和年間（1615～1624）

出羽之雪（出羽ノ雪）
Dewano Yuki
自然酒
Shizenshu

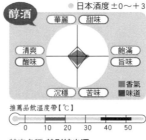

● 日本酒度 ±0

醇酒

華麗　甜味
清爽　　飽滿
酸味　　旨味
沉穩　苦味

■ 香氣
■ 味道

推薦品飲溫度帶【℃】

0　10　20　30　40　50

特定名稱 特別純米酒
建議售價 1.8L ￥2,480、
720ml ￥1,250
原料米與精米步合 麴米、掛米均為
笹錦（ササニシキ）60%
酵母 WH1號、協會701號
酒精濃度 15.3度

承襲傳統生酛法釀造
能感受到大自然的恩澤

創立於德川秀忠將軍時代的元
和年間。利用源自月山、朝日
山系的赤川清淨水進行釀造。
「自然酒」以有特別契約栽培
的米「笹錦」為原料，以傳
統的生酛方式釀造出深奧的風
味。明顯呈現出米本身具有的
甜味及旨味，能襯托出料理的
美味。

米鶴酒造
Yonetsuru Shuzou
創立於元祿17年（1704）

米鶴
Yonetsuru
田惠（田惠）特別純米酒
Denkei Tokubetsu Junmai-shu

● 日本酒度 ±0～＋3

醇酒

華麗　甜味
清爽　　飽滿
酸味　　旨味
沉穩　苦味

■ 香氣
■ 味道

推薦品飲溫度帶【℃】

0　10　20　30　40　50

特定名稱 特別純米酒
建議售價 1.8L ￥2,372、
720ml ￥1,185
原料米與精米步合 麴米、掛米均為
美山錦55%
酵母 協會1001號
酒精濃度 15度

以優質山形縣酒米
釀造成口感清爽的地酒

釀酒的同時也致力於稻米栽培
的酒藏，為了感謝田地賦予的
恩澤，因此命名為「田惠」。
以當地「高畠酒米研究會」會
員所栽培的酒米「美山錦」為
原料，釀造出口感清爽、具有
深度、風味飽滿的酒款。與日
式、西式或中式等各種料理都
很容易搭配。冷飲及爛酒皆合
適。

出羽桜酒造
Dewazakura Shuzou
創立於明治25年（1892）

出羽櫻（出羽桜）純米吟釀酒
Dewazakura Junmai Ginjo-shu
出羽燦燦（出羽燦々）誕生記念
Dewasansan Tanjo Kinen

● 日本酒度 ＋4

薰酒

華麗　甜味
清爽　　飽滿
酸味　　旨味
沉穩　苦味

■ 香氣
■ 味道

推薦品飲溫度帶【℃】

0　10　20　30　40　50

特定名稱 純米吟釀酒
建議售價 1.8L ￥2,900、
720ml ￥1,430
原料米與精米步合 麴米、掛米均為
出羽燦燦50%
酵母 山形酵母
酒精濃度 15度

「Made in 山形」的
自信之作

由知名的吟釀酒酒藏，以山形
縣經過11年努力開發出的酒造
好適米「出羽燦燦」為原料，
使用山形酵母及麴菌「Olize
山形（オリーゼ山形）」釀造
而成的生酒。呈現如香蕉、
哈密瓜及黃桃般的華麗香氣及
甜味，餘韻鮮明而輕順。適合
搭配山菜、甜度高的「水果蕃
茄（Fruit tomato）」及醋漬小
菜等。適合做為餐前酒。

竹の露
Takeno Tsuyu
創立於安政5年（1858）

白露垂珠
Hakuro Suishu
純米吟醸 美山錦55
Junmai Ginjo Miyamanishiki 55

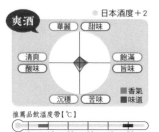

爽酒

日本酒度＋2

華麗　甜味
清爽　　　飽滿
酸味　　　旨味
沉穗　苦味

■香氣
■味道

推薦品飲溫度帶【℃】

0　10　20　30　40　50

特定名稱 純米吟醸酒
建議售價 1.8L ￥2,840、
720ml ￥1,600
原料米與精米步合 麴米、掛米均為
羽黑產美山錦55%
酵母 山形酵母
酒精濃度 15.5度

旨味清爽、入喉淡麗的餐中酒

在稱為「麴蓋」的小箱子中，使用以一升為單位分批製麴的「一升盛麴蓋法」進行完全發酵。以酒藏腹地內地下約300公尺處湧出的出羽三山深層水為釀造用水，以及「羽黑酒米研究會」生產的山形縣產美山錦進行釀造。風味溫和，旨味具透明感，收尾乾淨俐落。適合搭配白肉魚等料理。

新藤酒造店
Shindo Shuzouten
創立於明治3年（1870）

雅山流
Gasanryu
如月
Kisaragi
大吟醸 生詰
Daiginjo Namazume

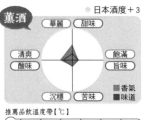

薰酒

日本酒度＋3

華麗　甜味
清爽　　　飽滿
酸味　　　旨味
沉穗　苦味

■香氣
■味道

推薦品飲溫度帶【℃】

0　10　20　30　40　50

特定名稱 大吟醸酒
建議售價 1.8L ￥3,200、
720ml ￥1,600
原料米與精米步合 麴米、掛米均為
出羽燦燦60%
酵母 山形酵母
酒精濃度 14～15度

為米澤的炎熱夏日帶來清涼的美酒

受惠於坐落梧棲山系的豐富伏流水之地，第十代經營者兼杜氏追尋著地酒的原點。「如月」是以酒米「出羽燦燦」為原料，釀製而成的新鮮無濾過生詰酒，帶有適切的吟醸香與現代感的果香，口感輕柔、入喉順暢，冰涼過後會讓人想在炎熱夏季裡飲用的一款酒。

酒田酒造
Sakata Shuzou
昭和21年（1946）創業

上喜元
Jokigen
純米 出羽之里（出羽の里）
Junmai Dewanosato

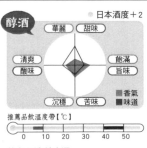

醇酒

日本酒度＋2

華麗　甜味
清爽　　　飽滿
酸味　　　旨味
沉穗　苦味

■香氣
■味道

推薦品飲溫度帶【℃】

0　10　20　30　40　50

特定名稱 純米酒
建議售價 1.8L ￥1,990、
720ml ￥995
原料米與精米步合 麴米、掛米均為
出羽之里（出羽の里）60%
酵母 自家酵母
酒精濃度 16度

風味飽滿適合搭配起司料理

社長是山形縣屈指可數的著名杜氏之一，一直以來都是利用自家酵母進行釀製。使用山形縣生產的酒米「出羽燦燦」釀造出的純米酒，最初撲鼻而來是猶如青竹般的香氣，再來是猶如柚子般的果實香氣。雖然精米步合為80%，口感卻清爽、細緻。是一款顛覆精米步合概念的純淨日本酒。

山形 | 楯の川酒造
Tatenokawa Shuzou
創立於天保3年（1832）

楯野川
Tatenokawa
純米大吟醸 本流辛口
Junmai Daiginjo Honryu Karakuchi

爽酒

● 日本酒度＋8

華麗　甜味
清爽　　　　飽滿
酸味　　　　旨味
沉穩　苦味

■香氣
■味道

推薦品飲溫度帶【℃】

0　10　20　30　40　50

特定名稱 純米大吟醸酒
建議售價 1.8L ￥2,800、
720ml ￥1,500
原料米與精米步合 麴米、掛米均為
出羽燦燦50%
酵母 山形KA
酒精濃度 15～16度

特質單純且鮮明
的餐中酒

以「使用見得到栽培者容顏、來源清楚的酒米，釀造的美味日本酒」為概念，使用自家的酒米研究會所培育出的「出羽燦燦」進行釀造。香氣沉穩，風味單純之中，猶如柑橘般的鮮明酸味提升了整體口感。收尾乾淨俐落，為一款能襯托各式料理的辛口餐中酒。

山形 | 月山酒造
Gassan Shuzou
創立於昭和47年（1972）

銀嶺月山
Ginrei Gassan
純米吟醸 月山之雪（月山の雪）
Junmai Ginjo Gassan no Yuki

薰酒

● 日本酒度＋1

華麗　甜味
清爽　　　　飽滿
酸味　　　　旨味
沉穩　苦味

■香氣
■味道

推薦品飲溫度帶【℃】

0　10　20　30　40　50

特定名稱 純米吟醸酒
建議售價 1.8L ￥2,850、
720ml ￥1,450
原料米與精米步合 麴米、掛米均為
出羽燦燦50%
酵母 山形酵母
酒精濃度 15度

推薦給日本酒品飲新手
的入門酒

以有名水之稱的月山雪融水為釀造用水，使用經過自家仔細精磨的酒米「出羽燦燦」進行釀造。在如蘋果、杏子般的清甜香氣中，能感受到帶有淡淡的根菜類礦物香。酸味豐富、口感爽快，甜味和旨味緩緩地在口中擴散開來，即便是日本酒初學者也很容易感受到箇中滋味。

山形 | 東北銘釀
Tohoku Meijou
創立於明治26年（1893）

初孫
Hatsumago
生酛純米酒
Kimoto Junmai-shu

醇酒

● 日本酒度＋3

華麗　甜味
清爽　　　　飽滿
酸味　　　　旨味
沉穩　苦味

■香氣
■味道

推薦品飲溫度帶【℃】

0　10　20　30　40　50

特定名稱 特別純米酒
建議售價 1.8L ￥2,178、
720ml ￥1,085
原料米與精米步合 麴米為美山錦
55%、掛米為出羽（はえぬき）60%
酵母 山形酵母
酒精濃度 15.8度

沉穩的旨味
足以搭配高級食材

承襲傳統技術與結合了最新技術的天然乳酸菌進行生酛釀造。能感受到糯米、落雁糕等來自原料的香氣及柑橘系的清爽香氣。口感輕快、味覺滑順潤澤。含香帶梅樹與櫻花的香氣，米的旨味也很鮮明。適合搭配燉煮料理。

福島 大七酒造
Daishichi Shuzou
創立於寶曆2年（1752）

大七皆傳（大七皆伝）
Daishichi Kaiden

適合搭配奶油風味料理的溫潤味道

位於安達太良山麓的美麗自然景致中，是「日本三井」之一「日影之井」所在的名水之地，酒藏以此處湧出的水作為釀造用水，承襲傳統的生酛釀造方式，細心地進行釀造。深奧高雅的吟釀香氣及溫和新鮮的味道，口感圓潤水嫩，風味十分完整。從日式料理到西式的奶油類料理等都可搭配。

薰酒　●日本酒度＋2

華麗　甜味
清爽　　　飽滿
酸味　　　旨味
沉穩　苦味
■香氣
■味道

特定名稱 純米吟醸酒
建議售價 1.8L ￥5,000、
720ml ￥2,500
原料米與精米步合 麴米、掛米均為
五百萬石（五百万石）58%
酵母 大七酵母
酒精濃度 15度

推薦品飲溫度帶【℃】
0　10　20　30　40　50

一併推薦！

純米生酛
Junmai Kimoto
醇酒
大七
Daishichi

純米酒／1.8L ￥2,545、
720ml ￥1,273／麴米為五百萬石65%、掛米為五百萬石等69%／酵母 協會7號／15度

●日本酒度＋3

推薦品飲溫度帶【℃】
0　10　20　30　40　50

好似正穿越森林般的含香。溫熱後旨味提升。適合搭配烤魚、燉煮魚及生魚片等料理。

箕輪門
Minowamon
薰酒
大七
Daishichi

純米大吟醸酒／1.8L ￥8,000、
720ml ￥3,636／麴米、掛米均為山田錦50%／酵母 大七酵母／15度

●日本酒度＋2

推薦品飲溫度帶【℃】
0　10　20　30　40　50

以獨門技術徹底去除雜味，呈現清爽的口感。散發著高雅的香氣。

福島 大木代吉本店
Oki Daikichi Honten
創立於慶應元年（1865）

自然鄉
Shizengo

七
Seven

薰酒　●日本酒度＋3

華麗　甜味
清爽　　　飽滿
酸味　　　旨味
沉穩　苦味
■香氣
■味道

推薦品飲溫度帶【℃】
0　10　20　30　40　50

特定名稱 純米吟醸酒
建議售價 1.8L ￥2,714、
720ml ￥1,360
原料米與精米步合 麴米、掛米均為
夢之香（夢の香）60%
酵母 美島夢酵母（F7）（うつくしま夢酵母）
酒精濃度 16度

使用福島縣產酒米與福島縣酵母釀造的振興之酒

雖然東日本大震災導致五棟酒藏無一倖免，但仍抱著振興故鄉的強烈意念而釀造出的酒。以福島縣特別栽培酒米「夢之香」與當地培養酵母「美島夢酵母（F7）」釀造而成，散發出獨特的甜美果香。新鮮的酸味呈現出猶如白葡萄酒的風味。適合冷酒品飲。

福島

榮川酒造
Eisen Shuzou
創立於明治2年（1869）

榮川
Eisen
特別純米酒
Tokubetsu Junmai-shu

會津名水釀造而成的協調旨味和酸味

日本國內少數以榮獲「名水百選」的水作為釀造用水的酒藏。使用名水「磐梯西山麓湧水群・龍之澤（龍ヶ沢）湧水」，並由會津杜氏釀造而成。受惠於水的恩澤而呈現出柔順口感，但旨味紮實，與乾淨的酸味巧妙地相互調和。特徵在於散發出如堅果般的香氣。

醇酒

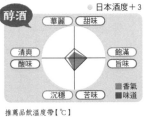

● 日本酒度＋3

特定名稱 **特別純米酒**
建議售價 1.8L ￥2,476、720ml ￥1,238
原料米與精米步合 麴米、掛米均為美山錦60%
酵母 美島夢酵母（F7）（うつくしま夢酵母）
酒精濃度 15度

推薦品飲溫度帶【℃】

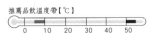

一併推薦！

本釀造
Honjouzo

爽酒

榮川
Eisen

本釀造酒／1.8L ￥1,900、720ml ￥797／麴米、掛米均為一般米70%／酵母 協會酵母701／15度

● 日本酒度＋1

推薦品飲溫度帶【℃】

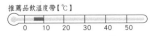

香氣沉穩，細緻的酸味凝縮了餘韻，呈現收尾乾淨、俐落的風味。

純米酒 濁酒(にごり)罐裝（缶詰）
Junmai-shu Nigori Kanzume

其他

榮川
Eisen

純米酒／180ml ￥327／米、掛米均為一般米70%／酵母 協會701號／15度

● 日本酒度－10

推薦品飲溫度帶【℃】

能感受到粗濾而殘留的米粒感，伴隨甜味而來的酸味與苦味，形成抑揚頓挫的變化。適合搭配鹽麴料理或麻糬等。

 福島

人氣酒造
Ninki Shuzou
創立於平成19年（2007）

人氣一（人気一）
Ninki-ichi
氣泡(スパークリング)純米吟醸
Sparkling Junmai Ginjo

爽酒

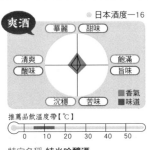

● 日本酒度－16

推薦品飲溫度帶【℃】

特定名稱 **純米吟醸酒**
建議售價 240ml ￥500
原料米與精米步合 麴米為五百萬石（五百万石）60%、掛米為千代錦（チヨニシキ）60%
酵母 52-55-38
酒精濃度 11度

猶如香檳一般的輕快風味

遵循著傳統的釀造方式和道具，釀造出具有現代口感的酒款。瓶中只有米和米麴進行發酵，將與酒精同時產生的二氧化碳閉鎖在瓶中。雖然是以低酒精酵母釀造而成的全新型態日本酒，但味道清爽且能完整表現出日本酒該有的風味。新鮮的酸味非常輕快。

奥の松酒造
Okunumatu Shuzou
創立於享保元年（1716）

奥之松（奥の松）
Okunomatsu
特別純米
Tokubetsu Junmai

爽酒

● 日本酒度 ±0

華麗　甜味
清爽　　　飽滿
酸味　　　旨味
沉穩　苦味

■ 香氣
■ 味道

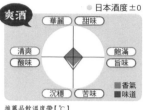

推薦品飲溫度帶【℃】

0　10　20　30　40　50

特定名稱 **特別純米酒**
建議售價 1.8L ￥2,280、
720ml ￥1,050
原料米與精米步合 麴米、掛米均為
秋田小町（あきたこまち）60%
酵母 自家酵母
酒精濃度 15度

自家酵母釀造而成
酸味適切的逸品

自江戶時代創立至今，明治維新期間以「千石酒屋」之名繁榮興盛。以礦物質含量均衡的安達太良山伏流水作為釀造用水，加上藏人的傳統技術進行釀造。使用自家培養的「奧之松」酵母，香氣沉穩、酸味適切，風味十分順口。口感雖然輕快，入喉之後卻會留下深厚的旨味。

会津酒造
Aizu Shuzou
創立於元祿年間（1688～1704）

會津
Aizu
純米大吟釀
Junmai Daiginjo

薰酒

● 日本酒度 −3

華麗　甜味
清爽　　　飽滿
酸味　　　旨味
沉穩　苦味

■ 香氣
■ 味道

推薦品飲溫度帶【℃】

0　10　20　30　40　50

特定名稱 **純米大吟釀酒**
建議售價 1.8L ￥6,000、
720ml ￥3,000
原料米與精米步合 麴米、掛米均為
山田錦40%
酵母 協會1801號
酒精濃度 16度

來自稻米之鄉
溫熱後口感潤澤

位於以日本三大祇園祭聞名的田島町（現在的南會津町），自元祿時代傳承至今的酒藏。以屬於軟水的地下水作為釀造用水，使用細心精磨至40%的「山田錦」釀造而成的大吟釀，呈現出潤澤、沉穩的高雅吟釀香與滑順口感。能品嘗到酒米溫潤的旨味與甜味。

小原酒造
Ohara Shuzou
創立於享保2年（1717）

藏粹（蔵粹）
Kurashikku
純米協奏曲
Junmai Kyousoukyoku

爽酒

● 日本酒度 +2

華麗　甜味
清爽　　　飽滿
酸味　　　旨味
沉穩　苦味

■ 香氣
■ 味道

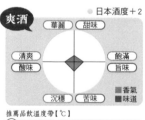

推薦品飲溫度帶【℃】

0　10　20　30　40　50

特定名稱 **純米酒**
建議售價 1.8L ￥2,900、
720ml ￥1,550
原料米與精米步合 麴米、掛米均為
山田錦50%
酵母 協會9號
酒精濃度 15.7度

宛如協奏曲般輕快的
「音樂酒」

在醪進行發酵時播放古典音樂的一種嶄新手法，來自藏人純粹的發想所進行的釀造工程。散發出草莓、哈密瓜及櫻花等香氣的純米協奏曲，口感滑順，喝起來輕盈順口。冰涼過後果香味提升，常溫則能享受到潤澤的風味。

福島 廣木酒造本店
Hiroki Shuzou Honten
創立於文政年間（1818～1830）

飛露喜
Hiroki

純米吟釀
Junmai Ginjo

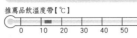

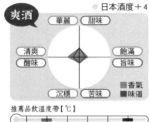

● 日本酒度＋2

薰酒

華麗　甜味
清爽　飽滿
酸味　旨味
沉穩　苦味

■香氣
■味道

推薦品飲溫度帶【℃】

0　10　20　30　40　50

特定名稱 純米吟釀酒
建議售價 1.8L ￥3,200
原料米與精米步合 麴米為山田錦
50％、掛米為五百萬石（五百万
石）50％
酵母 協會9號系及10號系
酒精濃度 16.2度

具備壓倒性的存在感 風味滿布口中的美酒

以「泉川」為主要品牌酒款，創立於江戶中期。第九代經營者兼杜氏推出的「飛露喜」，一上市即廣受日本全國各地的歡迎。以「具濃厚透明感、存在感的酒」為概念釀造而成。收尾俐落，雖然口中留下米的旨味，但整體口感華麗、輕快。為一款少量生產且耗費工時的酒款。

福島 夢心酒造
Yumegokoro Shuzou
創立於明治10年（1877）

奈良萬
Naraman

純米大吟釀
Junmai Daiginjo

● 日本酒度＋4

爽酒

華麗　甜味
清爽　飽滿
酸味　旨味
沉穩　苦味

■香氣
■味道

推薦品飲溫度帶【℃】

0　10　20　30　40　50

特定名稱 純米大吟釀酒
建議售價 1.8L ￥5,000、
720ml ￥2,500
原料米與精米步合 麴米、掛米均為
五百萬石（五百万石）48％
酵母 美島夢酵母（うつくしま夢酵
母）
酒精濃度 16度

當地的酒米、水及酵母 釀造而成的喜多方之味

使用與當地農家契約栽培的酒米「五百萬石」，以及入選平成「名水百選」的「栂峰溪流水」和福島縣的「美島夢酵母」進行釀造。呈現柔和果香與滑順的入喉感。收尾俐落，很適合作為餐中酒。能感受到米的旨味在口中緩緩地擴散開來。雖然冷酒的風味也不錯，但溫熱過後更能感受到這款酒的精髓。

選購日本酒的推薦酒鋪

伊勢五本店

網羅由全體工作人員品飲後精選的全日本各地酒款。店裡通常都會有超過三百種以上的品項。以季節推薦酒款為中心提供試飲的項目也很豐富。

伊勢五本店 Isego Honten
TEL 03-3821-4557
FAX 03-3821-4729
URL http://www.isego.net
〒113-0022 東京都文京區千馱木3-3-13
營業時間 10:00～19:00
店休日 星期天及例假日

宮崎屋球三郎商店

店裡販售著由店家親自造訪各地酒藏所嚴選的日本酒。以地下貯藏、冷藏貯藏進行保存，希望將在酒藏裡品嘗到的新鮮風味傳送到消費者手中。未提供網路銷售。

宮崎屋球三郎商店 Miyazakiya Kyusaburo Shouten
TEL 03-3483-1114
URL http://www.miyazakiya.co.jp
〒157-0066 東京都世田谷區成城6-9-1-B1
營業時間 10:00～21:00（平日）
　　　　 10:00～20:00（假日及例假日）
店休日 星期三

由女性杜氏釀造
推薦給女性的日本酒

展現女性特質和品味的日本酒，充滿了獨特的魅力。
女性被造酒業拒於千里之外的年代早已成過往，
現在正該享受以嶄新的嘗試和溫故知新的技藝釀造而成的迷人風味。

京都 招德酒造
Shoutoku Shuzou
創立於正保2年（1645）

春之舞（春の舞）
Haru no Mai
四季純米吟釀
設計款酒瓶

特定名稱 **純米吟釀酒**
建議售價 240ml￥444
原料米與精米步合 **麴米為五百萬石
（五百万石）60%，掛米為日本晴、
其他60%**
酵母 **協會7號**
酒精濃度 12～13度

● 日本酒度＋3

水質柔軟的地下水釀造而成
風味高雅華麗的酒款

打破日本酒至今的刻版印象，呈現可
愛的風格。引起廣大注目的瓶身為杜
氏大塚真帆親自設計。一共有春、
夏、秋、冬等四款設計，分別在當季
限定銷售。屬略辛口而清爽的純米吟
釀酒。

広島 今田酒造本店
Imada Shuzou Honten
創立於明治元年（1868）

富久長
Fukucho
純米大吟釀 八反草50
Junmai Daiginjo Hattansou 50

特定名稱 **純米大吟釀酒**
建議售價 1.8L ￥3,500、
720ml￥1,800
原料米與精米步合 **麴米為山田錦
50%、掛米為八反草50%**
酵母 **廣島KA**
酒精濃度 16.5度

● 日本酒度＋3

堅持使用夢幻酒米「八反草」
充滿熱情的釀造工程

使用廣島酒米根源的夢幻酒米「八反
草」釀造而成，兼具純樸旨味與纖細
的口感。酒米的培育十分艱難，而灌
注大量熱情投注栽培的杜氏今田美
穗，釀造出的酒呈現出如同廣島女性
外柔內剛的特質。

長野 酒千藏野
Shusen Kurano
創立於天文9年（1540）

KAWANAKA JIMA《silky white》
純米濁酒（純米にごり酒）
Junmai Nigorizake

特定名稱 **純米酒**
建議售價 500ml ￥1,143
原料米與精米步合 麴米、掛米均為
美山錦65%
酵母 協會701號
酒精濃度 15～16度

● 日本酒度－27

由榮獲多次獎項的杜氏
釀造而成的雅緻濁酒

長野縣最古老酒藏的獨生女，也是長野縣第一位女性杜氏——千野麻里子所釀造的純米濁酒。入口後雖感受到奶香般的濃郁口感，餘韻卻十分清爽。適合搭配東南亞料理或中華料理。充分冰涼後再加冰塊飲用，整體會更為順口。

京都 丹山酒造
Tanzan Shuzou
創立於明治15年（1882）

飯櫃
Bonki

特定名稱 **純米酒**
建議售價 500ml ￥1,200
原料米與精米步合 不公開
酵母 9號
酒精濃度 8%

● 日本酒度－60

擁有很多海外酒迷
呈現如葡萄酒風味的純米酒

以女性杜氏之姿活躍於業界的長谷川渚，為作為城下町發展而成的龜山市中的酒藏第五代。放置在餐桌上也不感到突兀的瓶身設計與宛如白葡萄酒的風味，是迎合時代變遷、經由摸索後誕生的成果。適合冰涼過後加入檸檬汁或萊姆汁飲用。

福島 鶴乃江酒造
Tsurunoe Shuzou
創立於寬政6年（1794）

ゆり
Yuri
純米大吟釀
Junmai Daiginnjo

特定名稱 **純米大吟釀酒**
建議售價 720ml ￥2,500
原料米與精米步合 麴米、掛米均為
五百萬石（五百万石）50%
酵母 美島夢酵母（うつくしま夢酵母）
酒精濃度 15度

● 日本酒度＋5

香氣明顯、味道纖細
融入母女兩代的意念

看著母親專注於製麴工作的背影長大的林ゆり（Hayashi Yuri）杜氏，釀造的酒款呈辛口風味，當中又能感受到細緻柔和的口感。不僅是日式料理，與西式料理也十分搭配。被評定為「刺激感少而順口」的酒款。令人想一邊遙想著母女間的羈絆，一邊冰涼飲用的酒款。

關東

承襲江戶的輪廓 日本中心部地酒巡禮

茨城

茨城縣為協會10號酵母的發祥地，縣內約有五十家酒藏，為關東地區酒藏為數最多的地方。由於這裡屬於軟水湧出的區域，因此釀造出的日本酒口感柔順溫潤。擁有縣產酒米「常陸錦（ひたち錦）」以及酵母「常陸酵母（ひたち酵母）」。

栃木

縣內約三十五家酒藏，主要位於小山、宇都宮周邊以及那珂川流域附近。一直以來的傳統為以南部杜氏及越後杜氏所釀造的濃醇甘口酒款為中心，但近年年輕藏元的新想法也逐漸受到矚目，人氣商品持續增加中。

群馬

縣內約有三十家酒藏，皆位在以前橋為中心的利根川流域附近。稍帶濃醇及中辛口的口感，是群馬地酒的特徵。縣產酒米的代表是「若水」。近年由於「群馬KAZE酵母」的誕生，進而出現了香氣華麗的吟釀酒，酒款也趨於多樣化。

埼玉

在荒川、利根川流域及秩父附近有三十家以上的酒藏。由於鄰近消費重地——東京（江戶），因此從前至今日本酒產業都十分發達。使用2004年開發的縣產酒米「酒武藏」釀造的地酒也備受矚目。

千葉

在太平洋沿岸及利根川流域附近約有三十五家酒藏。當地的地酒特徵為口感輕快，屬於辛口酒款，適合搭配海鮮類料理。也有些酒藏會釀造富獨特個性的酒。主要以縣內銷售為主，但近年來縣外的出貨量也有增加的傾向。

東京

在多摩川流域及北區約有十家酒藏。以口感輕快、清爽的日本酒居多。除了如「江戶傳統野菜」等備受矚目的東京都產食材之外，東京生產的地酒人氣也逐而攀高。順帶一提，伊豆諸島有超過十家的燒酎酒藏。

神奈川

以相模川流域、酒匂川流域為中心的丹澤附近約有十二家酒藏。使用屬日本三大名水之一的丹澤山系伏流水，釀造出口感滑順、味道纖細的酒款。相較於日本全國其他地區，平均精米步合偏高。

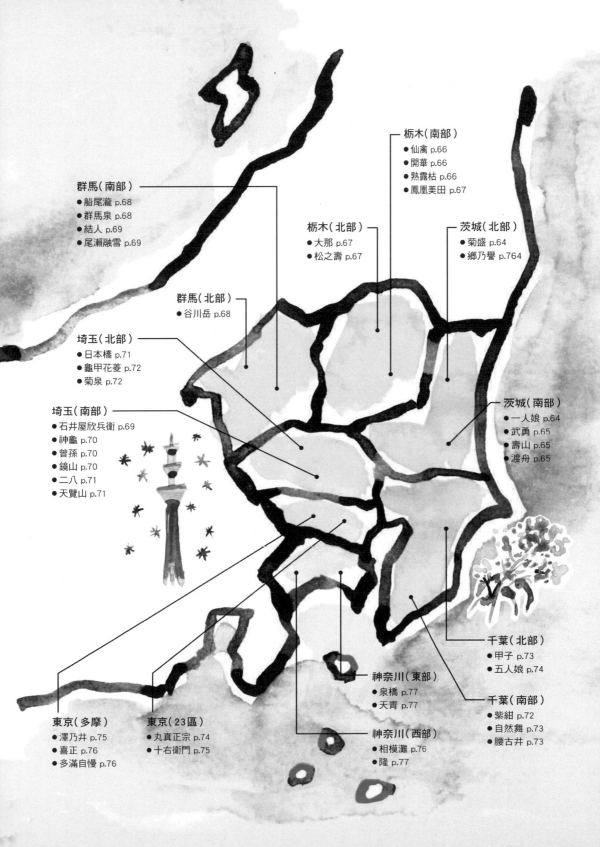

栃木（南部）
- 仙禽 p.66
- 開華 p.66
- 熟露枯 p.66
- 鳳凰美田 p.67

群馬（南部）
- 船尾瀧 p.68
- 群馬泉 p.68
- 結人 p.69
- 尾瀬融雪 p.69

栃木（北部）
- 大那 p.67
- 松之壽 p.67

茨城（北部）
- 菊盛 p.64
- 郷乃譽 p.764

群馬（北部）
- 谷川岳 p.68

埼玉（北部）
- 日本橋 p.71
- 龜甲花菱 p.72
- 菊泉 p.72

茨城（南部）
- 一人娘 p.64
- 武勇 p.65
- 壽山 p.65
- 渡舟 p.65

埼玉（南部）
- 石井屋欣兵衛 p.69
- 神龜 p.70
- 曽孫 p.70
- 鏡山 p.70
- 二八 p.71
- 天覽山 p.71

千葉（北部）
- 甲子 p.73
- 五人娘 p.74

神奈川（東部）
- 泉橋 p.77
- 天青 p.77

千葉（南部）
- 紫紺 p.72
- 自然舞 p.73
- 腰古井 p.73

東京（多摩）
- 澤乃井 p.75
- 喜正 p.76
- 多滿自慢 p.76

東京（23區）
- 丸真正宗 p.74
- 十右衛門 p.75

神奈川（西部）
- 相模灘 p.76
- 隆 p.77

木內酒造
Kiuchi Shuzou
創立於文政6年（1823）

菊盛
Kikusakari

純米吟醸濁酒（にごり酒）春一輪
Junmai Ginjo Nigorizake Haruichirin

薰酒

● 日本酒度＋2

華麗　甜味
清爽　飽滿
酸味　旨味
沉穩　苦味

■ 香氣
■ 味道

推薦品飲溫度帶【℃】

0　10　20　30　40　50

特定名稱 **純米吟醸酒**
建議售價 1.8L ￥2,700、
720ml ￥1,350
原料米與精米步合 **麴米、掛米均為**
國產米55%
酵母 **自家酵母**
酒精濃度 15～16度

不禁想拿葡萄酒酒杯
輕快飲用的微氣泡酒

由生產當地人氣啤酒「常陸野
Nest Beer」的酒藏所釀造，如
香檳般口感的純米吟醸。將酵
母仍在活動狀態下的鮮搾新酒
進行裝瓶，在瓶內進行二次發
酵，讓二氧化碳融入酒中。微
氣泡的清爽口感，口中留下不
會過於甜膩、且舒暢的餘韻風
味。適合味道清淡的料理。

山中酒造店
Yamanaka Shuzouten
創立於文化2年（1805）

一人娘
Hitorimusume

純米超辛口
Junmai Choukarakuchi

醇酒

● 日本酒度 非公開

華麗　甜味
清爽　飽滿
酸味　旨味
沉穩　苦味

■ 香氣
■ 味道

推薦品飲溫度帶【℃】

0　10　20　30　40　50

特定名稱 **特別純米酒**
建議售價 1.8L ￥2,550、
720ml ￥1,089
原料米與精米步合 **麴米為一般米**
55%、掛米為一般米60%
酵母 **協會701號**
酒精濃度 15～16度

追求辛口風味的酒藏
計出萬全釀造而成

引以「日本第一辛口酒」之姿
為傲，投注心力於釀造「猶如
無雜質淡水般的酒質」。整體
呈現辛口酒款應有的清爽風
味，以及入喉的俐落感與軟水
釀造形成的柔順口感。含在口
中能充分感受到飽滿的香氣與
含香。溫熱後飲用刺激感會增
加。適合作為餐中酒。

須藤本家
Sudohonke
創立於永治元年（1141）

鄉乃譽
Sato no Homare

純米吟醸 火入（火入れ）
Junmai Ginjo Hiire

爽酒

● 日本酒度＋5

華麗　甜味
清爽　飽滿
酸味　旨味
沉穩　苦味

■ 香氣
■ 味道

推薦品飲溫度帶【℃】

0　10　20　30　40　50

特定名稱 **純米吟醸酒**
建議售價 1.8L ￥3,300、
720ml ￥1,650
原料米與精米步合 **麴米、掛米均為**
國產米55%
酵母 **藏內酵母**
酒精濃度 15.5度

累積八百七十年歷史
香氣明顯的逸品

從平安時代持續至今，已有
八百七十年歷史的酒藏。代代
遵循「酒、米、土、水、木」
的家訓，釀造出優質的酒。重
點酒款「鄉乃譽」的純米吟醸
酒，特徵在於柔和的味道與酸
味，以及猶如麝香葡萄般的細
緻吟醸香氣。使用發酵力強的
伏流水為釀造用水。呈現具透
明感的上等酒質，在海外也擁
有許多酒迷。

茨城	武勇 Buyu 創立於慶應年間（1865～1868）

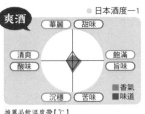

● 日本酒度－1

爽酒

華麗　甜味
清爽　飽滿
酸味　旨味
沉穩　苦味

■香氣
■味道

武勇
Buyu

純米 生酒
Junmai Namazake

推薦品飲溫度帶【℃】

0　10　20　30　40　50

特定名稱 純米酒
建議售價 1.8L ￥2,667、
720ml ￥1,429
原料米與精米步合 麴米、掛米均為
山田錦60％
酵母 協會9號
酒精濃度 17度

堅守傳統的同時
也追求創新的釀酒型態

為追求酒原有的美味，從蒸米開始就堅持使用日式鍋釜，並遵循傳統製麴方式，以及搾取後到出瓶成商品中間幾乎不使用活性碳處理等，在各個步驟都嚴加把關。這款「純米 生酒」含在口中，能感受到山田錦香甜的味道，緊接而來的是山廢釀造產生的潔淨酸味與旨味在口中擴散開來。是一款香氣甜美、誘發食慾的酒。

茨城	石岡酒造 Ishioka Shuzou 創立於昭和47年（1972）

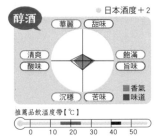

● 日本酒度＋2

醇酒

華麗　甜味
清爽　飽滿
酸味　旨味
沉穩　苦味

■香氣
■味道

壽山（寿山）
Juzan

純米酒 ささのしずく
Junmai-shu Sasanoshizuku

推薦品飲溫度帶【℃】

0　10　20　30　40　50

特定名稱 純米酒
建議售價 1.8L ￥2,200、
720ml ￥1,100
原料米與精米步合 麴米、掛米均為
美山錦65％
酵母 協會901號
酒精濃度 15度

受惠於優質水源與
大自然資源的茨城地酒

連接筑波山與霞浦的石岡市，因擁有優良的硬水，自古以來就是關東地區屈指可數的知名釀造地。酒藏堅持使用完全掌握生產履歷（Traceability）、契約栽培生產的茨城縣產酒米「美山錦」。並以筑波山系的地下水作為釀造用水，完成口感清爽、富有旨味而濃醇的純米酒。

茨城	府中誉 Huchu Homare 創立於安政元年（1854）

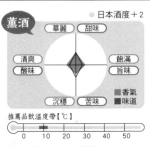

● 日本酒度＋2

薰酒

華麗　甜味
清爽　飽滿
酸味　旨味
沉穩　苦味

■香氣
■味道

渡舟
Watari Bune

純米大吟釀
Junmai Daiginjo

推薦品飲溫度帶【℃】

0　10　20　30　40　50

特定名稱 純米大吟釀酒
建議售價 1.8L ￥9,710、
720ml ￥4,860
原料米與精米步合 麴米、掛米均為
渡船35％
酵母 自家酵母
酒精濃度 16.5度

成功復育夢幻酒米
酒藏所珍愛的一支酒

從僅數十克的種子成功復育出傳說中的酒米「渡船」。「渡船」為「山田錦」的親本種，是最適合用來釀造酒的超軟質米，特徵在於能夠釀出沒有雜味的酒。將這樣的「渡船」精磨至35％完成的酒款，能充分品嘗到米特有的飽滿香氣與濃厚芳醇的味道，已昇華為極致逸品。

栃木 せんきん
Senkin
創立於文化3年（1806）

仙禽
Senkin

無垢 無濾過原酒
Muku Muroka Genshu

● 日本酒度 不公開

薫酒

華麗　甜味
清爽　　飽滿
酸味　　旨味
沉穩　苦味

■ 香氣
■ 味道

推薦品飲溫度帶【℃】

0　10　20　30　40　50

特定名稱 純米吟釀酒
建議售價 1.8L ￥2,476、
720ml ￥1,238
原料米與精米步合 麴米、掛米均為
不公開50%
酵母 不公開
酒精濃度 17度

曾任侍酒師的經營者
以料理搭配為出發點
釀造出的酒

為了呈現出高甜度及高酸度的
「酸甜」酒質，堅持以自家栽
培、栃木縣產原料米進行釀
造，是一家以實現在地化為目
標的酒藏。將日本酒視為傳統
工藝品，使用傳統的「木桶釀
造」與「袋吊搾取」方式。其
中「無垢」因香氣豐富、旨味
飽滿，匯集了高人氣。

栃木 第一酒造
Daiichi Shuzou
創立於延寶元年（1673）

開華
Kaika

純米酒
Junmai-shu

● 日本酒度 ＋2

醇酒

華麗　甜味
清爽　　飽滿
酸味　　旨味
沉穩　苦味

■ 香氣
■ 味道

推薦品飲溫度帶【℃】

0　10　20　30　40　50

特定名稱 純米酒
建議售價 1.8L ￥2,000、
720ml ￥1,000
原料米與精米步合 麴米為五百萬石
（五百万石）65%、掛米為朝日之
夢（あさひの夢）65%
酵母 栃木酵母
酒精濃度 14.5度

輕鬆享受極簡味道

擁有三百多年歷史的名酒「開
華」，是栃木縣內最傳統的酒
藏，不僅從酒米栽培到收成都
是親力親為，也是全國唯一由
自家進行等級審查的酒藏。精
心栽培的酒米經過高度精磨，
並由堅持少量、細心手工釀造
的下野杜氏進行釀造。是一款
飽滿香氣與輕快甜味相互調和
的酒。

栃木 島崎酒造
Shimazaki Shuzou
創立於嘉永2年（1849）

熟露枯
Uroko

山廢（山廃）純米原酒
Yamahai Junmai Genshu

● 日本酒度 ±0

醇酒

華麗　甜味
清爽　　飽滿
酸味　　旨味
沉穩　苦味

■ 香氣
■ 味道

推薦品飲溫度帶【℃】

0　10　20　30　40　50

特定名稱 純米酒
建議售價 1.8L ￥2,800、
720ml ￥1,400
原料米與精米步合 麴米、掛米均為
不公開65%
酵母 協會7號系
酒精濃度 17度

使用葡萄酒酒杯品飲
充分感受含香的美妙

經過一年常溫酒槽熟成，以瓶
貯藏方式置於洞穴中，再經數
年熟成後才出貨的山廢純米酒
限量酒款。呈現古酒應有的適
切熟成香，口感溫潤。餘韻留
有山廢酒款特有乳酸類的深厚
旨味。適合搭配起司風味的義
大利料理等，味道濃郁的料
理。

栃木 菊の里酒造
Kikunosato Shuzou
創立於慶應2年（1866）

大那
Daina

純米吟醸 那須五百萬石（那須五百万石）
Junmai Ginjo Nasu Gohyakumangoku

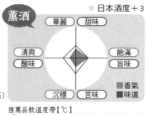

● 日本酒度＋3

薫酒

華麗　甜味
清爽　　　　飽滿
酸味　　　　旨味
沉穩　苦味

■ 香氣
■ 味道

推薦品飲溫度帶【℃】

0　10　20　30　40　50

特定名稱 純米吟醸酒
建議售價 1.8L ￥2,800、
720ml ￥1,400
原料米與精米步合 麴米、掛米均為
五百萬石（五百万石）55%
酵母 栃木酵母
酒精濃度 16.2度

使用有機肥料
邁向自然釀造

以精磨至55%的那須產酒米「五百萬石」釀造而成，入口後能感受到五百萬石特有的華麗、清新柑橘類吟醸香氣在口中擴散開來。以極致的餐中酒為概念，口感清爽。酸味完整、收尾乾淨俐落。由於酒藏所有酒款都是少量生產，因此也會有銷售一空的清況。

栃木 小林酒造
Kobayashi Shuzou
創立於明治5年（1872）

鳳凰美田
Houou Biden

劍（劍）辛口純米酒
Tsurugi Karakuchi Junmai-shu

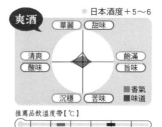

● 日本酒度＋5～6

爽酒

華麗　甜味
清爽　　　　飽滿
酸味　　　　旨味
沉穩　苦味

■ 香氣
■ 味道

推薦品飲溫度帶【℃】

0　10　20　30　40　50

特定名稱 純米酒
建議售價 1.8L ￥2,381
原料米與精米步合 麴米、掛米均為
五百萬石（五百万石）55%
酵母 栃木酵母
酒精濃度 16度

從零開始復活酒藏——
品牌酒款「鳳凰美田」

第五代經營者在酒藏即將關閉之際，成功將之重新復活。經營者夫婦與杜氏，三人徹底進行品質管理，在穩紮穩打的釀造工程下，誕生了以吟醸釀造法所釀成的「鳳凰美田」。雖為純米釀造，但口感清爽俐落，屬辛口風味，熟成過後呈現溫潤滑順的味道。為一香氣非常均衡的極致酒款。

栃木 松井酒造店
Matsui Shuzouten
創立於慶應元年（1865）

松之壽（松の寿）
Matsuno Kotobuki

純米酒
Junmai-shu

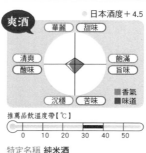

● 日本酒度＋4.5

爽酒

華麗　甜味
清爽　　　　飽滿
酸味　　　　旨味
沉穩　苦味

■ 香氣
■ 味道

推薦品飲溫度帶【℃】

0　10　20　30　40　50

特定名稱 純米酒
建議售價 1.8L ￥2,300、
720ml ￥1,150
原料米與精米步合 麴米、掛米均為
五百萬石（五百万石）65%
酵母 K1401、K1801
酒精濃度 15～16度

小規模的謹慎釀造
擁有眾多酒迷

品名「松之壽」以象徵老松樹的挺拔堅韌之姿而命名。釀造用水來自位在酒藏後方杉樹林所湧出的超軟水，酒質呈現米的飽滿旨味。香氣沉穩，含在口中能感覺到旨味緩緩地延展開來。且帶有俐落的酸味，整體風味表現合宜。

柴崎酒造
Shibasaki Shuzou
創立於大正4年（1915）

船尾瀧
Funaotaki

本醸造 辛口
Honjouzo Karakuchi

醇酒

● 日本酒度＋3

華麗　甜味
清爽　　　　飽満
酸味　　　　旨味
沉穩　苦味

■香氣
■味道

推薦品飲溫度帶【℃】

0　10　20　30　40　50

特定名稱　**本醸造酒**
建議售價 1.8L ￥1,830
原料米與精米步合 麴米為若水70%、
掛米為千代錦70%
酵母 協會901號
酒精濃度 15〜16度

榛名山麓的自然環境中醸造而成

品名取自直流入榛名山麓的瀑布之名。使用品質優良的酒米與榛明山系伏流水醸造而成，自創業以來一直是十分受到歡迎的晚酌酒。收尾俐落的辛口酒，口感清爽，充分品嘗也不膩口。冷酒或爛酒品飲皆適合。

島岡酒造
Shimaoka Shuzou
創立於文久3年（1863）

群馬泉
Gunma Izumi

超特撰純米
Choutokusen Junmai

醇酒

● 日本酒度＋3

華麗　甜味
清爽　　　　飽満
酸味　　　　旨味
沉穩　苦味

■香氣
■味道

推薦品飲溫度帶【℃】

0　10　20　30　40　50

特定名稱　**純米酒**
建議售價 1.8L ￥2,760、
720ml ￥1,380
原料米與精米步合 麴米、掛米均為
若水50%
酵母 協會9號
酒精濃度 15〜16度

使用傳統山廢醸造方式承襲了紮實的工法

使用存在於酒藏中的天然乳酸菌，以傳統「生酛系山廢醸造」進行醸造。自水井汲取出富含礦物質的硬水作為醸造用水，醸造完成後放置在酒藏內2〜3年進行熟成。同時具備輕快的酸味與極富魅力的深厚熟成味，餘韻雖帶苦味但俐落。注入杯中後稍放置片刻，能增加整體旨味表現。

永井酒造
Nagai Shuzou
創立於明治19年（1886）

谷川岳
Tanigawadake

源水醸造（源水仕込）超辛純米酒
Gensui Shikomi Choukara Junmai-shu

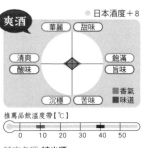

爽酒

● 日本酒度＋8

華麗　甜味
清爽　　　　飽満
酸味　　　　旨味
沉穩　苦味

■香氣
■味道

推薦品飲溫度帶【℃】

0　10　20　30　40　50

特定名稱　**純米酒**
建議售價 1.8L ￥2,310、
720ml ￥1,155
原料米與精米步合 麴米為五百萬石
（五百万石）60%、掛米為一般米
60%
酵母 協會901號
酒精濃度 15度

尾瀨的天然水醸造而成入喉芳醇的風味

使用流經尾瀨地底，緩緩地濾過產出的天然水，並以不會流失酒原有風味的「瓶爛製法」（瓶中加熱法）進行加熱處理。在這款屬於鮮明的超辛口酒中，入喉時能感受到被馥郁的芳醇感所包覆。清爽果香與俐落口感，冷酒、常溫喝起來相當輕快，溫熱後則轉為柔順溫和的口感。

柳澤酒造

群馬　柳澤酒造
Yanagisawa Shuzou
創立於明治10年（1877）

結人
Musubito

純米吟釀 中取（中取り）生酒
Junmai Ginjo Nakadori Namazake

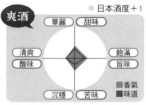

● 日本酒度 +1

爽酒

華麗　甜味
清爽　　　飽滿
酸味　　　旨味
沉穩　苦味

■香氣
■味道

推薦品飲溫度帶【℃】

0　10　20　30　40　50

特定名稱 純米吟釀酒
建議售價 1.8L ￥2,750、
720ml ￥1,400
原料米與精米步合 麴米、掛米均為
五百萬石（五百万石）55%
酵母 自社選拔酵母
酒精濃度 16.7度

開發出具備傳統甜味與創新味道的酒款

以用糯米釀造出甘口風味的「桂川」而聞名的酒藏，其推出的「結人」為第五代兄弟檔於2004年開發的酒款。除了甜味之味，還能品嘗到相當均衡的酸味與旨味。僅汲取上槽過程中酒質最為安定的「中取」，將最美味的部分裝瓶。另外，也推薦不同酵母釀造而成、風味飽滿的「火入」酒款。

群馬　龍神酒造
Ryujin Shuzou
創立於慶長2年（1597）

尾瀨融雪（尾瀨の雪どけ）
Ozeno Yukidoke

大辛口純米
Okarakuchi Junmai

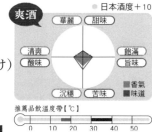

● 日本酒度 +10

爽酒

華麗　甜味
清爽　　　飽滿
酸味　　　旨味
沉穩　苦味

■香氣
■味道

推薦品飲溫度帶【℃】

0　10　20　30　40　50

特定名稱 純米酒
建議售價 1.8L ￥2,300、
720ml ￥1,143
原料米與精米步合 麴米、掛米均為
五百萬石（五百万石）60%
酵母 協會7號系
酒精濃度 16.5度

為味道濃厚的料理提引出旨味的魔法酒

酒藏以年輕藏人為中心，進行傳統的釀造作業。「大辛口純米」雖為辛口酒款，但能充分感受到米的旨味。酒體紮實、收尾俐落感極為出色，具有沉穩的吟釀香與堅果般的香氣，適合作為餐中酒。

埼玉　石井酒造
Ishii Shuzou
創立於天保11年（1840）

石井屋欣兵衛
Ishiiya Kinbee

山廢（山廃）本釀造
Yamahai Honjouzo

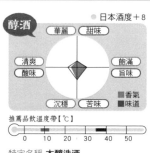

● 日本酒度 +8

醇酒

華麗　甜味
清爽　　　飽滿
酸味　　　旨味
沉穩　苦味

■香氣
■味道

推薦品飲溫度帶【℃】

0　10　20　30　40　50

特定名稱 本釀造酒
建議售價 1.8L ￥1,800、
720ml ￥900
原料米與精米步合 麴米、掛米均為
八反錦65%
酵母 埼玉酵母
酒精濃度 15度

適合搭配火鍋料理餘韻清爽的山廢釀造酒

為山廢釀造的本釀造酒，呈現芳醇與俐落共存的味道表現。從冷酒到爛酒，適合品飲的溫度帶廣，是風味溫和的酒款。為了希望能夠拉近年輕世代與日本酒的距離，特別委託當地出身的人氣漫畫家美水鏡（美水かがみ）設計酒標，是一間想法十分靈活的酒藏。

埼玉 神亀酒造
Shinkame Shuzou
創立於嘉永元年（1848）

神龜（神亀）
Shinkame
純米酒
Junmai-shu

溫熱飲用也不失去酒體平衡
貫徹始終的純米酒

埼玉縣的「神龜」是一間以純米酒釀造為信念的酒藏，十分受到地酒迷所愛好。以優質酒米進行釀造，經過二年以上熟成的酒，濃醇的旨味與飽滿感在口中輕輕地散化。雖然口感濃醇，但酒體有俐落的表現，因此不會有膩口的感覺。熱燗後飲用能顯現出這款酒的真正價值。

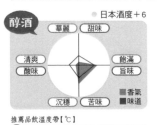

醇酒　日本酒度＋6

特定名稱 **純米酒**
建議售價 1.8L ￥2,952、
720ml ￥1,476
原料米與精米步合 麴米、掛米均為
酒造好適米60%
酵母 協會9號
酒精濃度 15.5度

推薦品飲溫度帶【℃】

一併推薦！

純米
Junmai
曾孫（ひこ孫）　醇酒

純米酒／1.8L ￥3,400、
720ml ￥1,700／麴米、掛米均為山田
錦55%／協會9號／15.5度

日本酒度＋6
推薦品飲溫度帶【℃】

經過三年熟成才出貨，可說是純米酒中的逸品。香氣沉穩，適合溫熱飲用。

小鳥的啼鳴（小鳥のさえずり）　醇酒
Kotori no Saezuri
曾孫（ひこ孫）

純米吟釀酒／1.8L ￥5,000、
720ml ￥2,500／麴米、掛米均為山田
錦50%／協會9號／16～16.9度

日本酒度＋5
推薦品飲溫度帶【℃】

以用推肥培育而成的鳥取產「山田錦」進行釀造，經過五年的熟成。雖屬吟釀酒，但推薦溫熱飲用。

埼玉 小江戶鏡山酒造
Koedo Kagamiyama Shuzou
創立於平成19年（2007）

鏡山
Kagamiyama
再釀釀造（再釀仕込み）
Saijo-jikomi

其他　日本酒度 非公開

推薦品飲溫度帶【℃】

特定名稱 **貴釀酒**
建議售價 1.8L ￥3,000、
720ml ￥1,500
原料米與精米步合 麴米、掛米均為
彩之寶（彩のみのり）75%
酵母 協會T901號
酒精濃度 15～16度

散發出烤蘋果般
香甜黏稠風味的酒款

一般而言，貴釀酒的甜味極為明顯，但「鏡山 再釀釀造」的酸味與甜味具備絕佳的平衡。含入口中的瞬間散發出的甜味與黏稠的層次交融，宛如雪莉酒一般。餘韻長，能細細品味其中的芳醇旨味。散發出淡淡的如法蘭西梨般的香氣表現，令人印象深刻。

埼玉

小山本家酒造
Koyama Honke Shuzou
創立於文化5年（1808）

二八
Nihachi
特別純米
Tokubetsu Junmai

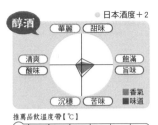

醇酒

● 日本酒度＋2

華麗　甜味
清爽　　　　飽滿
醆味　　　　旨味
沉穩　苦味

■香氣
■味道

推薦品飲溫度帶【℃】

0　10　20　30　40　50

特定名稱 **特別純米酒**
建議售價 1.8L ￥1,470、
720ml ￥785
原料米與精米步合 **麴米為秋田小町**
（あきたこまち）75%、掛米為秋田
小町82%
酵母 協會9號、14號、1801號
酒精濃度 14～15度

用特別純米酒
享受片刻奢華的晚酌

徹底執行製造管理，維持一定品質，以提供高CP值酒款為理念的酒藏。將被視為日本酒最高等級的純米大吟釀酒與口感滑順的純米酒，以2：8的比例混合，調和出味道深厚的「二八」。從冷飲到溫熱飲用都適合，能享受不同溫度帶的風味表現。

 埼玉

五十嵐酒造
Igarashi Shuzou
創立於明治15年（1882）

天覽山
Tenranzan
DOVE

其他

● 日本酒度50

華麗　甜味
清爽　　　　飽滿
醆味　　　　旨味
沉穩　苦味

■香氣
■味道

推薦品飲溫度帶【℃】

0　10　20　30　40　50

特定名稱 **純米酒**
建議售價 1l ￥1,905
原料米與精米步合 **麴米為吟銀河**
（吟ぎんが）、五百萬石（五百万
石）65%，掛米為秋田小町（あきた
こまち）65%
酵母 協會7號、9號
酒精濃度 10度

吸引酒迷專程前來的
限定品

「DOVE」採完全預約生產，為了再現濁醪酒風味，以極粗濾網濾過後維持發酵狀態，屬於會產生含有二氧化碳的活性酒。呈現黏稠猶如優格般的極佳口感，入喉時能感受到如香檳一般的浸涼氣泡感。開瓶後會持續發酵，味道也會跟著變化，是一款富個性的酒。

 埼玉

橫田酒造
Yokota Shuzou
創立於文化2年（1805）

日本橋
Nihonbashi
純米大吟釀
Junmai Daiginjo

爽酒

● 日本酒度＋3

華麗　甜味
清爽　　　　飽滿
醆味　　　　旨味
沉穩　苦味

■香氣
■味

推薦品飲溫度帶【℃】

0　10　20　30　40　50

特定名稱 **純米大吟釀酒**
建議售價 1.8L ￥5,000、
720ml ￥3,000
原料米與精米步合 **麴米、掛米均為**
美山錦40%
酵母 協會9號系
酒精濃度 17.5度

適合佐以清淡的
白肉魚生魚片
或豆腐料理

使用行田市長野湧出的名水「福壽泉」，因屬弱軟水質，使發酵速度趨於緩慢，因此釀造出口感溫潤，味道深沉的酒。從洗米到浸漬皆經由手工，以進行限制吸水*的作業。具有細膩的味道與猶如西洋梨般的清爽香氣，恰如其分的甜味蔓延在舌間。

*審訂註：依米粒的吸水速度進行浸水時間的調整。

埼玉　清水酒造
Shimizu Shuzou
創立於明治7年（1874）

龜甲花菱（亀甲花菱）
Kikkou Hanabishi

吟釀（吟造り）本釀造 上槽即日瓶詰
Ginzukuri Honjouzo Jousou Sokujitsu Binzume

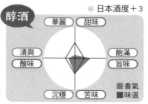

醇酒

● 日本酒度＋3

華麗　甜味
清爽　　　飽滿
酸味　　　旨味
沉穩　苦味

■ 香氣
■ 味道

推薦品飲溫度帶【℃】

0　10　20　30　40　50

特定名稱 **本釀造酒**
建議售價 1.8L ￥2,267
原料米與精米步合 麴米為美山錦
60%、掛米為酒武藏（さけ武蔵）
60%
酵母 協會9號系
酒精濃度 18度

少量釀造的高品質酒款

這一款無濾過上槽（鮮搾狀
態）、當日裝瓶的酒款，舌間
能感受到因新鮮所產生似碳酸
般的躍動口感。雖然標示為本
釀造，釀造工程卻屬耗時的吟
釀等級。不僅香氣華麗，擁有
原酒才具備的紮實感以及富變
化的味道，整體風味也十分均
衡，品質與易品度兼備，為一
款數量限定的銘酒。

埼玉　滝澤酒造
Takizawa Shuzou
創立於文久3年（1863）

菊泉
Kikuizumi

大吟釀 升田屋
Daiginjo Masudaya

薰酒

● 日本酒度＋5

華麗　甜味
清爽　　　飽滿
酸味　　　旨味
沉穩　苦味

■ 香氣
■ 味道

推薦品飲溫度帶【℃】

0　10　20　30　40　50

特定名稱 **大吟釀酒**
建議售價 1.8L ￥10,000、
720ml ￥4,000
原料米與精米步合 麴米、掛米均為
山田錦40%
酵母 埼玉C
酒精濃度 16.3度

謹慎的傳統釀造技術
是受賞紀錄豐富的祕訣

自文久3年創業以來，拒絕機
械化製麴，三位藏人使用傳統
的道具、承襲至今的技術與心
境，釀造出味道芳醇的酒。利
用將經長期低溫發酵的醪裝入
酒袋中，不施加任何壓力地讓
酒自然垂滴的「袋吊」法，一
滴滴地凝聚而成。帶有水果香
氣及滑順的入喉感。

千葉　小泉酒造
Koizumi Shuzou
創立於寬政5年（1793）

紫紺
Shikon

純米大吟釀
Junmai Daiginjo

薰酒

● 日本酒度2

華麗　甜味
清爽　　　飽滿
酸味　　　旨味
沉穩　苦味

■ 香氣
■ 味道

推薦品飲溫度帶【℃】

0　10　20　30　40　50

特定名稱 **純米大吟釀酒**
建議售價 1.8L ￥5,000、
720ml ￥2,500
原料米與精米步合 麴米、掛米均為
山田錦40%
酵母 協會1801號
酒精濃度 16度

來自歷史深遠的
千葉酒藏
纖細中帶著思念的酒

兼任杜氏的當家經營者，因懷
抱著對母校明治大學的思念而
開發的酒款。使用兵庫縣產酒
米「山田錦」，以鹿野山水系
岩石間湧出的清水進行釀造，
呈現出如花朵般的華麗香氣與
細膩的口感，屬略甘口的風
味。水果香氣轉變為輕柔的
含香，留下如蘋果般的清爽香
氣。

千葉

飯沼本家
Iinuma Honke
創立於元祿年間（1688～1704）

甲子
Kinoene

純米酒
Junmai-shu

● 日本酒度＋2

醇酒

華麗　甜味
清爽　　　飽滿
酸味　　　旨味
沉穩　苦味

■香氣
■味道

推薦品飲溫度帶【℃】

0　10　20　30　40　50

特定名稱 **純米酒**
建議售價 1.8L ￥2,000、
720ml ￥980
原料米與精米步合 **麴米、掛米均**
為五百萬石（五百万石）、總之舞
（総の舞）65%
酵母 協會901號
酒精濃度 15度

未訂杜氏制度
酒藏獨立進行手工釀造

創業以來三百餘年，以代代承
襲的技術為基礎，同時導入最
新的釀造技術，並以高品質的
釀造為目標，是千葉縣最大型
的酒藏。酒藏引以為傲的純米
酒，特徵在於米的旨味表現呈
現出的柔和口感及紮實味道。
不膩口的風味，獲得很高的評
價。

千葉

木戶泉酒造
Kidoizumi Shuzou
創立於明治12年（1879）

自然舞
Shizenmai

無添加純米酒
Mutenka Junmai-shu

● 日本酒度±0

醇酒

華麗　甜味
清爽　　　飽滿
酸味　　　旨味
沉穩　苦味

■香氣
■味道

推薦品飲溫度帶【℃】

0　10　20　30　40　50

特定名稱 **純米酒**
建議售價 1.8L ￥2,678、
720ml ￥1,449
原料米與精米步合 **麴米為自然米**
60%、掛米為自然米62%
酵母 協會7號系
酒精濃度 16.5度

蘊含著生命力
感受得到米的力量

以第一家推出長期熟成酒而聞
名的酒藏，使用未添加任何農
藥及化學肥料栽培的天然酒
米，釀造出的無添加自然酒。
若放置在家中陰暗處，隨著年
復一年的熟成，酒體會變的更
加圓潤。味道表現芳醇且多
元，入喉感及餘韻平衡性佳。

千葉

吉野酒造
Yoshino Shuzou
創立於天保元年（1830）

腰古井
Koshigoi

純米吟釀 總之舞（総の舞）
Junmai Ginjo Fusanomai

● 日本酒度±0

爽酒

華麗　甜味
清爽　　　飽滿
酸味　　　旨味
沉穩　苦味

■香氣
■味道

推薦品飲溫度帶【℃】

0　10　20　30　40　50

特定名稱 **純米吟釀酒**
建議售價 1.8L ￥2,476、
720ml ￥1,400
原料米與精米步合 **麴米、掛米均為**
總之舞（総の舞）60%
酵母 M310
酒精濃度 15.5度

供奉松尾神社酒神
來歷顯赫的酒藏

使用酒藏可取得的山麓湧出天
然軟水，與栽培於房總半島上
的酒米「總之舞」，以釀造縣
產日本酒為目的開發而成。由
於米質易融，因此採用手工洗
米及限制吸水，最後再經過一
個月左右的低溫熟成，釀造出
味道紮實的純米吟釀酒。為少
量生產的限定酒款。

五人娘
Goninmusume

純米酒
Junmai-shu

千葉 寺田本家
Terada Honke
創立於延寶年間（1673～1681）

● 日本酒度＋6

醇酒

華麗　甜味

清爽　　　飽滿
酸味　　　旨味

沉穩　苦味

■香氣
■味道

推薦品飲溫度帶【℃】

0　10　20　30　40　50

特定名稱 **純米酒**
建議售價 1.8L ￥2,650、
720ml ￥1,325
原料米與精米步合 麴米為美山錦
70%，掛米為雪化粧、出羽燦燦、美
山錦70%
酵母 自家酵母（無添加）
酒精濃度 15～16度

以百藥之長為目標 著重營養價值的自然酒

不添加人工乳酸，堅持使用存
在空氣中的乳酸菌進行「生酛
釀造」。展現自然風味的「五
人娘」，不經過去除沉澱物的
濾過程序，因此酒色並不澄淨
透明，但卻保留了酒中含有的
健康成分。味道濃醇，口感豐
富。

丸真正宗
Marushin Masamune

吟釀辛口
Ginjo Karakuchi

東京 小山酒造
Koyama Shuzou
創立於明治11年（1878）

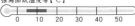

涼飲舒服暢快，溫燜溫潤滑順

東京都23區內唯一僅存的酒藏。釀造用水來自北區岩淵町地
下湧出的伏流水，為以秩父為源頭的浦河山脈支流。作為日
本中心地生產的地酒，是一支散發米香氣及呈現溫潤味道的
上等酒款。岩淵過去曾作為驛站（宿場町）而繁盛，這款酒
當時也因而受到往返的旅人所愛飲。

● 日本酒度 不公開

爽酒

華麗　甜味

清爽　　　飽滿
酸味　　　旨味

沉穩　苦味

■香氣
■味道

推薦品飲溫度帶【℃】

0　10　20　30　40　50

特定名稱 **吟釀酒**
建議售價 1.8L ￥2,600、720ml ￥1,304
原料米與精米步合 麴米、掛米均為不公
開60%
酵母 不公開
酒精濃度 15度

一併推薦！

純米吟釀
Junmai Ginjo

爽酒

丸真正宗
Marushin Masamune

純米吟釀酒 / 1.8L ￥2,476、
720ml ￥1,286 / 麴米、掛米均為不公
開60% / 酵母 不公開 / 14度 /

● 日本酒度 不公開
推薦品飲溫度帶【℃】

0　10　20　30　40　50

擁有細緻的透明感、香氣
豐富的酒款。米的旨味在
口中擴散開來，口感清
爽。

大吟釀
Daiginjo

爽酒

丸真正宗
Marushin Masamune

大吟釀酒 / 1.8L ￥8,571、
500ml ￥2,857 / 麴米、掛米均為不公
開40% / 酵母 不公開 / 16度 /

● 日本酒度 不公開
推薦品飲溫度帶【℃】

0　10　20　30　40　50

使用硬水釀造的緣故，深
沉的濃厚感及旨味會隨著
輕快感蔓延開來，呈現細
緻的口感。

東京 小澤酒造
Ozawa Shuzou
創立於元祿 15 年（1702）

澤乃井
Sawanoi

純米 大辛口
Junmai Okarakuchi

三百年歷史、風味深奧的奧多摩地酒

由江戶幕府下令釀造而誕生於東京的酒。堅持使用奧多摩清淨水質釀造而成的「澤乃井」，作為酒藏始祖的辛口酒款，一直以來持續守護著傳統的水與味道。俐落的辛口風味仍保有米原有的飽滿味道與香氣，適合搭配江戶前壽司（握壽司）享用。

醇酒

● 日本酒度＋11

特定名稱 純米酒
建議售價 1.8L ￥2,240、720ml ￥1,120
原料米與精米步合 麴米為曙（アケボノ）65%、掛米為房乙女（ふさおとめ）65%
酵母 協會901號
酒精濃度 15～16度

推薦品飲溫度帶【℃】

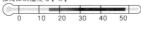

一併推薦！

純米銀印
Junmai Ginjirushi

醇酒

澤乃井
Sawanoi

純米酒／1.8L ￥1,850／麴米為曙（アケボノ）65%、掛米為房乙女（ふさおとめ）80%／酵母 協會901號／14～15度

● 日本酒度＋1

推薦品飲溫度帶【℃】

以低精白酒米釀造而成，清爽風味中散發芳醇旨味，整體呈現深厚的美味。

本釀造 大辛口
Honjouzo Okarakuchi

爽酒

澤乃井
Sawanoi

本釀造酒／1.8L ￥1,930、720ml ￥920／麴米為曙（アケボノ）65%、掛米為秋光（アキヒカリ）65%／酵母 協會701號／15～16度

● 日本酒度＋13

推薦品飲溫度帶【℃】

雖然屬極辛口酒款，入口後伴隨緊實的口感而來的是淡雅的甜味。是可以量飲的酒款。

東京 豐島屋本店
Toshimaya Honten
慶長元年（1596）創業

十右衛門
Juemon

清酒金婚 純米無濾過原酒
Seishu Kinkon Junmai Muroka Genshu

爽酒

● 日本酒度＋3.5

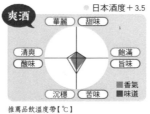

推薦品飲溫度帶【℃】

特定名稱 純米酒
建議售價 1.8L ￥2,800、720ml ￥1,400
原料米與精米步合 麴米為八反錦55%、掛米為八反錦60%
酵母 不公開
酒精濃度 17～18度

酒藏歷史代表著江戶文化史中的一幅光景

創業以來四百餘年的酒藏，曾出現在繪師長谷川雪旦的「江戶名所圖會」及歌川廣重的繪畫中，將深根於江戶庶民文化的酒傳入現代。以創業者之名作為酒名，不使用酒精及糖類，堅持生產只用米釀造的酒。裝瓶之後進行低溫加熱殺菌（火入），呈現出溫潤的口感。

東京 野崎酒造
Nozaki Shuzou
創立於明治17年（1884）

喜正
Kisho

純米酒
Junmai-shu

● 日本酒度＋2

醇酒

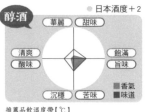

■香氣　■味道

推薦品飲溫度帶【℃】

0　10　20　30　40　50

特定名稱 **純米酒**
建議售價 1.8L￥2,200、
720ml￥1,100
原料米與精米步合 **麴米、掛米均為**
美山錦60%
酵母 **協會1501號**
酒精濃度 15～16度

一瓶瓶皆通過
嚴格的銷售管理系統
送至消費者手中

雖為少量釀造的小型酒藏，但從利用「甑（蒸籠）」蒸米到醪在船形槽中進行的搾取等，完整保留了手工釀造的優點。釀造用水為當地戶倉城山湧出的伏流水，弱軟水質所含造成酒質劣化的鐵及錳等的成分較少。米原有的旨味加上淡淡的酸味，十分促進食慾。

東京 石川酒造
Ishikawa Shuzou
創立於文久3年（1863）

多滿自慢（多満自慢）
Tamajiman

山廢釀造（山廃仕込）純米原酒
Yamahai-jikomi Junmai Genshu

● 日本酒度＋4

醇酒

■香氣　■味道

推薦品飲溫度帶【℃】

0　10　20　30　40　50

特定名稱 **純米酒**
建議售價 1.8L￥2,550、
720ml￥1,250
原料米與精米步合 **麴米、掛米均為**
國產米65%
酵母 **協會701號**
酒精濃度 17～18度

適合搭配牛排、壽喜燒
等味道濃厚的料理

由同時以釀造地方精釀啤酒飽富盛名的酒藏所釀造出的山廢釀造純米原酒。利用乳酸發酵培育出的山廢酛中，酵母等在複雜的發酵程序中產生出豐富的胺基酸，經過兩年的熟成後，味道與香氣也會變得更為複雜多樣。隨著熟成時間愈長，那種富有魅力的香味更能發揮出真正的價值。

神奈川 久保田酒造
Kubota Shuzou
創立於弘化元年（1844）

相模灘
Sagaminada

純米吟釀酒
Junmai Ginjo-shu

● 日本酒度＋2

薰酒

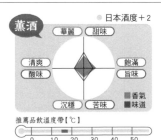

■香氣　■味道

推薦品飲溫度帶【℃】

0　10　20　30　40　50

特定名稱 **純米吟釀酒**
建議售價 1.8L￥2,762、
720ml￥1,381
原料米與精米步合 **麴米、掛米均為**
美山錦50%
酵母 **協會9號**
酒精濃度 16～17度

年輕經營者投注熱情
順口易飲的一款酒

充分發揮以細緻聞名的長野縣產酒米「美山錦」特質，使用正統的9號酵母進行釀造。口感輕快，能感受到旨味及細緻的透明感。呈現出美山錦獨特的香氣，且沉穩地散發著猶如香草般香氣的吟釀香。口感滑順、入喉滋潤，令人不禁一杯接著一杯。

泉橋酒造
神奈川
Izumibashi Shuzou
創立於安政4年（1857）

泉橋（いづみ橋）
Izumibashi
惠（恵）藍色酒標
Megumi Ao Label

爽酒
● 日本酒度＋10

華麗　甜味
清爽　　　飽滿
酸味　　　旨味
沉穩　苦味

■香氣
■味道

推薦品飲溫度帶【℃】

0　10　20　30　40　50

特定名稱 純米吟釀酒
建議售價 1.8L￥2,900、
720ml￥1,500
原料米與精米步合 麴米、掛米均為
山田錦58%
酵母 協會9號
酒精濃度 16～17度

以「釀酒要從米的栽培開始」為方針進行釀造

百分之百使用自家栽培的酒米「山田錦」，經完全發酵讓酒質不殘留多餘的糖分，釀造出銳利的辛口酒。為了發揮米純粹的旨味，採用「袋吊（袋搾り）」方式搾取。含在口中能感受到酒的芳醇風味，散發出不過度彰顯的吟釀香氣。與蔬菜料理或生魚片等多種類的料理都很搭配，能襯托出食物的美味。

川西屋酒造店
神奈川
Kawanishiya Shuzouten
創立於明治30年（1897）

隆
Ryu
山吹色酒標 純米大吟釀
Yamabuki Label Junmai Daiginjo

薰酒
● 日本酒度＋4.5

華麗　甜味
清爽　　　飽滿
酸味　　　旨味
沉穩　苦味

■香氣
■味道

推薦品飲溫度帶【℃】

0　10　20　30　40　50

特定名稱 純米大吟釀酒
建議售價 1.8L￥5,000、
720ml￥2,500
原料米與精米步合 麴米、掛米均為
山田錦45%
酵母 協會901號
酒精濃度 15～16度

猶如葡萄酒的熟成程序僅產數百瓶的限定酒款

標示出釀酒年度，能享受該年度米不同風味的酒款「隆」。酒槽中的酒未經過調和或調整的程序，而是在裝瓶之後讓每瓶酒自由地進行變化。山吹色酒標酒款呈現出哈密瓜般香甜高雅的香氣。推薦採取溫熱後注入裝有冰塊的玻璃杯享用的「溫熱冰塊（お燗ロック）」品飲法。

熊澤酒造
神奈川
Kumazawa Shuzou
創立於明治5年（1872）

天青
Tensei
千峰 純米吟釀
Senpo Junmai Ginjo

爽酒
● 日本酒度＋2.5～3.5

華麗　甜味
清爽　　　飽滿
酸味　　　旨味
沉穩　苦味

■香氣
■味道

推薦品飲溫度帶【℃】

0　10　20　30　40　50

特定名稱 純米吟釀酒
建議售價 1.8L￥3,000、
720ml￥1,600
原料米與精米步合 麴米、掛米均為
山田錦50%
酵母 協會9號
酒精濃度 15度

適合搭配油脂豐富料理

以躍動的酸味為特徵的酒款「天青」，沉穩香氣中隱含著輕柔的甜味，同時能感受到紮實的辛口俐落風味。含在口中時，輕快且馥郁的旨味會緩緩地擴散開來，舌間充滿滑順感。十分符合酒名所隱含「澄澈湛藍的青空」之意，口中餘韻瞬間隨著清涼感一散而去。

甲信越

使用日本阿爾卑斯山脈的清涼水質，釀造出風味清爽的淡麗酒款

縣內分布將近有一百多家酒藏，每位縣民的平均消費量也位居日本之冠，稱得上是「日本酒大國」。釀造出的「淡麗辛口」酒款也在歷史上留下美名。縣產酒米「五百萬石（五百万石）」及「越淡麗」最為有名。

以葡萄酒釀造地聞名遐邇的山梨縣內約有十五家酒藏。使用日本南阿爾卑斯山及富士山系的伏流水，釀造出風味俐落、輕快的日本酒，呈現如葡萄酒般的細緻口感。

以千曲川、天龍川及姬川流域為首，縣內有八十多家酒藏。擁有「美山錦」、「金紋錦」及「高嶺錦（たかね錦）」等多種縣產酒米。此外，用於吟釀釀造的「阿爾卑斯酵母」也頗具名氣。

新潟
白瀧酒造
Shirataki Shuzou
創立於安政2年（1855）

上善如水
Jozen Mizunogotoshi

純米 白麴（白こうじ）
Junmai Shiro Kouji

白麴織繪而成的全新日本酒誕生

將促使世界掀起燒酎風潮的「白麴」使用於釀造日本酒。帶有檸檬香氣、檸檬酸成分豐富的白麴，釀造出的日本酒酸酸甜甜的，宛如甜點一般。酸味紮實，無論搭配日式或西式料理皆適合的全新感覺酒款。

爽酒　　●日本酒度—32

華麗	甜味
清爽	飽滿
酸味	旨味
沉穩	苦味

■香氣　■味道

特定名稱 純米酒
建議售價 720ml ￥1,100
原料米與精米步合 麴米、掛米均不公開 60%
酵母 不公開
酒精濃度 13～14度

推薦品飲溫度帶【℃】
0　10　20　30　40　50

一併推薦！

純米
Junmai
白瀧
Shirataki
　　　　　　　醇酒

純米酒／1.8L ￥1,858、720ml ￥905／麴米 五百萬石（五百万石）70%／掛米 越路早生、越息吹（こしいぶき）70%／酵母 不公開／15～16度

●日本酒度＋2

推薦品飲溫度帶【℃】
0　10　20　30　40　50

從冷飲到溫爛，能享受到不同溫度帶來的樂趣。米的旨味深沉，餘韻清爽俐落，適合於晚酌時飲用。

純米吟醸
Junmai Ginjo
上善如水
Jozen Mizunogotoshi
　　　　　　　薰酒

純米吟醸酒／1.8L ￥2,600、720ml ￥1,305／麴米 五百萬石（五百万石）60%／掛米 越路早生 60%／酵母 不公開／14～15度

●日本酒度＋5

推薦品飲溫度帶【℃】
0　10　20　30　40　50

具有順暢的入喉感及新鮮果實香氣，能完整詮釋出溫潤旨味的純米吟醸酒。

新潟　八海釀造　Hakkai Jouzou　創立於大正 11 年（1922）

八海山
Hakkaisan

吟釀
Ginjo

爽酒　● 日本酒度 + 5

華麗　甜味
清爽　　飽滿
酸味　　旨味
沉穩　苦味

■ 香氣
■ 味道

推薦品飲溫度帶【℃】

0　10　20　30　40　50

特定名稱 **吟釀酒**
建議售價 1.8L ￥3,204、
720ml ￥1,602
原料米與精米步合 **麴米為山田錦
50%，掛米為山田錦、五百萬石
（五百万石）與其他50%**
酵母 協會901號
酒精濃度 15.5度

土地和人所精煉而成
具有格調的經典酒款

不僅口感滑順，味道也很高雅。清澈的果實香氣與清爽順暢的口感，無論搭配何種料理，都稱職地扮演著均衡襯托出食物美味的角色。酒藏的堅持就在於釀造出不會感到膩口的酒。為了達到這個目標，從人、設備以及藏人全體的共同志向等，對於體制的建立不遺餘力。

新潟　北雪酒造　Hokusetsu Shuzou　創立於明治5年（1872）

北雪
Hokusetsu

純米吟釀 山田錦
Junmai Ginjo Yamadanishiki

薫酒　● 日本酒度 + 4

華麗　甜味
清爽　　飽滿
酸味　　旨味
沉穩　苦味

■ 香氣
■ 味道

推薦品飲溫度帶【℃】

0　10　20　30　40　50

特定名稱 **純米吟釀酒**
建議售價 720ml ￥1,600
原料米與精米步合 **麴米、掛米均為
山田錦55%**
酵母 協會9號
酒精濃度 16度

在2013年世界競賽中
獲得多數獎項的酒藏

在包括紐約、洛杉磯、倫敦、米蘭與東京等世界幾個主要城市，皆盛況空前的日式餐廳「NOBU」裡頗具人氣的酒款。獨特的風味也魅惑了勞勃狄尼洛及瑪丹娜等名流人士。北雪酒造釀造出的「北雪」為一款味道俐落潔淨、香氣飽滿的逸品。為限量的酒款。

新潟　吉乃川　Yoshinogawa　創立於天文 17 年（1548）

吉乃川
Yoshinogawa

米だけの酒
Kome dake no Sake

爽酒　● 日本酒度 + 4

華麗　甜味
清爽　　飽滿
酸味　　旨味
沉穩　苦味

■ 香氣
■ 味道

推薦品飲溫度帶【℃】

0　10　20　30　40　50

特定名稱 **純米酒**
建議售價 1.8L ￥2,363
原料米與精米步合 **麴米為五百萬石
（五百万石）65%、掛米為一般粳
米（一般うるち米）65%**
酵母 協會10號
酒精濃度 15度

用輕薄玻璃杯豪爽品飲

使用由酒藏腹地內湧出、來自長岡東山群峰的雪融水與信濃川伏流水的「天下甘露泉」為釀造用水。以代代傳承下來的藏人傳統技術進行釀造，是一款味道高雅、始終如一的逸品。柔和的芳醇感與飽滿的香氣，入喉順暢舒爽。適合搭配照燒鰤魚等味道濃郁的料理。

新潟 | 越後鶴龜
Echigo Tsurukame
創立於明治23年（1890）

越後鶴龜（越後鶴亀）
Echigo Tsurukame

純米酒
Junmai-shu

爽酒

● 日本酒度＋3

華麗 甜味／清爽 飽滿／酸味 旨味／沉穩 苦味

■香氣 ■味道

推薦品飲溫度帶【℃】

0 10 20 30 40 50

特定名稱 純米酒
建議售價 1.8L ￥2,400、
720ml ￥1,200
原料米與精米步合 麴米為五百萬石
（五百万石）60％、掛米為越息吹
（こしいぶき）60％
酵母 協會901號
酒精濃度 15～16度

「越後鶴龜」品牌中產量最多的名酒

由於酒藏非常重視米的特性，因此在製麴工程中利用「麴箱」製造出豐富且強力的麴菌。由熟練的杜氏發揮技術和感性進行釀造工程，不論多麼細微之處都能夠因應。將酒含在口中，飽滿且具延展性的味道擴散開來，可以感受到柔順的香氣。是一款餘韻清爽的酒。

新潟 | 原酒造
Hara Shuzou
創立於文化11年（1814）

越乃譽（越の誉）
Koshino Homare

越後純米酒
Echigo Junmai-shu

 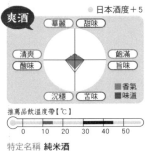

爽酒

● 日本酒度＋5

華麗 甜味／清爽 飽滿／酸味 旨味／沉穩 苦味

■香氣 ■味道

推薦品飲溫度帶【℃】

0 10 20 30 40 50

特定名稱 純米酒
建議售價 1.8L ￥1,864、
720ml ￥919
原料米與精米步合 麴米、掛米均為
五百萬石（五百万石）65％
酵母 協會901號
酒精濃度 15度

凝結了米的旨味名副其實的越後酒

酒藏推出的酒款曾在中日邦交正常化的晚宴餐桌上，扮演了舉足輕重的角色，因此獲得相當高的榮耀，聲名遠播。越後杜氏的傳統技術與當地契約栽培酒米釀造而成的酒，呈現出越後酒獨有的特色——清爽的味道中散發著米的旨味，餘韻在口腔中蔓延。溫熱後芳醇感與旨味都會更加飽滿。

新潟 | 福井酒造
Fukui Shuzou
創立於明治時代（1868～1912）

峰乃白梅
Mineno Hakubai

純米酒 瑞
Junmai-shu Shirushi

爽酒

● 日本酒度＋4

華麗 甜味／清爽 飽滿／酸味 旨味／沉穩 苦味

■香氣 ■味道

推薦品飲溫度帶【℃】

0 10 20 30 40 50

特定名稱 純米酒
建議售價 1.8L ￥2,270、
720ml ￥1,150
原料米與精米步合 麴米為五百萬石
（五百万石）60％、掛米為越息吹
（こしいぶき）65％
酵母 G8
酒精濃度 15～16度

得天獨厚的氣候條件釀造出華麗溫潤的酒款

酒藏所在的位置，正好於釀造時期時，會因為受到由彌彥山及角田山吹落的冷空氣影響使戶外溫度下降，因而能夠進行長期低溫釀造。如此釀造而成的酒款，呈現出華麗的味道與均衡的旨味、酸味，且酒體俐落。常溫涼飲感覺清爽，爛酒則能享受到麴的甜美香氣與渾厚溫潤的風味。

81

石本酒造
Ishimoto Shuzou
創立於明治40年（1907）

新潟

越乃寒梅
Koshino Kanbai

吟釀酒 特撰
Ginjo-shu Tokusen

爽酒

○日本酒度＋7

華麗　甜味
清爽　　　　飽滿
酸味　　　　旨味
　沉穩　苦味

■香氣
■味道

推薦品飲溫度帶【℃】

0　10　20　30　40　50

特定名稱 **吟釀酒**
建議售價 1.8L ￥3,670、
720ml ￥1,675
原料米與精米步合 **麴米、掛米**均為
山田錦50%
酵母 不公開
酒精濃度 16～17度

一生至少品嘗一次
名門酒藏的精髓

比照大吟釀釀造工程進行釀造並經過熟成的吟釀酒。沉穩的上立香，猶如麝香葡萄般的高雅芳香。含在口中能感受到如香草般的香甜氣味與清爽的口感合而為一，非常順口，且散發著優雅的氣息。香氣與味道相當調和，是一款具有安定感的酒。此外也被評為是一款不易導致宿醉的酒。

高の井酒造
Takanoi Shuzou
創立於昭和30年（1955）

新潟

田友
Denyuu

純米吟釀
Junmai Ginjo

爽酒

○日本酒度＋5

華麗　甜味
清爽　　　　飽滿
酸味　　　　旨味
　沉穩　苦味

■香氣
■味道

推薦品飲溫度帶【℃】

0　10　20　30　40　50

特定名稱 **純米吟釀酒**
建議售價 1.8L ￥3,600、
720ml ￥1,800
原料米與精米步合 **麴米、掛米**均為
越淡麗55%
酵母 G9（新潟酵母）
酒精濃度 15～16度

傳遞大自然的恩澤
充滿回憶的酒

以「朋友相聚的地方就有『田友』」為概念釀成的酒。酒藏也舉辦耕種及釀造等體驗活動，盡心盡力地傳遞日本酒的誕生是來自於大自然恩澤的思想。在受到眾人的愛戴下所釀造出的酒，呈現了入喉順暢、收尾俐落以及味道飽滿的特色。

青木酒造
Aoki Shuzou
創立於享保2年（1717）

新潟

鶴齡（鶴齡）
Kakurei

純米吟釀
Jumai Ginjo

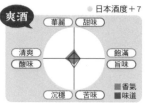

薰酒

○日本酒度＋4

華麗　甜味
清爽　　　　飽滿
酸味　　　　旨味
　沉穩　苦味

■香氣
■味道

推薦品飲溫度帶【℃】

0　10　20　30　40　50

特定名稱 **純米吟釀酒**
建議售價 1.8L ￥2,900、
720ml ￥1,450
原料米與精米步合 **麴米、掛米**均為
越淡麗55%
酵母 G9
酒精濃度 15度

味道紮實
日本酒迷的首選

使用日本百名山之一的秀峰「卷機山」的伏流水釀造而成的酒。以「越淡麗」作為原料酒米。在重視米原有風味及旨味的表現之餘也能呈現出兼具味道清爽、高雅的風味。優雅乾淨、甜美沉穩的香氣，適度的酸味以及米的旨味，形成了絕妙的平衡感。

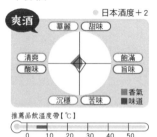

新潟 朝日酒造
Asahi Shuzou
創立於天保元年（1830）

悟乃越州
Gono Esshu

純米大吟釀
Junmai Daiginjo

釀造出居酒屋必備酒款 「久保田」的酒藏

以「久保田屋」之名創立於天保元年，作為當時屋號的人氣酒款「久保田」讓酒藏因而聲名遠播。在「以品質為本位」的原則之下，堅持徹底執行管理程序。「悟乃越州」呈現柔順輕快的口感，十分順口，且能循序漸進地感受從甜味、酸味到旨味的味覺變化。當餘韻瞬而消失之餘，香氣再現於口中徘徊。

● 日本酒度＋2

爽酒

特定名稱 純米大吟釀酒
建議售價 1.8L ￥4,890、720ml ￥2,190
原料米與精米步合 麴米、掛米均為千秋樂（千秋楽）50%
酵母 不公開
酒精濃度 14度

推薦品飲溫度帶【℃】
0 10 20 30 40 50

一併推薦！

久保田
Kubota

爽酒

千壽（千寿）
Senju

吟釀酒／1.8L ￥2,430、720ml ￥1,080／麴米 五百萬石（五百万石）50%／掛米 五百萬石55%／酵母 不公開／15度

● 日本酒度＋5

推薦品飲溫度帶【℃】
0 10 20 30 40 50

酒藏的招牌酒款。猶如蘋果、白桃及水果糖般的香氣令人印象深刻。

越乃かぎろひ
Koshino Kagirohi

爽酒

千壽（千寿）
Senju

純米吟釀酒／1.8L ￥2,767、720ml ￥1,337／麴米 新潟縣產米55%／掛米 新潟縣產米60%／酵母 不公開／15度

● 日本酒度＋3

推薦品飲溫度帶【℃】
0 10 20 30 40 50

猶如蘋果般的優雅香氣，流露高雅氣息的逸品。除了千壽之外，還有萬壽及百壽，共計三款。

新潟 今代司酒造
Imayo Tsukasa Shuzou
創立於明和4年（1767）

今代司
Imayo Tsukasa

福酒 氣泡濁酒（発泡にごり）純米生酒
Fukusake Happou Nigori Junmai Namazake

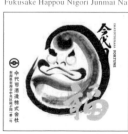

● 日本酒度＋4

其他

特定名稱 純米酒
建議售價 720ml ￥1,600
原料米與精米步合 麴米、掛米均為五百萬石（五百万石）65%
酵母 G9NF
酒精濃度 15.5度

推薦品飲溫度帶【℃】
0 10 20 30 40 50

宛如香檳般
清新的辛口氣泡日本酒

「福酒」採瓶內發酵釀造而成，是一款很適合在慶祝場合飲用的華麗氣泡日本酒。因一開瓶氣體會「噴湧」而上而命名*。帶有水梨般的香氣，口感輕快舒暢，同時卻也能紮實地感受到米的旨味。酒標上醒目的達摩不倒翁圖案也為品飲時增添了興致。

＊ 編註：「噴湧」原文為「吹く（Fuku）」，讀音同酒名中的「福（Fuku）」。

魚沼酒造
Uonuma Shuzou
創立於明治6年（1873）

繩文之響（繩文の響）
Joumon no Hibiki
純米吟醸
Junmai Ginjo

醇酒　● 日本酒度一3

華麗　甜味
清爽　　　飽滿
酸味　　　旨味
沉穩　苦味

■香氣
■味道

推薦品飲溫度帶【℃】

0　10　20　30　40　50

特定名稱 **純米吟醸酒**
建議售價 1.8L ￥4,600、
720ml ￥2,300
原料米與精米步合 麴米為龜之尾
（亀の尾）50%、掛米為越淡麗
50%
酵母 協會1801號
酒精濃度 15.5度

一片辛口酒款中
稀有的甜味旨口酒

以有夢幻酒米之稱的「龜之尾」為原料米，堅持進行徹底高度精米的釀造作業。透過低溫慢慢發酵，提引出米原有的旨味，釀造出不膩口，餘韻清爽俐落的風味。為一款甘口且充分調和了「龜之尾」的深沉旨味與香氣的逸品酒款。

大洋酒造
Taiyo Shuzou
創立於昭和20年（1945）

大洋盛
Taiyozakari
特別純米
Tokubetsu Junmai

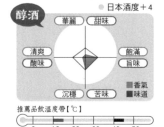

醇酒　● 日本酒度＋4

華麗　甜味
清爽　　　飽滿
酸味　　　旨味
沉穩　苦味

■香氣
■味道

推薦品飲溫度帶【℃】

0　10　20　30　40　50

特定名稱 **特別純米酒**
建議售價 1.8L ￥2,280、
720ml ￥1,140
原料米與精米步合 麴米為五百萬石
（五百万石）60%、掛米為新潟縣
產米60%
酵母 協會701號
酒精濃度 15度

在展示場「和水藏」
學習到日本酒釀造歷史

堅持貫徹越後*的「米、水、技」，以釀造出道地酒款為志。使用當地產酒米「五百萬石」及國立公園朝日群峰的伏流水，甜味華麗高雅，純米酒釀造所產生的輕微酸味，讓酒的風味更加紮實，並且抑制純米酒中時常有的雜味及不良特性。搭配日式、西式或中式料理皆適合，推薦作為餐中酒。

* 編註：除佐渡島以外的新潟縣全域。

綠川酒造
Midorikawa Shuzou
創立於明治17年（1884）

綠川（緑川）
Midorikawa
純米吟醸
Junmai Ginjo

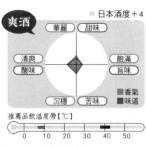

爽酒　● 日本酒度＋4

華麗　甜味
清爽　　　飽滿
酸味　　　旨味
沉穩　苦味

■香氣
■味道

推薦品飲溫度帶【℃】

0　10　20　30　40　50

特定名稱 **純米吟醸酒**
建議售價 1.8L ￥3,200、
720ml ￥1,600
原料米與精米步合 麴米、掛米均為
五百萬石（五百万石）55%
酵母 協會9號系
酒精濃度 15.5度

散發出如鳳梨般的
果實芳香

近年來在銘酒雲集的新潟縣中脫穎而出，知名度扶搖直上的酒款。經過低溫充分熟成後，口感順暢、整體風味平衡，呈現出純米酒獨具的風味和厚度，以及充滿果香的吟醸香氣，是這款酒最大的特徵。純飲就足以滿足味蕾，與料理搭配後一樣風味超群。

新潟

菊水酒造
Kikusui Shuzou
創立於明治14年（1881）

無冠帝
Mukantei

吟釀生酒
Ginjo Namazake

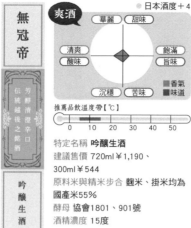
無冠帝

芳醇清澄辛口 伝統越後之銘酒

吟釀生酒

爽酒

● 日本酒度＋4

華麗　甜味
清爽　飽滿
酸味　旨味
沉穩　苦味
■香氣
■味道

推薦品飲溫度帶【℃】
0　10　20　30　40　50

特定名稱 **吟釀生酒**
建議售價 720ml ￥1,190、
300ml ￥544
原料米與精米步合 麴米、掛米均為
國產米55%
酵母 協會1801、901號
酒精濃度 15度

宛如葡萄酒瓶身的
時髦日本酒

銷售以來第三十年，酒質全面推陳出新。屬於辛口與旨口調和而成的旨辛口酒款。雖然各種風味交錯融合，但依然保留了吟釀酒的原始味道。生酒特殊的新鮮吟釀香氣襯托出整體風味，釀造出味道優雅的酒。令人想用輕薄玻璃杯（うすはり）時髦地來上一杯。

新潟

麒麟山酒造
Kinrinzan Shuzou
創立於天保14年（1843）

ぽたりぽたり
麒麟山（きりんざん）
Potari Potari Kirinzan

純米吟釀
Junmai Ginjo

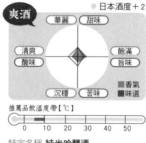
爽酒

● 日本酒度＋2

華麗　甜味
清爽　飽滿
酸味　旨味
沉穩　苦味
■香氣
■味道

推薦品飲溫度帶【℃】
0　10　20　30　40　50

特定名稱 **純米吟釀酒**
建議售價 1.8L ￥3,000、
720ml ￥1,450
原料米與精米步合 麴米、掛米均為
五百萬石（五百万石）55%
酵母 G9NF、協會1081號
酒精濃度 16～17度

特徵在於原酒
特有的強烈味道

自創業以來，代代承襲而來、堅持「傳統辛口」的冬季限定釀造酒款。原料米也是由社員親自進行培育。能感受到生原酒特有的新鮮感，與麴所散發似果香的甜味香氣。含在口中，飽滿的旨味與甜味會蔓延開來。是一款餘韻俐落潔淨的辛口酒。

新潟

お福酒造
Ofuku Shuzou
創立於明治30年（1897）

山古志
Yamakoshi

梯田米釀造（棚田米仕込）
Tanadamai Shikomi

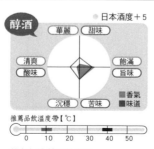
醇酒

● 日本酒度＋5

華麗　甜味
清爽　飽滿
酸味　旨味
沉穩　苦味
■香氣
■味道

推薦品飲溫度帶【℃】
0　10　20　30　40　50

特定名稱 **特別純米酒**
建議售價 1.8L ￥2,530、
720ml ￥1,300
原料米與精米步合 麴米、掛米均為
五百萬石（五百万石）60%
酵母 協會9號系
酒精濃度 15度

從地震中成功復育的
「山古志」梯田米

梯田中流入有「讓錦鯉的色澤更加鮮艷」之稱的清冽湖澤天然水。從春季到夏季，在早晚溫差十五度的環境裡進行栽種，培育出美味的酒米。充分展現梯田米的旨味，釀造出穩健的芳醇與高雅潔淨的酒款。

新潟 諸橋酒造
Morohashi Shuzou
創立於弘化4年（1847）

越乃景虎
Koshino Kagetora
超辛口 本釀造
Choukarakuchi Honjouzo

爽酒　　　　● 日本酒度＋12

推薦品飲溫度帶【℃】
0　10　20　30　40　50

特定名稱 **本釀造酒**
建議售價 1.8L ￥2,019、
720ml ￥971
原料米與精米步合 麴米、掛米均
為五百萬石（五百万石）、越息吹
（こしいぶき）55%
酵母 不公開
酒精濃度 15～16度

辛口酒迷們
愛不釋手的傳統酒

酒藏所在的長岡市（栃尾）是縣內屈指可數的大雪地區。使用來自山頂殘雪的雪融水為釀造用水，水質屬柔順的軟水。誕生於歷史悠久的名水之地、以武將上杉謙信（原名為長尾景虎）之名命名的本釀造酒，在緊實的口感中能紮實地感受到米的旨味。

新潟 市島酒造
Ichishima Shuzou
創立於寬政年間（1790年代）

秀松
Hidematsu
朱
Aka

爽酒　　　　● 日本酒度＋5

推薦品飲溫度帶【℃】
0　10　20　30　40　50

特定名稱 **特別本釀造酒**
建議售價 1.8L ￥3,000、
720ml ￥1,600
原料米與精米步合 麴米、掛米均為
越淡麗50%
酵母 不公開
酒精濃度 16度

榮獲國際葡萄酒挑戰賽
（IWC）SAKE組
本釀造組金賞獎

大約在四百多年前的慶長年間，酒藏總本家「市島家」伴隨著被移封為越後新發田藩的溝口侯，從加賀大聖寺移住至當地。市島家是從藥材批發商及酒類釀造發跡。「秀松」是使用新潟縣產酒米「越淡麗」，釀造出香氣沉穩、味道淡麗且帶銳利感的辛口酒。

新潟 宮尾酒造
Miyao Shuzou
創立於文政2年（1819）

張鶴
Shimeharitsuru
純
Jun

爽酒　　　　● 日本酒度＋3

推薦品飲溫度帶【℃】
0　10　20　30　40　50

特定名稱 **純米吟釀酒**
建議售價 1.8L ￥2,880、
720ml ￥1,440
原料米與精米步合 麴米、掛米均為
五百萬石（五百万石）50%
酵母 不公開
酒精濃度 15度

不講求利益回報
傳達出堅定意志的酒藏

作為全國酒藏的先驅，自昭和四十年代起即開始銷售的純米酒人氣酒款。上立香雖不明顯，但仍具有滑順的口感與優雅的含香。飽滿的味道中散發著淡雅的甜味，瞬而消失的口中餘韻，讓人感受到酒的高雅格調。為一款承繼著傳統的酒。

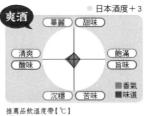

太冠酒造
Taikan Shuzou
山梨
創立於明治 10 年（1877）

太冠
Taikan
純米吟醸酒
Junmai Ginjo-shu

爽酒
● 日本酒度＋5

華麗　甜味
清爽　　　　　飽滿
酸味　　　　　旨味
沉穩　苦味

■香氣
■味道

推薦品飲溫度帶【℃】
0　10　20　30　40　50

特定名稱 **純米吟醸酒**
建議售價 1.8L ￥3,700、
720ml ￥1,850
原料米與精米步合 麴米、掛米均為
雄町50%
酵母 9號系
酒精濃度 15.5度

以清新感性釀造而成
充滿魅力的純米吟醸酒

誕生於源自日本南阿爾卑斯山的清水之故鄉——甲斐之國（現在的山梨縣）的名酒。在重視團隊合作的杜氏帶領下，以柔軟的感性與精實的技術進行釀造工程。味道與香氣形成絕佳平衡，清爽的入口即化感是一大魅力。充滿果香般的吟醸香氣，適合冷酒品飲。

山梨銘釀
Yamanashi Meijo
山梨
創立於寬延 3 年（1750）

七賢　天鵝絨之味（天鵞絨の味）
Shichiken Biroudo no Aji
純米吟醸
Junmai Ginjo

爽酒
● 日本酒度＋2

華麗　甜味
清爽　　　　　飽滿
酸味　　　　　旨味
沉穩　苦味

■香氣
■味道

推薦品飲溫度帶【℃】
0　10　20　30　40　50

特定名稱 **純米吟醸酒**
建議售價 1.8L ￥2,700、
720ml ￥1,350
原料米與精米步合 麴米、掛米均為
夢山水57%
酵母 協會901號、1801號
酒精濃度 15度

收斂的Dry感
添上一抹輕快的酸味

曾作為明治天皇巡視時的「行宮」，來歷不凡的酒藏。使用山梨縣北杜市產「夢山水」與甲斐駒岳的伏流水釀造而成，特徵在於柔順的口感。高雅的甜味與清爽的酸味輕快地在口中擴散後轉變成旨味。舒暢的吟醸香氣讓口中餘韻感覺更加清爽。為一款口感輕爽的餐中酒。

谷櫻酒造
Tanizakura Shuzou
山梨
創立於嘉永元年（1848）

谷櫻
Tanizakura
純米吟醸 粒粒辛苦
Junmai Ginjo Ryuryu Shinku

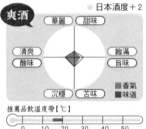
醇酒
● 日本酒度＋5.5

華麗　甜味
清爽　　　　　飽滿
酸味　　　　　旨味
沉穩　苦味

■香氣
■味道

推薦品飲溫度帶【℃】
0　10　20　30　40　50

特定名稱 **純米吟醸酒**
建議售價 1.8L ￥4,190、
720ml ￥2,095
原料米與精米步合 麴米、掛米均為
有機栽培認證米玉榮55%
酵母 協會1001號
酒精濃度 14.5度

以安全食品為志向
有機栽培認證米
釀造而成

酒藏最早位於八岳的山麓，以釀造供奉神明的酒為業的酒屋。將用心培育的酒米「玉榮」一粒粒精磨至60%以下，在大寒時節釀造而成的正統派日本酒。酒藏經營者也發揮了曾任法國料理主廚的經驗，思考日本酒與料理搭配的重要性。華麗香氣中隱含著熟成香，口感豐富的酒款。

山梨 武の井酒造
Takenoi Shuzou
創立於慶應元年（1865）

青煌 純米吟醸 雄町
Seikou Junmai Ginjo Omachi

蔓薔薇酵母釀造（つるばら酵母仕込）
Tsurubara Koubo Jikomi

● 日本酒度＋2

爽酒

華麗　甜味
清爽　　　飽滿
酸味　　　旨味
沉穩　苦味

■ 香氣
■ 味道

推薦品飲溫度帶【℃】
0　10　20　30　40　50

特定名稱 **純米吟醸酒**
建議售價 1.8L ￥3,056、
720ml ￥1,556
原料米與精米步合 麴米、掛米均為
雄町50%
酵母 蔓薔薇酵母（つるばら酵母）
酒精濃度 15～16度

為年輕世代
盡心釀造的酒

酒藏的釀造工程幾乎全為年輕杜氏一人所一手包辦。堅持使用花酵母「蔓薔薇酵母」，釀造出帶清涼感的果香香氣。酵母與原料米「雄町」的組合絕佳，呈現出鮮明的旨味與酸味，能感受到帶芳醇與俐落的清爽口感。

長野 豐島屋
Toshimaya
創立於慶應3年（1867）

豐香
Houka

純米原酒 生一本
Junmai Genshu Kiippon

新世代參與釀造，掀起話題的新品牌

位於信州諏訪湖旁，主要品牌「神渡」相當受到當地人喜愛。「豐香」是一款香氣豐富的酒，清爽暢快的入喉感，讓人印象深刻。雖然精米步合為70%，卻意想不到地呈現出果實類的清甜上立香。含在口中，甜味及旨味緩緩地擴散開來，口中留下清爽的餘韻。

● 日本酒度＋4

醇酒

華麗　甜味
清爽　　　飽滿
酸味　　　旨味
沉穩　苦味

■ 香氣
■ 味道

推薦品飲溫度帶【℃】
0　10　20　30　40　50

特定名稱 **純米酒**
建議售價 1.8L ￥2,000、720ml ￥1,100
原料米與精米步合 麴米為白樺錦（しらかば錦）70%、掛米為米代（ヨネシロ）70%
酵母 不公開
酒精濃度 17度

一併推薦！

大吟醸
Daiginjo

爽酒

神渡
Miwatari

大吟醸酒／1.8L ￥5,000、720ml ￥2,700／麴米、掛米均為人心地（ひとごこち）39%／酵母 不公開／15度

● 日本酒度＋4

推薦品飲溫度帶【℃】
0　10　20　30　40　50

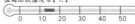

呈現出大吟醸特有的柔順酒質。舒暢的吟醸香氣在口中優雅地散發開來。

本釀造上辛口
Honjouzo Jou-karakuchi

醇酒

神渡
Miwatari

本釀造酒／1.8L ￥1,900、720ml ￥930／麴米、掛米均為長野縣產米65%／酵母 不公開／15度

● 日本酒度＋6

推薦品飲溫度帶【℃】
0　10　20　30　40　50

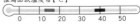

主要品牌中最具人氣的辛口酒款。溫熱過後沈穩的香氣更加飽滿。

第一則

長野
宮島酒店
Miyajima Saketen
創立於明治44年（1911）

信濃錦
Shinano Nishiki
命まるごと
Inochi Marugoto

醇酒

● 日本酒度＋2

華麗　甜味
清爽　　　飽滿
酸味　　　旨味
沉穩　苦味

■ 香氣
■ 味道

推薦品飲溫度帶【℃】
0　10　20　30　40　50

特定名稱 **特別純米酒**
建議售價 1.8L ￥2,800、
720ml ￥1,400
原料米與精米步合 **麴米、掛米均為**
美山錦61%
酵母 **協會9號系**
酒精濃度 15.5度

「從酒米開始培育」
名副其實的真正地酒

位於長野縣伊那谷的酒藏，使用日本中央阿爾卑斯山的雪融水為釀造用水。原料米為不使用農藥及化學肥料培育而成的「美山錦」，因此不採用高度精米，以讓優質的米完整地呈現出來。適合釀造熟成酒的酵母，呈現出沉穩、柔順的香味，溫熱過後旨味更加提升。是品質與CP值具佳的一款酒。

長野
湯川酒造店
Yukawa Shuzouten
創立於慶安3年（1650）

木曾路
Kisoji
特別純米酒
Tokubetsu Junmai-shu

醇酒

● 日本酒度－1

華麗　甜味
清爽　　　飽滿
酸味　　　旨味
沉穩　苦味

■ 香氣
■ 味道

推薦品飲溫度帶【℃】
0　10　20　30　40　50

特定名稱 **特別純米酒**
建議售價 1.8L ￥2,430、
720ml ￥1,265
原料米與精米步合 **麴米、掛米均為**
美山錦55%
酵母 **協會9號**
酒精濃度 15.8度

被認定為「長野典型」
歷史深遠的酒

將長野縣產酒米「美山錦」高度精磨後謹慎地進行釀造，再經過大約一年的時間熟成。特別是對於「上槽」的時間點把關嚴格，因此釀造出的酒酸味與甜味平衡佳，進而提引出米原有的旨味。僅使用米和米麴、遵循日本古法釀造而成的特別純米酒，呈現出特有的厚實米味。

長野
麗人酒造
Reijin Shuzou
創立於寬政元年（1789）

麗人
Reijin
純米吟醸
Junmai Ginjo

爽酒

● 日本酒度±0

華麗　甜味
清爽　　　飽滿
酸味　　　旨味
沉穩　苦味

■ 香氣
■ 味道

推薦品飲溫度帶【℃】
0　10　20　30　40　50

特定名稱 **純米吟醸酒**
建議售價 1.8L ￥3,000、
720ml ￥1,600
原料米與精米步合 **麴米、掛米均為**
長野縣產酒造好適米59%
酵母 **不公開**
酒精濃度 15～16度

由諏訪風土孕育出
歷史與水的酒藏

將新鮮搾出的生酒直接放置於低溫貯藏，僅於調整味道的階段進行出貨前唯一一次的加熱工程（火入），因此得以保留生酒特有的香氣，並呈現出清爽味道。整體帶有果實般的香氣與來自於米的旨味和甜味，風味紮實，是味道深奧的一款酒。建議常溫或冷酒品飲。

七笑酒造
Nanawarai Shuzou
創立於明治25年（1892）

七笑
Nanawarai
純米吟釀
Junmai Ginjo

爽酒

● 日本酒度 ±0

華麗　甜味
清爽　　　飽滿
酸味　　　旨味
沉穩　苦味

■ 香氣
■ 味道

推薦品飲溫度帶【℃】

0　10　20　30　40　50

特定名稱 **純米吟釀酒**
建議售價 1.8L ￥3,000、
720ml ￥1,500
原料米與精米步合 麴米、掛米均為
美山錦55%
酵母 協會10號系
酒精濃度 15度

蘊含「旭將軍・木曾義仲」氣度的一款酒

優美清澈、爽快不羈的一款酒。酒藏一直以來以這樣的味道為目標，努力不倦地專注於釀造工程。整體帶有些微的水果芳香與味道上的芳醇感，雖屬旨口風味，但因加上適度的酸味，呈現出絕妙的平衡，受到許多人的喜愛。入口後，長野縣產酒米「美山錦」乾淨無雜味的風味便會在口中擴散開來。

菱友釀造
Hishitomo Jouzou
創立於大正元年（1912）

御湖鶴
Mikotsuru
純米大吟釀
Junmai Daiginjo

薰酒

● 日本酒度 +3

華麗　甜味
清爽　　　飽滿
酸味　　　旨味
沉穩　苦味

■ 香氣
■ 味道

推薦品飲溫度帶【℃】

0　10　20　30　40　50

特定名稱 **純米大吟釀酒**
建議售價 1.8L ￥7,000、
720ml ￥3,500
原料米與精米步合 麴米、掛米均為
金紋錦45%
酵母 自家酵母
酒精濃度 16度

堪稱最高等級
御湖鶴的純米大吟釀

百分之百使用長野縣木島平生產的酒米「金紋錦」進行釀造。遵循「御湖鶴」的釀造方針──「有透明感的酸味」，以「做為餐中酒，能品嘗到酒中酸味樂趣的純米大吟釀」為目標，釀造出柔順易飲的口感。2009年起日本航空將這款酒納入了商務客艙的酒單中。

古屋酒造店
Furuya Shuzouten
創立於明治24年（1891）

深山櫻（深山桜）
Miyamazakura
純米吟釀
Junmai Ginjo

爽酒

● 日本酒度 +1

華麗　甜味
清爽　　　飽滿
酸味　　　旨味
沉穩　苦味

■ 香氣
■ 味道

推薦品飲溫度帶【℃】

0　10　20　30　40　50

特定名稱 **純米吟釀酒**
建議售價 1.8L ￥3,000、
720ml ￥1,700
原料米與精米步合 麴米、掛米均為
美山錦55%
酵母 不公開
酒精濃度 15度

完全使用長野縣產原料釀造而成的酒

百分之百使用長野縣產酒米「美山錦」。香氣沉穩，含入口中的瞬間散發出均衡的甜味與酸味。雖然屬稍微濃厚的甘口風味，卻巧妙地呈現出高雅的香氣與適切的醇厚度。清爽的酸味與俐落潔淨的餘韻，帶來舒暢的輕快感。品飲溫度帶廣，從冷酒到燗酒各能享受到不同的品嘗樂趣。

長野
宮坂釀造
Miyasaka Jouzou
創立於寬文2年（1662）

真澄
Masumi

純米大吟釀 七號
Junmai Daiginjo Nanagou

● 日本酒度－1

薰酒

華麗　甜味
清爽　　　飽滿
酸味　　　旨味
沉穩　苦味

■ 香氣
■ 味道

推薦品飲溫度帶【℃】

0　10　20　30　40　50

特定名稱 純米大吟釀酒
建議售價 720ml ¥3,300（盒裝）、
¥3,000（無盒裝）
原料米與精米步合 麴米、掛米均為
美山錦45%
酵母 協會7號
酒精濃度 16度

於世界競賽中
留下獲獎紀錄的酒藏
所釀造的酒

使用「真澄」原創的7號酵
母、長野縣產酒米「美山
錦」，經山廢釀造完成的自信
之作。呈現明顯的酸味，含入
口中的瞬間更加凝縮了原有的
旨味表現。作為平常日的晚酌
酒也不會感到膩口。與山菜、
菇類或乳製品等個性鮮明的料
理相當搭配。

長野
岡崎酒造
Okazaki Shuzou
創立於寬文5年（1665）

龜齡（亀齢）
Kirei

純米吟釀
Junmai Ginjo

● 日本酒度－2

薰酒

華麗　甜味
清爽　　　飽滿
酸味　　　旨味
沉穩　苦味

■ 香氣
■ 味道

推薦品飲溫度帶【℃】

0　10　20　30　40　50

特定名稱 純米吟釀酒
建議售價 1.8L ¥3,048、
720ml ¥1,572
原料米與精米步合 麴米、掛米均為
美山錦49%
酵母 協會1801號
酒精濃度 16度

三百五十年承襲至今
信州上田擁有
深遠歷史的地酒

雖為產量只有100石左右的小
型酒藏，但仍堅持使用菅平
水系的優良水質與長野縣產酒
米，謹慎地進行每一項作業，
追求「美味的一杯酒」。品牌
「龜齡」代有希望「像烏龜一
樣長壽」之意，同時也隱含著
酒所呈現的「潔淨」*風味。

* 編註：這裡的潔淨原文為「きれい」，與
　「龜齡（きれい）」讀音相同，因而延伸
　出此意。

長野
佐久の花酒造
Sakunohana Shuzou
創立於明治25年（1892）

五稜郭
Goryoukaku

純米吟釀 龍岡城（たつおかじょう）
Junmai Ginjo Tatsuokajou

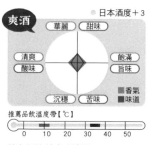

● 日本酒度＋3

爽酒

華麗　甜味
清爽　　　飽滿
酸味　　　旨味
沉穩　苦味

■ 香氣
■ 味道

推薦品飲溫度帶【℃】

0　10　20　30　40　50

特定名稱 純米吟釀酒
建議售價 1.8L ¥2,500、
720ml ¥1,500
原料米與精米步合 麴米為人心地
（ひとごこち）55%、掛米為人心
地（ひとごこち）59%
酵母 長野酵母
酒精濃度 15度

少量、漫長、細心
釀造出的限量地酒

將釀酒最基本的「水、米、
人」巧妙地融合在一起。釀造
用水來自八岳的伏流水，酒米
使用長野縣南佐久的契約栽培
米等，酒藏堅持使用當地生產
的原料。整體呈現溫潤的口感
與芳醇的香氣，風味絕佳。自
開始銷售就決心為酒迷效力，
徹底進行全面品質管理的一款
地酒。

甲信越　長野

長野　信州銘醸
Shinshu Meijou
創立於江戶末期

瀧澤
Takizawa
純米吟釀
Junmai Ginjo

薰酒　　● 日本酒度 ±0～+2

推薦品飲溫度帶【℃】
0　10　20　30　40　50

特定名稱　純米吟釀酒
建議售價　1.8L ￥2,850、
720ml ￥1,400
原料米與精米步合　麴米、掛米均為
美山錦55%
酵母　自家酵母
酒精濃度　16～17度

在銀座的法國料理餐廳
十分受到歡迎的酒款

使用信州・和田峠的「黑耀水」作為釀造用水。這裡的「黑耀水」是經過黑耀石濾過後湧出、世界第一的超軟水。這樣珍貴的水讓酒米充分發揮了原來的旨味，呈現俐落芳醇的風味。艷麗的旨味與收斂感的Dry感所帶出不膩口的甘甜，讓整體味道更加清爽。

長野　大雪溪酒造
Daisekkei Shuzou
創立於明治31年（1898）

大雪溪（大雪渓）
Daisekkei
純米吟釀
Junmai Ginjo

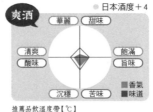

爽酒　　● 日本酒度 +4

推薦品飲溫度帶【℃】
0　10　20　30　40　50

特定名稱　純米吟釀酒
建議售價　1.8L ￥3,200、
720ml ￥1,600
原料米與精米步合　麴米、掛米均為
山田錦55%
酵母　協會9號系列及大吟釀用酵母
酒精濃度　15度

是信州安曇野
最容易親近的一款酒

從井底汲取來自日本北阿爾卑斯山的伏流水作為釀造用水，據說這是自一百多年前就累積在日本阿爾卑斯山的降雪所融解的雪融水。此外，使用安曇野產酒米「美山錦」為原料，能品嘗到酒米原有的柔和香氣及深沉旨味的吟釀酒。也是一款味道簡單，能襯托出食材美味的酒。

長野　橘倉酒造
Kitsukura Shuzou
創立於元祿初期（1688～1696）

菊秀
Kikuhide
純米吟釀
Junmai Ginjo

爽酒　　● 日本酒度 +1

推薦品飲溫度帶【℃】
0　10　20　30　40　50

特定名稱　純米吟釀酒
建議售價　1.8L ￥2,600、
720ml ￥1,300
原料米與精米步合　麴米、掛米均為
人心地（ひとごこち）59%
酵母　協會14號
酒精濃度　16度

超越時代、國境
維繫人類和諧的酒

自江戶元祿初期創業以來三百多年，在最適合釀造酒的佐久地區承繼著先人的志向與技術，持續經營釀酒事業至今。近年，更擴大將經由釀造日本酒所發展出的技術，運用到蕎麥燒酎、利口酒及日本甘酒等釀造領域。「菊秀」所帶有的飽滿、高雅的味道均衡地在口中蔓延開來，為一款純米吟釀酒。

長野 千曲錦酒造
Chikumanishiki Shuzou
創立於天和元年（1681）

千曲錦
Chikumanishiki

辛口特別純米酒
Karakuchi Tokubetsu Junmai-shu

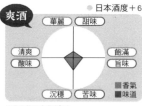

爽酒　　● 日本酒度＋6

華麗　甜味
清爽　　　　飽滿
酸味　　　　旨味
■香氣
■味道
沉穩　苦味

推薦品飲溫度帶【℃】
0　10　20　30　40　50

特定名稱 純米酒
建議售價 1.8L ￥2,200、
720ml ￥1,000
原料米與精米步合 麴米、掛米均為
美山錦55%
酵母 協會9號
酒精濃度 15度

連續四年榮獲全國
新酒鑑評會金賞獎

酒藏地處信州佐久高原中央的
淺間山，位處能眺望到千曲
川、風光明媚的地方，始終遵
循傳統寒醸造（寒造り）方式
進行醸造。長期獲得酒質安定
的評價。這款味道濃醇而深沉
的辛口酒，適合搭配味道厚重
的料理。香氣平實清爽，餘韻
潔淨而優美。

長野 大澤酒造
Osawa Shuzou
創立於天祿2年（1689）

明鏡止水
Meikyoshisui

純米吟醸
Junmai Ginjo

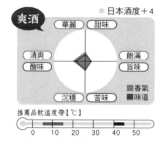

爽酒　　● 日本酒度＋4

華麗　甜味
清爽　　　　飽滿
酸味　　　　旨味
■香氣
■味道
沉穩　苦味

推薦品飲溫度帶【℃】
0　10　20　30　40　50

特定名稱 純米吟醸酒
建議售價 1.8L ￥2,621、
720ml ￥1,310
原料米與精米步合 麴米為美山錦
50%、掛米為美山錦55%
酵母 藏內培育酵母
酒精濃度 16～17度

以「明鏡止水」之心
專注醸造

自元祿2年起貫徹醸造工程的
老酒藏。大部分使用醸造高級
酒款的酒米，並採高精米步
合，特徵在於味道非常細緻。
少量醸造，一律採用瓶中加熱
處理後貯藏。從仔細的醸造工
程，到醸造完成的管理都絕不
妥協。

選購日本酒的推薦酒鋪

かき沼

以東北地區為中心，銷售全國七十多
種品牌、四百多品項的酒款。店內還
設有試飲區，可以品嘗到當季酒款。

かき沼 Kakinuma
TEL 03-3899-3520
FAX 03-3855-2002
URL http://www.kakinuma-tokyo.co.jp
〒123-0872東京都足立區江北5-12-12
營業時間 10：00～19：00
定休日 星期天、例假日

酒庫 神田和泉屋

以貫徹傳統醸造方式的二十多家酒藏的酒款為主要銷售品
項，堅持理念的選品方針，也開辦了「酒的學校（お酒の
學校）」等日本酒推廣活動。

酒庫 神田和泉屋 Shuko Kanda Izumiya
TEL 03-3294-0201
FAX 03-3294-0227
URL http://kanda-izumiya.com
〒101-0052東京都足千代田區神田小川町2-8
營業時間 10：00～19：00（平日）、13：00～17：00（星期六）
定休日 星期天、例假日及第三個星期六

北陸・東海

日本海的嚴寒氣候與富士山的名水孕育出的名釀之地

石川

以能登、金澤及白山為中心，約有三十五家酒藏。自古以來，因作為「加賀的菊酒」等銘酒釀造地而聲名遠播。縣產酒米「石川門」及「金澤酵母」頗具名氣。以當地的能登杜氏為中心，釀造出個性豐富的地酒。

福井

縣內約有四十家酒藏，分布在福井、大野、敦賀及小浜等地區。雖屬淡麗酒質，卻擁有高雅細緻的風味。生產的地酒搭配產自當地、帶有淡淡旨味的越前蟹或若狹灣的海產等食材皆非常適合，也因此廣為人所知。

富山

縣內各地約有二十家酒藏。早期以釀造甘口酒款為主流，但自昭和40年代起，開始釀造輕快的辛口風味酒款。使用縣內酒米進行釀造的比率與精米步合的平均值都很高。縣內大部分的酒藏對於日本酒的釀造都抱以高度的關注。

岐阜

在木曾川、長良川、揖斐川及飛驒高山周圍，約有五十家以上的酒藏。北部（飛驒）地區的酒質淡麗，南部（美濃）地區的酒質醇厚，風格上的區別相當明確。近幾年來，使用「G（岐阜）酵母」釀造的吟釀酒獲得相當高的評價。

静岡
（靜岡）

以富士川、天竜川及大井川流域為中心，約有三十多家酒藏。口感柔順是靜岡縣地酒的特徵。自1986年開發出「靜岡酵母」後，當地吟釀酒的品質大為提升，名聞全國。

愛知

縣內各地約有四十家以上的酒藏。縣產酒米「若水」及「夢山水」等頗具名氣。雖然酒款多適合搭配以黃豆為主要原料的「溜醬油」及「八丁味噌」等味道濃厚的鄉土料理，以甘口酒款居多，但近年開始致力於開發新類型酒款的酒藏也日漸增加。

三重

以四日市、名張（伊賀）及松阪附近為中心，約有四十五家酒藏。縣產酒米除了「雄山錦」及「富之香（富の香）」之外，產自當地的「山田錦」也因品質優良而頗負盛名。整體酒質以濃醇甘口居多，但名張（伊賀）地區則以淡麗類型居多。

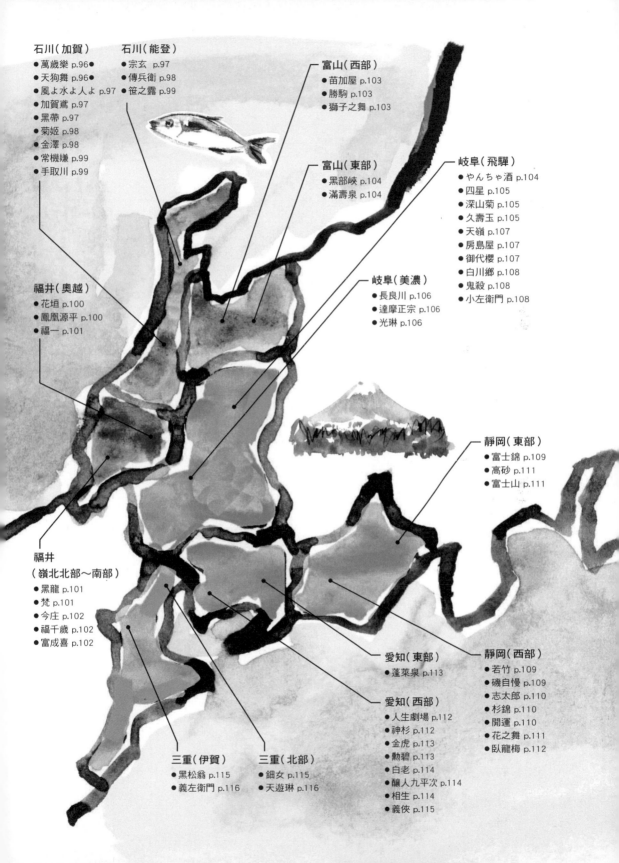

石川（加賀）
●萬歲樂 p.96●
●天狗舞 p.96●
●風よ水よ人よ p.97
●加賀鳶 p.97
●黑帶 p.97
●菊姬 p.98
●金澤 p.98
●常機嫌 p.99
●手取川 p.99

石川（能登）
●宗玄　p.97
●傳兵衛 p.98
●笹之露 p.99

富山（西部）
●苗加屋 p.103
●勝駒 p.103
●獅子之舞 p.103

富山（東部）
●黑部峽 p.104
●滿壽泉 p.104

岐阜（飛驒）
●やんちゃ酒 p.104
●四星 p.105
●深山菊 p.105
●久壽玉 p.105
●天嶺 p.107
●房島屋 p.107
●御代櫻 p.107
●白川鄉 p.108
●鬼殺 p.108
●小左衛門 p.108

岐阜（美濃）
●長良川 p.106
●達摩正宗 p.106
●光琳 p.106

福井（奧越）
●花垣 p.100
●鳳凰源平 p.100
●福一 p.101

靜岡（東部）
●富士錦 p.109
●高砂 p.111
●富士山 p.111

福井
（嶺北北部〜南部）
●黑龍 p.101
●梵 p.101
●今庄 p.102
●福千歲 p.102
●富成喜 p.102

愛知（東部）
●蓬萊泉 p.113

靜岡（西部）
●若竹 p.109
●磯自慢 p.109
●志太郎 p.110
●杉錦 p.110
●開運 p.110
●花之舞 p.111
●臥龍梅 p.112

愛知（西部）
●人生劇場 p.112
●神杉 p.112
●金虎 p.113
●勳碧 p.113
●白老 p.114
●釀人九平次 p.114
●相生 p.114
●義俠 p.115

三重（伊賀）
●黑松翁 p.115
●義左衛門 p.116

三重（北部）
●鈿女 p.115
●天遊琳 p.116

石 小堀酒造店
川 Kobori Shuzouten
創立於享保年間（1716～1734）

萬歳樂
Manzairaku

石川門 純米
Ishikawamon Junmai

展現酒米「石川門」雜味少的特性

以石川縣與酒造組合會共同開發的「石川門」為原料米，使用手取川水系的伏流水進行釀造。由於米中心部分的心白較大，蛋白質成分少，因此釀造出雜味少、乾淨的酒質，也因而成了一大特徵。帶酸味的清爽味道，與醋漬或醋拌鮮魚等料理非常搭配。

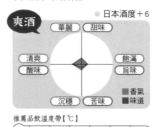

爽酒

● 日本酒度＋6

特定名稱 **純米酒**
建議售價 1.8L ￥2,530、
720ml ￥1,220
原料米與精米步合 麴米、掛米均為
石川門70%
酵母 M2酵母（自家酵母）
酒精濃度 16度

推薦品飲溫度帶【℃】

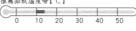

一併推薦！

白山 純米大吟釀
Hakusan Junmai Daiginjo
爽酒
萬歳樂
Manzairaku

純米大吟釀酒／1.8L ￥6,000、
720ml ￥3,000／麴米、掛米均為特別
A-A地區的山田錦50%／酵母 NK-7
（自家酵母）／15度

● 日本酒度＋3

推薦品飲溫度帶【℃】

屬於中辛口酒款，適合搭配日式料理。在甜味與旨味中會感受到一抹明顯的酸味。口感乾淨清新。

白山 純米大吟釀古酒
Hakusan Daiginjo Koshu
薰酒
萬歳樂
Manzairaku

大吟釀酒／1.8L ￥10,000、
720ml ￥5,000／麴米、掛米均為特別
A-A地區的山田錦40%／酵母 NK-7
（自家酵母）／17度

● 日本酒度＋3

推薦品飲溫度帶【℃】

經三年低溫熟成而完成的酒款，是白山系列中的巔峰之作。呈現高貴奢華的香氣和味道。

石 車多酒造
川 Shata Shuzou
創立於文政6年（1823）

天狗舞
Tengumai

山廢釀造（山廃仕込）純米酒
Yamahai-jikomi Junmai-shu

醇酒

● 日本酒度＋4

特定名稱 **純米酒**
建議售價 1.8L ￥2,725、
720ml ￥1,400
原料米與精米步合 麴米、掛米均為
五百萬石（五百万石）60%
酵母 自家培養酵母
酒精濃度 16度

推薦品飲溫度帶【℃】

輕冽水質與優良好米
是山廢釀造的代名詞

以產自加賀平野的優良好米為原料，採全量自家精米，使用靈峰白山湧出的伏流水進行釀造。並以自家酵母，由能登杜氏進行山廢釀造。酒質呈現琥珀色澤與芳醇香氣。舌面觸感柔軟滑順，口感濃醇。明確的酸味會在最後湧現上來。搭配個性鮮明的野味料理也不失色。

石川 福光屋
Fukumitsuya
創立於寬永2年（1625）

風よ水よ人よ
Kazeyo-Mizuyo-Hitoyo

純米
Junmai

自家酵母「爽麗釀造」而成的輕快酒款

以擁有金澤最深遠的歷史與傳統為傲的酒藏，針對新一代的日本酒飲用者所釀造出的純米酒。口感柔順，呈現來自果酸的清爽風味。擁有能佐餐的清爽感。冷酒品飲更能提升水潤感。也推薦作為雞尾酒的基底。

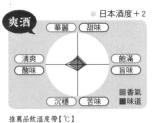

● 日本酒度＋2

爽酒

特定名稱 純米酒
建議售價 1.8L ￥1,700、720ml ￥850
原料米與精米步合 麴米、掛米均為國產米70%
酵母 自家酵母
酒精濃度 12度

推薦品飲溫度帶【℃】
0　10　20　30　40　50

一併推薦！

純米大吟釀 藍
Junmai Daiginjo Ai
加賀鳶
Kagatobi

薫酒

純米大吟釀酒／1.8L ￥4,000、720ml ￥2,000／麴米、掛米均為山田錦50%／酵母 自家酵母／16度

● 日本酒度＋4

推薦品飲溫度帶【℃】
0　10　20　30　40　50

華麗、輕快及細緻兼具的豐富風味。尾韻俐落，作為餐中酒也十分合適。

悠悠（悠々）
Yu Yu
黑帶（黒帯）
Kuroobi

醇酒

特別純米酒／1.8L ￥2,300、720ml ￥1,150／麴米為山田錦68%、掛米為金紋錦68%／酵母 自家酵母／15度

● 日本酒度＋6

推薦品飲溫度帶【℃】
0　10　20　30　40　50

金澤的料亭中出現頻率很高的酒款，屬於味道沉穩的辛口酒。溫熱後更加發揮出酒體原來的風味。可搭配壽司或生魚片等魚類料理。

石川 宗玄酒造
Sogen Shuzou
創立於明和5年（1768）

宗玄
Sogen

能登乃國 純米酒
Notonokuni Junmai-shu

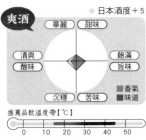

● 日本酒度＋5

爽酒

特定名稱 純米酒
建議售價 1.8L ￥2,700、720ml ￥1,350
原料米與精米步合 麴米、掛米均為兵庫縣山田錦65%
酵母 金澤（金沢）酵母
酒精濃度 15度

推薦品飲溫度帶【℃】
0　10　20　30　40　50

能登杜氏釀造的柔順高雅風味

堪稱能登杜氏發跡之地的酒藏。酒藏的歷史可追溯到創業者的宗玄忠五郎，因抱以釀造美酒為志向而遠赴日本酒發祥地——伊丹，學習釀酒的秘傳之技，返鄉後與藏人們共同研究並達成共識後而展開。這款純米酒使用百分之百兵庫縣產「山田錦」為原料米。口感高雅、入喉滑順，米的旨味繼而隨之擴散開來。

石川 菊姬 Kikuhime
創立於天正年間（1573～1592）

菊姬 Kikuhime
山廢釀造（山廃仕込み）純米酒
Yamahai-jikomi Junmai-shu

醇酒

● 日本酒度一1

華麗　甜味
清爽　　　　飽滿
酸味　　　　旨味
沉穩　苦味

■香氣
■味道

推薦品飲溫度帶【℃】
0　10　20　30　40　50

特定名稱 純米酒
建議售價 1.8L ￥2,800、
720ml ￥1,400
原料米與精米步合 麴米、掛米均為
山田錦70%
酵母 自家酵母
酒精濃度 16～17度

味道濃醇帶熟成感
力道強勁的男酒

採用傳統山廢釀造的純米酒，呈現淡淡的金黃色澤，帶黏稠口感。紮實的旨味呈現出的強烈濃醇風味，再加上酸味的表現，是「日本酒通」的最愛。這樣醇厚且具深度的味道，適合搭配鴨肉或起司等旨味鮮明的料理。為了培育下一個世代成為「酒類專家」，也積極挑戰新的釀造方式。

石川 武內酒造店 Takeuchi Shuzouten
創立於明治元年（1868）

金澤 純米吟釀 Kanazawa Junmai Ginjo
地わもん・五藏（ごぞう）泉
Jiwamon Gozou Izumi

爽酒

● 日本酒度 非公開

華麗　甜味
清爽　　　　飽滿
酸味　　　　旨味
沉穩　苦味

■香氣
■味道

推薦品飲溫度帶【℃】
0　10　20　30　40　50

特定名稱 純米吟釀酒
建議售價 720ml ￥1,800
原料米與精米步合 麴米、掛米均為
金澤產五百萬石（五百万石）60%
酵母 金澤（金沢）酵母
酒精濃度 16度

使用金澤酵母釀造
適搭鄉土食材的辛口酒

「武內酒造店」為一間年產量僅一百石的小型酒藏。「五藏（ごぞう）」是由金澤酒造組合會的五間酒藏共同創立的品牌。為一款帶果花般吟釀香氣、口感滑順而清爽的極辛口酒。冷飲時味道更加稠密。整體呈現出金澤特有的風味，適合拿來搭配味道清淡的海鮮料理。

石川 中島酒造店 Nakajima Shuzouten
創立於寬文年間（1661～1673）

傳兵衛（伝兵衛） Denbee
能登生一本（能登の生一本）純米
Noto no Kiippon Junmai

醇酒

● 日本酒度＋2

華麗　甜味
清爽　　　　飽滿
酸味　　　　旨味
沉穩　苦味

■香氣
■味道

推薦品飲溫度帶【℃】
0　10　20　30　40　50

特定名稱 純米酒
建議售價 1.8L ￥3,000、
720ml ￥1,500
原料米與精米步合 麴米、掛米均為
五百萬石（五百万石）50%
酵母 協會1401號
酒精濃度 15度

充滿對能登的思念
旨味豐富的辛口酒

堅持使用當地的米、水，並由當地的人進行釀造。酒名取自酒藏代代傳承而來的屋號。新鮮的香氣中蘊含著肉桂般的香料芳香。伴隨滑順口感而來的是鮮明的旨味與酸味。為一款尾韻俐落的辛口酒。適合搭配當地的海鮮或蔬菜料理。

石川
北陸・東海

日吉酒造店
Hiyoshi Shuzouten
創立於大正元年（1912）

石川

笹之露（ささのつゆ）
Sasanotsuyu

純米吟釀
Junmai Ginjo

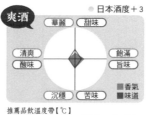

爽酒

● 日本酒度＋3

華麗　甜味
清爽　飽滿
酸味　旨味
沉穩　苦味

■ 香氣
■ 味道

推薦品飲溫度帶【℃】

0　10　20　30　40　50

特定名稱 純米吟釀酒
建議售價 1.8L ￥3,500、
720ml ￥1,800
原料米與精米步合 麴米、掛米均為
五百萬石（五百万石）50%
酵母 協會1401號
酒精濃度 15度

訴求女性的
淡麗柔順口感

面對著輪島早市的酒藏，使用酒藏地底湧出的井水為釀造用水。從溫柔的立香中能感受到甜而清爽的果實香氣。米的旨味與細緻的甜味在輕快的口感中擴散開來。適合搭配清淡的海鮮或根菜類料理。冷酒飲用口感更加清爽。

鹿野酒造
Kano Shuzou
創立於文政2年（1819）

石川

常機嫌（常きげん）
Joukigen

山純吟 山廢（山廃）純米吟釀
Yamajungin Yamahai Junmai Gingo

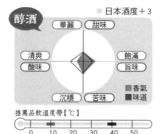

醇酒

● 日本酒度＋3

華麗　甜味
清爽　飽滿
酸味　旨味
沉穩　苦味

■ 香氣
■ 味道

推薦品飲溫度帶【℃】

0　10　20　30　40　50

特定名稱 純米吟釀酒
建議售價 1.8L ￥4,000、
720ml ￥2,000
原料米與精米步合 麴米為山田錦
55%、掛米為美山錦55%
酵母 自家酵母
酒精濃度 16.5度

投入心力釀造而成
無國界的濃醇酒款

酒名的由來，據說是因為第四代當家在稻米大豐收之際，邊與村民一同分享喜悅，邊吟詠著「八重菊和酒，恰如其分，常保愉快好心情（八重菊や酒もほどよし 常きげん）」而命名。香氣高雅帶清涼感，口感滑順。米的旨味展現地淋漓盡致，能感受到山廢釀造的綿長餘韻。尾韻的潔淨度也十分優秀。

吉田酒造店
Yoshida Shuzouten
創立於明治3年（1870）

石川

手取川
Tedorigawa

山廢釀造（山廃仕込）純米酒
Yamahai-jikomi Junmai-shu

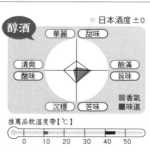

醇酒

● 日本酒度±0

華麗　甜味
清爽　飽滿
酸味　旨味
沉穩　苦味

■ 香氣
■ 味道

推薦品飲溫度帶【℃】

0　10　20　30　40　50

特定名稱 純米酒
建議售價 1.8L ￥2,650、
720ml ￥1,330
原料米與精米步合 麴米為山田錦
60%、掛米為五百萬石（五百万石）60%
酵母 協會7號
酒精濃度 15.8度

搭配個性鮮明的料理
力道強勁的味道表現

位處四周環繞田園的手取川沖積地，使用源於白山的手取川伏流水為釀造用水，運用酒藏內的天然乳酸菌進行紮實的山廢釀造。在感受到甜美華麗的含香之後，伴隨而來的是收斂住甜味的深沉濃郁風味，與銳利感完美調和。舒暢的味道能抑制住肉類或魚類的腥味，適合搭配個性鮮明的料理。

花垣
Hanagaki

七右衛門 純米大吟釀
Shichiemon Junmai Daiginjo

越前大野的名水釀造而成，清新舒爽的銘酒

明治時期，在某次宴席上，酒藏所釀的酒受到「難以言喻珍珠般的一滴（えもいわれぬ、珠玉のしずく）」的讚賞，因而選用席中所演奏的其中一曲歌謠「花垣」為酒命名。冠上第一代經營者「七右衛門」之名的純米大吟釀，使用獲選日本「名水百選」的越前大野伏流水進行釀造。香氣清涼爽快，口感細緻、尾韻潔淨，為一款輕快的酒。

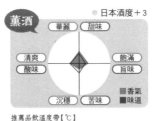

○ 日本酒度 ＋3

薫酒

華麗　甜味　清爽　飽滿　酸味　旨味　沉穩　苦味

■香氣　■味道

特定名稱 **純米大吟釀酒**
建議售價 1.8L ￥7,000、720ml ￥3,500
原料米與精米步合 麴米、掛米均為山田錦40%
酵母 協會9號系
酒精濃度 17度

推薦品飲溫度帶【℃】
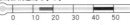
0　10　20　30　40　50

一併推薦！

超辛純米
Choukarakuchi Junmai
醇酒

花垣
Hanagaki

純米酒／1.8L ￥2,400、720ml ￥1,200／麴米、掛米均為五百萬石（五百万石）60%／酵母 協會7號系／15度

○ 日本酒度 ＋12

推薦品飲溫度帶【℃】
0　10　20　30　40　50

純米經完全發酵而釀成的超辛口酒款。呈現緊實豪爽的銳利男酒風格。適合搭配生魚片。

濁酒（にごり酒）純米
Nigorizake Junmai
其他

花垣
Hanagaki

純米酒／1.8L ￥2,100、720ml ￥1,050／麴米為五百萬石（五百万石）60%／掛米為華越前60%／酵母 協會7號系／14度

○ 日本酒度 －20

推薦品飲溫度帶【℃】
0　10　20　30　40　50

雖然採行粗濾網進行濾過，但口感相當滑順。能品嘗到米的飽滿旨味與甜味。適合作為餐前酒。

鳳凰源平
Houou Genpei

純米吟釀
Junmai Ginjo

○ 日本酒度 ＋4

爽酒

華麗　甜味　清爽　飽滿　酸味　旨味　沉穩　苦味

■香氣　■味

推薦品飲溫度帶【℃】
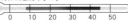
0　10　20　30　40　50

特定名稱 **純米吟釀酒**
建議售價 1.8L ￥3,300、720ml ￥1,500
原料米與精米步合 麴米、掛米均為五百萬石（五百万石）50%
酵母 藏內酵母
酒精濃度 15～16度

收斂的甜味與酸味
帶清涼感的風味

創立於江戶延寶元年。使用獲選「名水百選」的越前大野「御清水」為釀造用水，釀造出「甘、辛、爽」三拍子兼具的酒。呈現出如同水芹般礦物香氣的純米吟釀，甜味與酸味的平衡性佳，豐潤的旨味在口中擴散開來。適合搭配味道清淡的海鮮料理。

北陸・東海
福井

福井 真名鶴酒造
Manatsuru Shuzou
創立於寶曆年間（1751～1764）

福一
Fukuichi

大吟醸
Daiginjo

● 日本酒度 + 5

薫酒

華麗　甜味
清爽　　　飽滿
酸味　　　旨味
沉穩　苦味

■香氣
■味道

推薦品飲溫度帶【℃】

0　10　20　30　40　50

特定名稱 **大吟醸酒**
建議售價 1.8L ￥10,000、
720ml ￥5,000
原料米與精米步合 麴米、掛米均為
山田錦40%
酵母 福井5號
酒精濃度 17度

與義式或法式料理也相配的纖細酒款

酒藏位處九頭龍川上游的越前大野，一貫採行全量手工釀造的同時，也嘗試挑戰新的味道。以奢華精磨過的山田錦，以及清冽的御清水與福井5號酵母進行釀造。具有柚子及白桃般的水果芳香，呈現順口纖細的味道。適合搭配義式或法式的前菜料理。

福井 黑龍酒造
Kokuryu Shuzou
創立於文化元年（1804）

黑龍
Kokuryu

吟醸いっちょらい
Ginjo Icchorai

● 日本酒度 + 4.5

爽酒

華麗　甜味
清爽　　　飽滿
酸味　　　旨味
沉穩　苦味

■香氣
■味道

推薦品飲溫度帶【℃】

0　10　20　30　40　50

特定名稱 **吟醸酒**
建議售價 1.8L ￥2,330、
720ml ￥1,165
原料米與精米步合 麴米、掛米均為
五百萬石（五百万石）55%
酵母 藏內保存酵母
酒精濃度 15.7度

選用笛形香檳杯時髦地小酌一番

「いっちょらい」是福井的方言，為日文標準語中的「一張羅（いっちょうら）」，帶有「最上等」的意思。使用酒藏酵母與福井縣產「五百萬石」進行發酵，以九頭龍川的伏流水進行釀造。呈現出清新高雅的吟醸香氣與具透明感的銳利口感，也很推薦給不擅長喝日本酒的人。選個特別的日子，用笛形香檳杯小酌一番吧。

福井 加藤吉平商店
Katoukichibee Shouten
創立於萬延元年（1860）

梵
Born

超吟
Chougin

純米大吟醸
Junmai Daiginjo

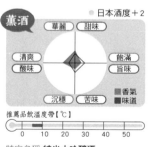

● 日本酒度 + 2

薫酒

華麗　甜味
清爽　　　飽滿
酸味　　　旨味
沉穩　苦味

■香氣
■味道

推薦品飲溫度帶【℃】

0　10　20　30　40　50

特定名稱 **純米大吟醸酒**
建議售價 720ml ￥10,000（紙盒裝）、12,000（漆盒裝）
原料米與精米步合 麴米、掛米均為
山田錦20%
酵母 KATO9號（自社酵母）
酒精濃度 16度

獻給世界級VIP的華麗銘酒

一直以來僅釀造無添加純米酒的酒藏。將兵庫縣特A地區產的「特上山田錦」精磨至極致的20%所釀成的大吟醸，放置於−8℃的溫度中進行長達五年的低溫熟成。呈現出超乎想像、令人感動的濃醇風味。不僅作為皇室獻酒，也常當作贈與國內外貴賓的逸品。

福井	白駒酒造 Hakukoma Shuzou 創立於元祿10年（1697）

今庄（いまじょう）
Imajou

純米
Junmai

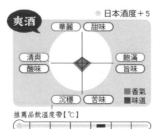

爽酒

● 日本酒度 +5

華麗　甜味
清爽　　　飽滿
醸味　　　旨味
沉穩　苦味

■ 香氣
■ 味道

推薦品飲溫度帶【℃】

0　10　20　30　40　50

特定名稱 **純米酒**
建議售價 1.8L ￥2,500、
720ml ￥1,500
原料米與精米步合 麴米、掛米均為
五百萬石（五百万石）50%
酵母 金澤（金沢）酵母
酒精濃度 15.7度

溫熱後細細品味
輕快的辛口酒

酒藏創立至今已有三百多年歷史，地處的今庄鄉在江戶時代因作為北國街道的驛站（宿場町）而繁華一時。從清涼的礦物香氣轉為輕柔澱粉質香氣，呈現滑順的醇厚感及富有彈性的口感。伴隨輕快旨味而來的是緊實收縮的辛口感。適合搭配壽司及天婦羅等料理。

福井	田嶋酒造 Tajima Shuzou 創立於嘉永2年（1849）

福千歲
Fukuchitose

山廢（山廃）純米 人肌戀（ひと肌恋し）
Yamahai Junmai Hitohada Koishi

醇酒

● 日本酒度 +3

華麗　甜味
清爽　　　飽滿
醸味　　　旨味
沉穩　苦味

■ 香氣
■ 味道

推薦品飲溫度帶【℃】

0　10　20　30　40　50

特定名稱 **純米酒**
建議售價 1.8L ￥2,381、
720ml ￥1,191
原料米與精米步合 麴米為五百萬石
（五百万石）60%、掛米為五百萬石
65%
酵母 不公開
酒精濃度 15.3度

溫度在人肌燗（35℃）
最為美味的山廢釀造酒

以「只有山廢釀造才能釀造出日本酒原有的旨味」為信念，自江戶末期開始持續維持傳統的釀造方式。使用酒米「五百萬石」，並以山廢釀造的方式製成的純米酒，如同酒名所示，當酒的溫度到達人肌燗（約35℃），香氣最為明顯，酸味的俐落感與柔和的甜味也會提升。適合搭配火鍋或肉類料理。

福井	舟木酒造 Funaki Shuzou 創立於慶応2年（1866）

富成喜 生酛釀造（生酛仕込み）
Funaki Kimoto Jikomi

藏內熟成純米吟釀
Zounai Jukusei-junmai Ginjo

原酒
Genshu

「神力米使用」
Shinrikimai Shiyou

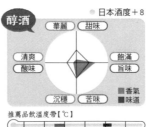

醇酒

● 日本酒度 +8

華麗　甜味
清爽　　　飽滿
醸味　　　旨味
沉穩　苦味

■ 香氣
■ 味道

推薦品飲溫度帶【℃】

0　10　20　30　40　50

特定名稱 **純米吟釀酒**
建議售價 1.8L ￥3,675、
720ml ￥1,838
原料米與精米步合 麴米、掛米均為
神力米60%
酵母 自家酵母（9號系）
酒精濃度 17.5度

「日本酒通」所喜愛的
強而有力酒款

成功復育了西日本的原生酒米「神力米」，作為釀造的原料米。立香充滿了稻穗及烤麻糬的香氣，放置一段時間後轉為辛香料般的香氣。在神力米所展現的強勁醇厚感中，能感受到深沉的甜味與細緻的酸味逐漸擴散開來。適合搭配鹽辛醃漬物或藍起司等味道厚重的料理。為限定酒款。

富山

若鶴酒造
Wakatsuru Shuzou
創立於文久2年（1862）

苗加屋
Noukaya
大吟醸原酒
Daiginjo Genshu

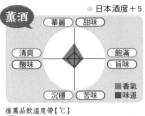

● 日本酒度 ＋5

薰酒

推薦品飲溫度帶【℃】

0　10　20　30　40　50

特定名稱 **大吟醸酒**
建議售價 1.8L ￥10,000、
720ml ￥5,000
原料米與精米步合 **麴米、掛米均為
山田錦38%**
酵母 **協會1601號、1001號**
酒精濃度 16度

經過二年以上的熟成
口感濃醇的大吟醸酒

酒藏位處稻米之鄉——礪波平野，使用庄川的伏流水釀造出濃醇的酒款。平成15年（2003）在日本「全國新酒鑑評會」榮獲金賞的大吟醸酒，是以低溫貯藏並經過兩年以上熟成的原酒，貫穿鼻腔的吟醸香氣會轉變為溫潤的味道。為一款兼具深沉旨味與醇厚、餘韻俐落潔淨的酒。

富山

清都酒造場
Kiyoto Shuzoujou
創立於明治39年（1906）

勝駒
Kachikoma
純米酒
Junmai-shu

● 日本酒度 不公開

醇酒

推薦品飲溫度帶【℃】

0　10　20　30　40　50

特定名稱 **純米酒**
建議售價 1.8L ￥2,800、
720ml ￥1,500
原料米與精米步合 **麴米、掛米均為
五百萬石（五百万石）50%**
酵母 **金澤（金沢）酵母**
酒精濃度 15度

小酒藏釀造
貨真價實的純米酒

僅有五位釀造人員的小酒藏。以釀造出適合搭配家常料理，並能深根於生活中的正統派日本酒為信念。使用富山縣南礪產酒米「五百萬石」為原料，雖為純米酒，卻有著豐潤飽滿的香氣。甜味、辛味與酸味均勻地融合在一起，能襯托出料理的美味。常溫飲用呈現柔順口感。

富山

高澤酒造場
Takasawa Shuzoujou
創立於明治5年（1872）

獅子之舞（獅子の舞）
Shishinomai
有磯 曙 純米吟醸
Ariiso Akebono Junmai Ginjo

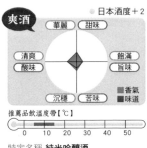

● 日本酒度 ＋2

爽酒

推薦品飲溫度帶【℃】

0　10　20　30　40　50

特定名稱 **純米吟醸酒**
建議售價 1.8L ￥3,200、
720ml ￥1,648
原料米與精米步合 **麴米、掛米均為
五百萬石（五百万石）50%**
酵母 **協會1401號（金澤酵母）**
酒精濃度 16.4度

與當地名產
「寒鰤」料理
極為搭配的絕妙酸味

富山縣內唯一採用傳統的「槽搾」方式釀造而成的「獅子之舞」，特徵在於溫潤的口感。伴隨旨味擴散開來的酸味展現出銳利的味道，與油脂豐富的魚類海鮮或鹽烤雞肉等料理十分相搭。酒藏位於以捕獲冬季「寒鰤」聞名的冰見市，「獅子之舞」正是能完整呈現出該地特色的美酒。

富山

林酒造場
Hayashi Shuzoujou
創立於寬永3年（1626）

黑部峽（黑部峽）
Kurobekyou

純米酒 水之囁（水のささやき）
Junmai-shu Mizuno Sasayaki

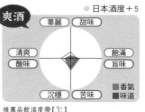

爽酒　●日本酒度＋5

華麗　甜味
清爽　飽滿
酸味　旨味
沉穩　苦味

■香氣
■味道

推薦品飲溫度帶【℃】

0　10　20　30　40　50

特定名稱 純米酒
建議售價 1.8L ￥2,100、
720ml ￥1,100
原料米與精米步合 麴米為五百萬石
（五百万石）55%、掛米為富山錦
60%
酵母 協會14號
酒精濃度 14～15度

清爽滑順、宛如雪融水般的透明感

以酒米「五百萬石」與「富山錦」為原料，使用日本北阿爾卑斯山的雪融水釀造而成。呈現出來自上等水質的柔順口感。新鮮細緻的酸味舒暢地在口中散發開來。以略低於常溫的溫度品飲，整體會出現黏稠感，香氣也會更加明顯。適合搭配白肉魚等味道清爽的料理。

富山

桝田酒造店
Masuda Shuzouten
創立於明治26年（1893）

滿壽泉（満寿泉）
Masuizumi

純米大吟釀
Junmai Daiginjo

爽酒　●日本酒度＋5

華麗　甜味
清爽　飽滿
酸味　旨味
沉穩　苦味

■香氣
■味道

推薦品飲溫度帶【℃】

0　10　20　30　40　50

特定名稱 純米大吟釀酒
建議售價 1.8L ￥8,000、
720ml ￥4,000
原料米與精米步合 麴米、掛米均為
山田錦50%
酵母 MS-9
酒精濃度 15～17度

旨味紮實與各式料理皆對味

以「美味求真」為信念，自昭和四十年起領先其他酒藏，率先挑戰吟釀酒的釀造。具有沉穩的吟釀香氣與紮實的酒體。入喉滑順，適切的俐落感使整體表現完整。擁有夾處於日本海與立山群峰之間的風土優勢，因此釀造出的酒無論搭配螃蟹、蝦子等海鮮料理，或山菜料理等都很合適。

岐阜

蒲酒造場
Kaba Shuzoujou
創立於寶永元年（1704）

やんちゃ酒
Yancha Sake

飛驒乃
Hidano

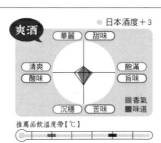

爽酒　●日本酒度＋3

華麗　甜味
清爽　飽滿
酸味　旨味
沉穩　苦味

■香氣
■味道

推薦品飲溫度帶【℃】

0　10　20　30　40　50

特定名稱 本釀造酒
建議售價 1.8L ￥2,150、
720ml ￥1,080
原料米與精米步合 麴米為飛驒譽
（ひだほまれ）60%、掛米為一見鍾
情（ひとめぼれ）60%
酵母 不公開
酒精濃度 15～15.9度

宛如朝氣蓬勃的年輕人呈現大膽爽快的俐落感

在飛驒的古川町已有三百多年歷史的酒藏。當地以壯勇男士們的「裸祭」著名，而酒名「やんちゃ*」正是想表現出古川居民的蓬勃朝氣。口感清爽俐落，雖屬辛口酒，但不帶刺激感，整體味道平衡性佳。溫燗品飲香氣更加明顯。

＊編註：やんちゃ。意為頑皮、淘氣。

岐阜

舩坂酒造店
Funasaka Shuzouten
創立於元祿年間（1688～1703）

四星（四ツ星）
Yotsuboshi

大吟釀
Daiginjo

酒藏杜氏夢想中最完美的大吟釀

酒藏位於洋溢著飛驒風情的街道中，是許多觀光客前往造訪的酒藏。「四星 大吟釀」是酒藏杜氏為完成自己的夢想所釀造的酒。果實般的華麗吟釀香氣中，帶有如乳製品般的含香。厚實與Dry（收斂的澀味）的味道表現，愈喝愈能感受到酒的深度。適合搭配鮪魚或鰤魚等油脂豐富的魚類料理。

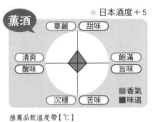

薰酒

● 日本酒度＋5

特定名稱 **大吟釀酒**
建議售價 1.8L ￥10,000、720ml ￥5,000
原料米與精米步合 麴米、掛米均為山田錦40%
酵母 協會1801號
酒精濃度 16.5度

推薦品飲溫度帶【℃】

一併推薦！

純米吟釀 牛貯藏
Junmai Ginjo Namachozou

薰酒

深山菊
Miyamagiku

純米吟釀酒／720ml ￥1,904／麴米、掛米均為飛驒譽（ひだほまれ）60%／酵母 協會1801號／16.5度

● 日本酒度＋3

推薦品飲溫度帶【℃】

果香豐富的華麗香氣，十分受到女性的喜愛。呈現新鮮清爽的口感，能感受到米原有的旨味。

特別純米
Tokubetsu Junmai

醇酒

深山菊
Miyamagiku

特別純米酒／1.8L ￥2,647、720ml ￥1,428／麴米、掛米均為飛驒譽（ひだほまれ）60%／酵母 岐阜G酵母／15.5度

● 日本酒度＋4

推薦品飲溫度帶【℃】

以「溫過後更加美味」為概念。香氣有如從喉嚨穿透鼻腔的辛口酒。最推薦溫爛品飲。

**岐阜
北陸·東海**

岐阜

平瀨酒造店
Hirase Shuzouten
創立於元和9年（1623）

久壽玉（久寿玉）
Kusudama

手造純米（手造り純米）
Tedukuri Junmai

醇酒

● 日本酒度＋4

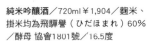

推薦品飲溫度帶【℃】

特定名稱 **特別純米酒**
建議售價 1.8L ￥2,350、720ml ￥1,230
原料米與精米步合 麴米、掛米均為飛驒譽（ひだほまれ）60%
酵母 協會901號
酒精濃度 15.5度

使用飛驒的米
全心釀造而成的純米酒

釀造用水是日本北阿爾斯山長年積雪融解而成的伏流水，以適合用於釀造的酒米，在富有水的恩澤的自然環境下進行釀造工程，為一間已傳承十五代的酒藏。這款手工釀造的純米酒，以岐阜縣產酒米「飛驒譽」為原料，呈現溫和滑順的口感。米的旨味與細緻的酸味融和地恰如其分。冷酒或溫爛品飲皆適合。

小町酒造
Komachi Shuzou
創立於明治27年（1894）

長良川
Nagaragawa
純米吟釀
Junmai Ginjo

爽酒　● 日本酒度＋5

華麗　甜味
清爽　飽滿
酸味　旨味
沉穩　苦味
■香氣　■味道

推薦品飲溫度帶【℃】
0　10　20　30　40　50

特定名稱　純米吟釀酒
建議售價　1.8L ￥3,000、
720ml ￥1,500
原料米與精米步合　麴米、掛米均為
飛驒譽（ひだほまれ）55%
酵母　協會9號
酒精濃度　15～16度

自然音樂孕育出的
溫和味道

位於以「鵜飼捕魚」聞名的長良川中流域，釀造時播放自然音樂為酒藏的一大特色。當引發 α 波的音樂在酒藏內響起時，便會更自然地接近酵母的發酵環境，促進酵母的發酵。在這樣的環境下釀造出的純米吟釀酒，口感柔和溫順，充分表現出酒米的豐潤旨味，為一款旨口酒。

白木恒助商店
Shiraki Tsunesuke Shouten
創立於天保6年（1835）

達磨正宗
Daruma Masamune
清酒 未來（未来へ）2013釀造酒
Seishu Mirai-e 2013 Jouzoushu

熟酒　● 日本酒度－25

華麗　甜味
清爽　飽滿
酸味　旨味
沉穩　苦味
■香氣　■味道

推薦品飲溫度帶【℃】
0　10　20　30　40　50

特定名稱　純米酒
建議售價　660ml ￥1,800
原料米與精米步合　麴米為雄山町70%、掛米為日本晴75%
酵母　協會7號
酒精濃度　17～18度

經過十至二十年
自宅熟成的古酒

自昭和四十年代起便致力於釀造古酒，經過多次失敗的嘗試後，完成了放在家中就能美味熟成的古酒。使用的麴是一般的1.5倍。山吹色調酒色隨著時間的累積愈漸深沉，濃厚的黏稠感中湧現出豐富的酸味和甜味。散發如蜂蜜般的香氣也是一大特徵。適合與中華料理或發酵食品等搭配享用。

千代菊
Chiyogiku
創立於元文3年（1738）

光琳
Korin
有機純米吟釀
Yuki Junmai Ginjo

醇酒　● 日本酒度＋1

華麗　甜味
清爽　飽滿
酸味　旨味
沉穩　苦味
■香氣　■味道

推薦品飲溫度帶【℃】
0　10　20　30　40　50

特定名稱　純米吟釀酒
建議售價　1.8L ￥4,000、
720ml ￥2,000
原料米與精米步合　麴米、掛米均為
日本晴・初霜（ハッシモ）58%
酵母　自家酵母
酒精濃度　15.3度

帶潤澤感
品嚐到優良酒米的旨味

使用通過日本JAS認證的合鴨農法培育的無農藥有機栽培米，以及自地下128公尺處湧出的長良川伏流水釀造而成。從猶如森林般的立香，慢慢轉為如枇杷及水梨等多種水果完美融合而成的香氣。米的甜味及旨味清晰明顯，餘韻帶潤澤感，並殘留猶如白玉湯圓般的風味。

岐阜 天領酒造
Tenryou Shuzou
創立於延寶8年（1680）

天領
Tenryou

純米吟醸 飛驒譽（ひだほまれ）
Junmai Ginjo Hidahomare

● 日本酒度＋3〜5

爽酒

華麗　甜味
清爽　　飽滿
酸味　　旨味
沉穩　苦味

■ 香氣
■ 味道

推薦品飲溫度帶【℃】

0　10　20　30　40　50

特定名稱 **純米吟醸酒**
建議售價 1.8L ￥3,000、
720ml ￥1,500
原料米與精米步合 麴米、掛米均為
飛驒譽（ひだほまれ）50%
酵母 花酵母
酒精濃度 15〜16度

飛驒的自然原料
釀造而成
清澈的辛口酒

在飛驒的自然恩澤下孕育而成的酒米「飛驒譽」經過自家精米，並使用源自飛驒山脈的地下水釀造而成。這款香氣如湧水般清澈的辛口酒，口感新鮮水潤。能明顯感受到隨時間擴散開的飽滿旨味與櫻餅般的含香。酒溫在12℃左右時，黏稠感與濃密感都會增加。

岐阜 所酒造
Tokoro Shuzou
創立於明治初年

房島屋
Boujimaya

純米無濾過（無ろ過）生原酒
Junmai Muroka Nama Genshu

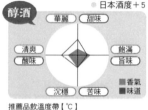

● 日本酒度＋5

醇酒

華麗　甜味
清爽　　飽滿
酸味　　旨味
沉穩　苦味

■ 香氣
■ 味道

推薦品飲溫度帶【℃】

0　10　20　30　40　50

特定名稱 **純米酒**
建議售價 1.8L ￥2,400、
720ml ￥1,200
原料米與精米步合 麴米為曙（あけぼの）65%、掛米為五百萬石（五百万石）65%
酵母 9號系
酒精濃度 17〜18度

貼近品飲者心情的
芳醇辛口酒

使用創立時期的屋號作為酒名。以追求釀造出真正的好酒為目標，而非滿足藏人個人的喜好。呈現出無濾過酒特有的柑橘類清爽芳香，但溫爛品飲時能感受到如剛炊出的米飯散發出的濃密香氣。兼具醇厚與俐落口感的飽滿辛口風味，適合搭配調味重的日式料理或肉類料理。

岐阜 御代櫻釀造
Miyozakura Jouzou
創立於明治26年（1893）

御代櫻
Miyozakura

純米吟醸 岐阜九藏
Junmai Ginjo Gifu Kyuukura

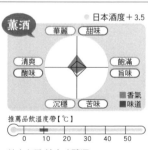

● 日本酒度＋3.5

薰酒

華麗　甜味
清爽　　飽滿
酸味　　旨味
沉穩　苦味

■ 香氣
■ 味道

推薦品飲溫度帶【℃】

0　10　20　30　40　50

特定名稱 **純米吟醸酒**
建議售價 1.8L ￥2,400、
720ml ￥1,300
原料米與精米步合 麴米、掛米均為
朝日之夢（あさひの夢）55%
酵母 協會9號系
酒精濃度 16度

充分展現當地個性
每一滴都凝聚了
年輕杜氏的全心全意

由岐阜縣內的九個酒藏自主性地結合在一起，集結「米、水、人」為一體所誕生的「岐阜九藏」。御代櫻是以當地契約栽培酒米「朝日之夢」為原料，使用木曾川的伏流水進行釀造。華麗的立香與米的旨味，加上適切的酸味，整體平衡性佳，餘韻豐富。酒溫10℃左右為最佳品飲溫度。

岐阜
北陸・東海

岐阜 三輪酒造
Miwa Shuzou
創立於天保8年（1837）

白川郷
Shirakawago

純米 濁酒（にごり酒）
Junmai Nigorizake

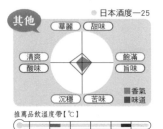

其他

● 日本酒度－25

華麗　甜味
清爽　　　飽滿
酸味　　　旨味
沉穩　苦味

■香氣
■味道

推薦品飲溫度帶【℃】

0　10　20　30　40　50

特定名稱 **純米酒**
建議售價 1.8L ￥2,270、
720ml ￥1,168
原料米與精米步合 麴米、掛米均為
曙（あけぼの）等70%
酵母 協會7號
酒精濃度 14～15度

如奶油般的濃郁風味
適合冷飲

受到以世界遺產白川鄉聞名的白川村委託釀造濁醪酒祭（どぶろく祭）用的酒，因緣際會下誕生的濁酒「白川鄉」。呈現香蕉、木瓜及蘋果般獨特的熟成香氣。奶油般濃厚的風味能抑制住食物的腥味。適合搭配鰻魚或內臟等料理。

岐阜 老田酒造店
Oita Shuzouten
創立於享保年間（1716～1734）

鬼殺（鬼ころし）
Onikoroshi

純米原酒 怒髮衝天辛口
Junmai Genshu Dohatsushouten Karakuchi

醇酒

● 日本酒度＋8

華麗　甜味
清爽　　　飽滿
酸味　　　旨味
沉穩　苦味

■香氣
■味道

推薦品飲溫度帶【℃】

0　10　20　30　40　50

特定名稱 **純米酒**
建議售價 1.8L ￥2,423、
720ml ￥1,260
原料米與精米步合 麴米、掛米均為
飛驒譽（ひだほまれ）58%
酵母 協會901號
酒精濃度 18度

連鬼都無法抵擋的辛口
就在這裡

近來也作為辛口酒的代名詞——「鬼殺」的發源地酒藏。以酒米「飛驒譽」為原料，使用飛驒山脈的伏流水釀造而成。來自原料的穀物香逐漸轉變成生焦糖般的香甜，滑順的口感也瞬而轉變為超辛口。無論涼飲或燗飲，各有不同的風味。

岐阜 中島釀造
Nakajima Jouzou
創立於元祿15年（1702）

小左衛門 特別純米
Kozaemon Tokubetsu Junmai

信濃美山錦 無濾過生
Shinano Miyamanishiki Muroka Nama

爽酒

● 日本酒度＋2

華麗　甜味
清爽
酸味　　　旨味
沉穩　苦味

■香氣
■味道

推薦品飲溫度帶【℃】

0　10　20　30　40　50

特定名稱 **特別純米酒**
建議售價 1.8L ￥2,476、
720ml ￥1,238
原料米與精米步合 麴米、掛米均為
美山錦55%
酵母 自家酵母
酒精濃度 16.5度

冷酒最能發揮特色
清爽的純米酒

酒藏創立於原祿15年，「小左衛門」是於平成12年（2000）推出的新品牌。這款無濾過生酒，呈現帶黏稠感的強勁口感及清爽的酸味和甜味。口中殘留細緻的餘韻，最後以辛口完美收尾。10℃左右的冷酒散發出明顯的吟釀香氣。為季節性的限量酒款。

富士錦酒造
Fujinishiki Shuzou
創立於元祿元年（1688）

富士錦
Fujinishiki

純米酒
Junmai-shu

爽酒

● 日本酒度＋5

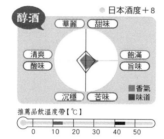

華麗　甜味
清爽　　飽滿
酸味　　旨味
沉穩　苦味

■香氣
■味道

推薦品飲溫度帶【℃】

0　10　20　30　40　50

特定名稱　純米酒
建議售價　1.8L ￥2,000、
720ml ￥1,100
原料米與精米步合　麴米、掛米均為
日本晴65%
酵母　靜岡酵母
酒精濃度 15.5度

受到世界文化遺產眷顧的純米酒

在能遠眺富士山的酒藏中，使用清冽的泉水及與軟水相搭的靜岡酵母進行釀造。酒質兼具柔和的原料香氣與涼爽的礦物香氣。屬中辛口風味，餘韻清爽，適合作為餐中酒。涼飲雖然也美味，但較推薦溫飲。與味噌或火鍋等味道厚重的料理十分搭配。

 大村屋酒造場
Omuraya Shuzoujou
創立於天保3年（1832）

若竹
Wakatake

純米 鬼殺（鬼ころし）
Junmai Onikoroshi

醇酒

● 日本酒度＋8

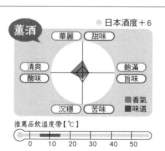

華麗　甜味
清爽　　飽滿
酸味　　旨味
沉穩　苦味

■香氣
■味道

推薦品飲溫度帶【℃】

0　10　20　30　40　50

特定名稱　特別純米酒
建議售價　1.8L ￥2,600、
720ml ￥1,300
原料米與精米步合　麴米為愛知之香
（あいちのかおり）60%、掛米為
五百萬石（五百万石）60%
酵母 NO-2（靜岡酵母）
酒精濃度 17.0～17.9度

曾為驛站旅人最愛深沉醇厚的辛口酒

天保3年於東海道五十三次的島田宿創立。昭和50年（1975）成功復活了當時往來於驛站的旅人們所愛飲的銘酒「鬼殺」。以靜岡縣產酒米為原料，使用大井川的伏流水進行釀造，釀造出富含沉穩穀物香氣及具有溫和滑順口感的酒。雖然屬辛口酒款，但極富韻味。

磯自慢酒造
Isojiman Shuzou
創立於天保元年（1830）

磯自慢
Isojiman

大吟釀
Daiginjo

薰酒

● 日本酒度＋6

華麗　甜味
清爽　　飽滿
酸味　　旨味
沉穩　苦味

■香氣
■味道

推薦品飲溫度帶【℃】

0　10　20　30　40　50

特定名稱　大吟釀酒
建議售價　1.8L ￥8,000、
720ml ￥3,680
原料米與精米步合　麴米、掛米均為
東条秋津山田錦45%
酵母　藏內保存酵母（乙酸異戊酯
系）
酒精濃度 16～17度

精磨過的優質酒米與名水釀造而成的辛口酒

創業以來已有一百八十多年歷史，是燒津市唯一的酒藏。百分之百使用兵庫縣特A地區的極上「山田錦」作為原料米，並以日本南阿爾卑斯山系的名水進行釀造。呈現如白桃及葡萄花朵般的高雅吟釀香氣與滑順清新的口感。雖屬辛口酒，口中卻留下水潤的餘韻。適合搭配鮪魚或鰹魚等料理。

北陸・東海 静岡（左側邊欄）

静岡 志太泉酒造
Shidaizumi Shuzou
創立於明治15年（1882）

志太泉
Shidaizumi

特別本醸造
Tokubetsu Honjouzo

爽酒

○ 日本酒度 +6

（雷達圖：華麗、甜味、飽滿、旨味、苦味、沉穩、酸味、清爽）
■香氣 ■味道

推薦品飲溫度帶【℃】
0 10 20 30 40 50

特定名稱 **特別本醸造酒**
建議售價 1.8L ￥2,500、
720ml ￥1,250
原料米與精米步合 麴米、掛米均為
五百萬石（五百万石）50%
酵母 靜岡酵母 NEW-5
酒精濃度 15～16度

俐落舒暢的淡麗表現
出色的辛口酒

酒名的發想來自於酒藏所在舊地名「志太」，以及抱著釀造出如泉水般湧出的酒之希望。這款特別本醸造酒，使用了酒米「五百萬石」及清冽的瀨戶川伏流水醸造而成。口感淡麗、尾韻俐落，是一款喝起來非常順口的辛口酒。同時也能感受到香蕉及水梨般的果香。可搭配鹽烤香魚等料理。冷酒或爛酒品飲皆適。

静岡 杉井酒造
Sugii Shuzou
創立於天保13年（1842）

杉錦
Suginishiki

生酛 特別純米
Kimoto Tokubetsu Junmai

醇酒

○ 日本酒度 +4

（雷達圖：華麗、甜味、飽滿、旨味、苦味、沉穩、酸味、清爽）
■香氣 ■味道

推薦品飲溫度帶【℃】
0 10 20 30 40 50

特定名稱 **特別純米酒**
建議售價 1.8L ￥2,600、
720ml ￥1,400
原料米與精米步合 麴米、掛米均為
山田錦60%
酵母 靜岡HD-1
酒精濃度 15.5度

傳統生酛法
醸造出的溫和味道

創立於天保13年，醸造工程中85%皆採行傳統的生酛醸造方式。這款以靜岡縣產「山田錦」為原料米，採用生酛醸造的特別純米酒，呈現沉穩飽滿的風味。同時能感受到清爽酸味與溫和甜味相互交融，當中隱含著淡淡的吟醸香氣。是一款充分展現紮實醸造技術的旨口好酒。

静岡 土井酒造場
Doi Shuzoujou
創立於明治5年（1872）

開運
Kaiun

特別純米
Tokubetsu Junmai

爽酒

○ 日本酒度 +5

（雷達圖：華麗、甜味、飽滿、旨味、苦味、沉穩、酸味、清爽）
■香氣 ■味道

推薦品飲溫度帶【℃】
0 10 20 30 40 50

特定名稱 **特別純米酒**
建議售價 1.8L ￥2,450、
720ml ￥1,300
原料米與精米步合 麴米、掛米均為
山田錦55%
酵母 靜岡酵母
酒精濃度 15度

全方位兼具
暢快順口的純米酒

承繼了能登杜氏四大天王之一──波瀨正吉的醸造技術，使用高天神城的伏流水作為醸造用水。這款以兵庫縣產酒米「山田錦」為中心，採用靜岡酵母醸造而成的特別純米酒，追求的是能暢快品飲的全方位酒質。甜味與酸味平衡性佳，俐落的餘韻感。涼飲或爛酒皆適。

静岡 花の舞酒造
Hananomai Shuzou
創立於元治元年（1864）

花之舞（花の舞）
Hananomai

純米酒
Junmai-shu

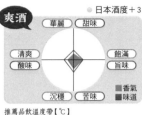

● 日本酒度＋3

爽酒

華麗　甜味
清爽　　　　飽滿
酸味　　　　旨味
沉穩　苦味

■香氣
■味道

推薦品飲溫度帶【℃】

0　10　20　30　40　50

特定名稱 **純米酒**
建議售價 1.8L ￥2,000、
720ml ￥1,000
原料米與精米步合 麴米、掛米均為
靜岡縣產米60%
酵母 **協會901號**
酒精濃度 15～16度

宛如絹絲般的口感
滑順的極辛口酒

原料米全量使用靜岡縣產米，以日本南阿爾卑斯山赤石系的清冽地下水進行釀造。香氣溫和高雅，呈現如玉露茶葉般的含香。口感好似絹絲般滑順，雖然能感受到甜味，但酒體本身仍屬新鮮水潤、清澈的極辛口酒。非常適合搭配懷石料理或蕎麥麵等料理。

静岡 富士高砂酒造
Fuji Takasago Shuzou
創立於天保元年（1830）

高砂
Takasago

山廢釀造（山廃仕込）純米吟醸
Yamahai-jikomi Junmai Ginjo

● 日本酒度－3

醇酒

華麗　甜味
清爽　　　　飽滿
酸味　　　　旨味
沉穩　苦味

■香氣
■味道

推薦品飲溫度帶【℃】

0　10　20　30　40　50

特定名稱 **純米吟醸酒**
建議售價 1.8L ￥2,718、
720ml ￥1,359
原料米與精米步合 麴米、掛米均為
山田錦55%
酵母 **靜岡酵母**
酒精濃度 15～16度

山廢釀造一樣能呈現
柔和酸味與溫潤口感

以屬超軟水質的富士山伏流水為釀造用水，由能登杜氏採山廢釀造方式進行釀造。山廢釀造酒「高砂」酸味溫和，入口後舌尖彷彿被包覆在溫潤口感與細緻甜味當中。溫熱後芳香的甜味更加飽滿，旨味會在口中擴散開來。適合搭配以鮮美高湯為底的料理。

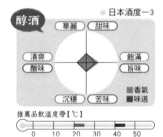

静岡 牧野酒造
Makino Shuzou
創立於寬保3年（1743）

富士山
Fujisan

純米吟醸
Junmai Ginjo

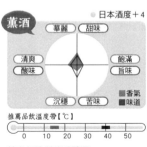

● 日本酒度＋4

薰酒

華麗　甜味
清爽　　　　飽滿
酸味　　　　旨味
沉穩　苦味

■香氣
■味道

推薦品飲溫度帶【℃】

0　10　20　30　40　50

特定名稱 **純米吟醸酒**
建議售價 1.8L ￥4,309、
720ml ￥2,164
原料米與精米步合 麴米為山田錦
60%、掛米為五百萬石（五百万
石）60%
酵母 **協會1401號**
酒精濃度 15度

充滿富士山恩澤的
清涼風味

自創業以來已有兩百七十多年歷史，位處靈峰富士山腳下田園地區的酒藏，由能登杜氏仔細地進行釀造作業。使用靜岡縣三大名水之一的椿澤湧水為釀造用水，呈現出清涼澄淨的味道。尾韻雖呈現出Dry感，但愈喝愈能感受到酒質的深度。溫熱後口感會顯得更加輕快。

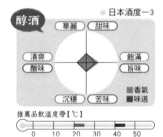

静岡
北陸・東海

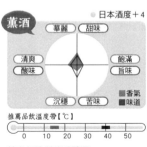

111

三和酒造
Sanwa Shuzou
創立於貞享3年（1686）

臥龍梅 純米吟醸
Garyubai Junmai Ginjo

無濾過原酒 譽富士（譽富士）
Muroka Genshu Homarefuji

薰酒

● 日本酒度＋4

華麗　甜味
清爽　　　　饱滿
酸味　　　　旨味
沉穩　苦味

■香氣
■味道

推薦品飲溫度帶【℃】
0　10　20　30　40　50

特定名稱 **純米吟醸酒**
建議售價 1.8L ￥2,600、
720ml ￥1,300
原料米與精米步合 **麴米、掛米均為
譽富士**（譽富士）55%
酵母 協會10號系
酒精濃度 16〜17度

輕快口感
兼具高密度旨味

「臥龍梅」指的是據說由德川家康栽種於清見寺、香氣馥郁的梅樹。以改良自山田錦、靜岡縣特有的酒造好適米「譽富士」為原料進行釀造，呈現猶如白葡萄酒般的細緻酸味及華麗含香。適合搭配白肉魚刺身或是天婦羅等料理。

神杉酒造
Kamisugi Shuzou
創立於文化2年（1805）

人生劇場
Jinsei Gekijou

山廢（山廃）**純米**
Yamahai Junmai

餘韻濃厚而綿長的極辛口風味

酒藏創立於文化2年，使用安城市產酒米「若水」為原料，經百分之百自家精磨，並以源自矢作川伏流水的自家井水進行釀造。特徵在於山廢釀造的乳酸系奶香風味，以及凝縮的苦味餘韻。極辛口且餘韻綿長，能品嘗到豐富的味道。與愛知縣名產「八丁味噌」為最佳拍檔的一款地酒。

醇酒

● 日本酒度＋5.5

華麗　甜味
清爽　　　　饱滿
酸味　　　　旨味
沉穩　苦味

■香氣
■味道

特定名稱 **純米酒**
建議售價 720ml ￥1,019
原料米與精米步合 **麴米、掛米均為若水**
70%
酵母 協會701號
酒精濃度 18〜19度

推薦品飲溫度帶【℃】
0　10　20　30　40　50

一併推薦！

純米生酒
Junmai Namazake
濁（Nigo）**2nd**
神杉
Kamisugi

其他

純米酒／720ml ￥1,498／麴米、掛米均為若水65%／酵母 KTN-04（自家酵母）／17〜18度

● 日本酒度一4

推薦品飲溫度帶【℃】
0　10　20　30　40　50

為一款氣泡濁酒。沒有甜味，呈現帶酸味與苦味的Dry感。適合搭配鹽麴料理。

特別純米鮮搾（しぼりたて）
Tokubetsu Junmai Shiboritate
無濾過生原酒
Muroka Nama Genshu
神杉
Kamisugi

爽酒

特別純米酒／720ml ￥1,605／麴米、掛米均為若水60%／酵母 KTN-04（自家酵母）／17〜18度

● 日本酒度＋3

推薦品飲溫度帶【℃】
0　10　20　30　40　50

帶有微氣泡的刺激感，口感輕快、香氣清甜。推薦使用冰鎮後的笛形香檳杯品嘗。也適合作為餐前酒。

北陸・東海
靜岡／愛知

関谷醸造
Sekiya Jouzou
創立於元治元年（1864）

蓬萊泉（蓬莱泉）
Houraisen

純米大吟醸 空
Junmai Daiginjo Kuu

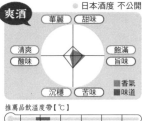

● 日本酒度 不公開

爽酒

華麗　甜味
清爽　　　飽滿
酸味　　　旨味
沉穩　苦味

■香氣
■味道

推薦品飲溫度帶【℃】
0　10　20　30　40　50

特定名稱 純米大吟醸酒
建議售價 1.8L ￥7,400、
720ml ￥3,350
原料米與精米步合 麴米為山田錦
40%、掛米為山田錦45%
酵母 不公開
酒精濃度 15度

經過一年熟成呈現的傑出芳醇風味

創立於元治元年，在愛知縣當地擁有廣大人氣的酒藏。這款「空」為使用優良酒米「山田錦」為原料釀造而成，且經過一年熟成才裝瓶出貨的純米大吟醸酒。酒質呈現如新鮮果實般芳醇的吟醸香氣，隨之而來是米的飽滿甜味。建議冷飲，並搭配味道清淡的下酒菜享用。

金虎酒造
Kintora Shuzou
創立於弘化2年（1845）

金虎
Kintora

純米
Junmai

● 日本酒度 +2

醇酒

華麗　甜味
清爽　　　飽滿
酸味　　　旨味
沉穩　苦味

■香氣
■味道

推薦品飲溫度帶【℃】
0　10　20　30　40　50

特定名稱 純米酒
建議售價 1.8L ￥2,000、720ml ￥819
原料米與精米步合 麴米為五百萬石
（五万万石）60%、掛米為一般米
60%
酵母 F1A1、F1A2
酒精濃度 15度

彷彿快融化般的口感一款百喝不膩的酒

「金虎」是由越後杜氏細心地經由手工釀造而成的酒款，呈現香甜風味、彷彿快融化般的口感以及潔淨的餘韻。酒名發想來自於名古屋城的金鯱以及酒藏第三代出生於寅年而命名。具有清爽的酸味，喝多了也不會感到膩口。適合搭配奶油燒或是煙燻魚類等料理。

勳碧酒造
Kunpeki Shuzou
創立於大正4年（1915）

勳碧
Kunpeki

特別純米酒
Tokubetsu Junmai-shu

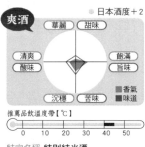

● 日本酒度 +2

爽酒

華麗　甜味
清爽　　　飽滿
酸味　　　旨味
沉穩　苦味

■香氣
■味道

推薦品飲溫度帶【℃】
0　10　20　30　40　50

特定名稱 特別純米酒
建議售價 1.8L ￥2,300、
720ml ￥1,100
原料米與精米步合 麴米為山田錦
60%、掛米為愛知之香（あいちの
かおり）60%
酵母 協會10號
酒精濃度 15.2度

適合搭配京懷石或豆腐料理的優雅旨味

將未經任何處理、流經地面下100公尺的木曾川伏流水直接作為釀造用水。採用香氣富深度的10號酵母進行釀造，呈現猶如麻糬及威化餅般的溫和含香。飽滿的水潤感及高雅的旨味持續留在口中。適合搭配京懷石或豆腐等能細細賞味的料理。

愛知 澤田酒造
Sawada Shuzou
創立於嘉永元年（1848）

白老
Hakurou
特別純米酒
Tokubetsu Junmai-shu

醇酒　●日本酒度＋2

華麗　甜味
清爽　　飽滿
酸味　　旨味
沉穩　苦味

■香氣　■味道

推薦品飲溫度帶【℃】

0　10　20　30　40　50

特定名稱 **特別純米酒**
建議售價 1.8L ￥2,300、
720ml ￥1,150
原料米與精米步合 麴米、掛米均為
常滑產若水65%
酵母 協會9號
酒精濃度 15度

一心專念地投入釀造
傳達藏人心意的地酒

將知多半島丘陵地的伏流水引至自家水道作為釀造用水。使用「甑」蒸米等，酒藏始終遵循著自古傳承而來的方式進行釀造。「白老」是一款口感從水潤甜美轉為飽滿旨味的辛口酒。適合搭配根菜類、白蘿蔔煮佐味噌或味噌黑輪等料理。涼飲時香氣明顯，溫熱後則呈現帶黏稠感的辛口風味。

愛知 萬乘釀造
Banjou Jouzou
創立於正保4年（1647）

釀人九平次
（釀し人九平次）
Kamoshibito Kuheiji
純米大吟釀 別誂
Junmai Daiginjo Betsuatsurae

薰酒　●日本酒度 不公開

華麗　甜味
清爽　　飽滿
酸味　　旨味
沉穩　苦味

■香氣　■味道

推薦品飲溫度帶【℃】

0　10　20　30　40　50

特定名稱 **純米大吟釀酒**
建議售價 1.8L ￥7,718、
720ml ￥3,859
原料米與精米步合 麴米、掛米均為
山田錦35%
酵母 不公開
酒精濃度 不公開

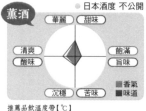

追求日本酒的可能性
革新派吟釀酒

「釀人九平次」為平成9年，由第十五代當家久野九平治與杜氏佐藤彰洋所堆出的品牌。「別誂」呈現出猶如完熟哈密瓜般多汁而香甜的風味，且帶優雅的酸味，是一款整體表現高雅的酒。體會剛開瓶時與開瓶幾天後的味道變化，也是一大品飲樂趣。適合用葡萄酒杯涼飲。

愛知 相生ユニビオ碧南事業所
Aioi Unibio Hekinan Jigyousho
創立於明治5年（1872）

相生
Aioi
花菖蒲 純米吟釀
Hanashoubu Junmai Ginjo

爽酒　●日本酒度＋1

華麗　甜味
清爽　　飽滿
酸味　　旨味
沉穩　苦味

■香氣　■味道

推薦品飲溫度帶【℃】

0　10　20　30　40　50

特定名稱 **純米吟釀酒**
建議售價 720ml ￥1,985
原料米與精米步合 麴米、掛米均為
雄町58%
酵母 協會1801號
酒精濃度 15度

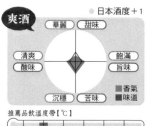

適合搭配油炸類食物
或燒肉的輕快旨味

酒藏自明治5年起於碧南市從事味醂製造，之後將發酵技術運用上日本酒的釀造。這款酒從如哈密瓜及青香蕉般的立香，轉為如柚子般的柑橘系沉穩芳香。帶銳利感的輕快旨味，適合搭配油炸類食物或燒肉等油脂豐富的料理。建議冷酒品飲。

愛知
山忠本家酒造
Yamachuu Honke Shuzou
創立於江戸中期

義俠
Gikyou
純米原酒 60 %
Junmai Genshu

● 日本酒度 + 3.5

醇酒

華麗　甜味
清爽　　　飽滿
酸味　　　旨味
　沉穩　苦味

■ 香氣
■ 味道

推薦品飲溫度帶【℃】

0　10　20　30　40　50

特定名稱　**純米酒**
建議售價 1.8L 未訂、720ml 未訂
原料米與精米步合 **麴米、掛米均為山田錦60%**
酵母 **協會9號**
酒精濃度 16.8度

賞味優質酒米
釀造出誠摯的純米酒

以木曾御岳的地下伏流水為釀造用水，透過對米的堅持，灌注心力釀造而成的純米酒。「純米原酒60%」使用兵庫縣東條特A地區產酒米「山田錦」，呈現留有紮實米的旨味的完整風味。清爽的香氣與旨味，以及逐漸蔓延全身的細膩酸味，在口中留下沉靜的餘韻。

 三重
森本仙右衛門商店
Morimoto Senuemon Shouten
創立於弘化元年(1844)

黑松翁
Kuromatsu Okina
秘藏古酒
Hizou Koshu
十八年者
18 Nen Mono

● 日本酒度 － 4.5

熟酒

華麗　甜味
清爽　　　飽滿
酸味　　　旨味
　沉穩　苦味

■ 香氣
■ 味道

推薦品飲溫度帶【℃】

0　10　20　30　40　50

特定名稱　**普通酒**
建議售價 1.8L ￥7,000、720ml ￥3,500
原料米與精米步合 **麴米為五百萬石（五百万石）70%、掛米為日本晴、鬱金錦（ウコン錦）70%**
酵母 **協會601號**
酒精濃度 19.8度

猶如蜂蜜般的風味
融化在口中的古酒

使用柔和的鈴鹿山系伏流水，於平成7年誕生的酒款。經過藏內低溫熟成，呈現金黃酒色，味道濃醇，具有蜂蜜般的細緻甜味。散發出猶如蜜蠟、栗子及巧克力般的濃厚香氣。與熟成的火腿、硬質起司或火鍋料理等非常搭配。

北陸・東海 ｜ 愛知／三重

 三重
伊藤酒造
Itou Shuzou
創立於弘化4年(1847)

鈿女
Udume
純米吟釀
Junmai Ginjo

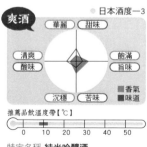

● 日本酒度 － 3

爽酒

華麗　甜味
清爽　　　飽滿
酸味　　　旨味
　沉穩　苦味

■ 香氣
■ 味道

推薦品飲溫度帶【℃】

0　10　20　30　40　50

特定名稱　**純米吟釀酒**
建議售價 1.8L ￥3,000、720ml ￥1,600
原料米與精米步合 **麴米、掛米均為神之穗（神の穗）60%**
酵母 **三重酵母MK-1**
酒精濃度 14度

冷飲最能展現美味的
輕柔甘口酒

以榮獲日本「名水百選」之一、鈴鹿山麓湧出的「智積養水」作為釀造用水，並堅持使用酒米「神之穗」等三重縣產原料釀造而成的純米吟釀酒。呈現水潤的果實芳香及略甘口的輕柔口感。酒溫在10℃以下時，味道會更加明顯。為一款適合春夏季節享用的酒。

三重 若戎酒造
Waka-ebis Shuzou
創立於嘉永6年（1853）

義左衛門
Gizaemon

純米吟醸 三重山田錦
Junmai Ginjo Mie Yamadanishiki

爽酒
● 日本酒度＋2

華麗　甜味
清爽　　飽滿
酸味　　旨味
沉穩　苦味

■香氣
■味道

推薦品飲溫度帶【℃】

0　10　20　30　40　50

特定名稱 **純米吟醸酒**
建議售價 1.8L ￥3,000、
720ml ￥1,500
原料米與精米步合 麴米、掛米均為
山田錦60%
酵母 自家酵母
酒精濃度 15度

芳醇的香氣
讓口感更加提升

使用從伊賀青山群山流瀉而
下、屬軟水水質的伏流水作為
釀造用水，並以當地產酒米
「山田錦」為原料進行釀造。
如花果般的香氣充滿魅力，口
感柔順帶黏稠感。味道纖細、
餘韻舒暢清爽，屬辛口酒。與
法式或義式料理也很相配。適
合冷酒品飲。

三重 タカハシ酒造
Takahashi Shuzou
創立於文久2年（1862）

天遊琳
Tenyurin

特別純米酒
Tokubetsu Junmai-shu

爽酒
● 日本酒度＋4

華麗　甜味
清爽　　飽滿
酸味　　旨味
沉穩　苦味

■香氣
■味道

推薦品飲溫度帶【℃】

0　10　20　30　40　50

特定名稱 **特別純米酒**
建議售價 1.8L ￥2,900、
720ml ￥1,450
原料米與精米步合 麴米為山田錦
55%、掛米為兵庫夢錦55%
酵母 三重酵母
酒精濃度 15～16度

襯托出料理美味的
餐中酒

「天遊琳」是以「希望能與美
味料理一同細品味的餐中
酒」為目標，釀造而成的一款
旨口酒。充滿著米飽滿柔和的
香氣和味道，沉穩地扮演著陪
襯料理的角色。冷酒雖也不失
風味，但更推薦溫熱後飲用。
非常適合搭配如關東煮等展現
高湯鮮美風味的料理。

選購日本酒的推薦酒鋪

橫浜君嶋屋（本店）

販售酒款以適合搭配料理、不會感到膩口的餐
中酒為中心，自日本全國各地嚴選一百多家酒
藏所提供的高品質日本酒。

橫浜君嶋屋（本店）Yokohama Kimijimaya Honten
TEL 045-251-6880
FAX 045-251-6850
URL http://www.kimijimaya.co.jp
〒232-0012 神奈川縣橫濱市南區南吉田町3-30
營業時間 10：00～20：00
定休日 星期天、例假日（不定期休）

銀座君嶋屋

為橫濱君嶋屋的姊妹店。銀座店附設每日變換酒
單的吧檯，能在店裡盡情享用日本酒。與橫濱店
一樣，酒款十分豐富齊全。

銀座君嶋屋 Ginza Kimijimaya
TEL 03-5159-6880
FAX 03-5159-6881
〒104-0061 東京都中央區銀座1-2-1紺屋大樓 1F
營業時間 10：30～21：00（平日）
　　　　　10：30～19：00（星期六、星期天、例假日）
定休日 無休（年初和年尾除外）

繩文時代

使用山葡萄等為原料的水果酒誕生

日本最早出現的酒是葡萄酒！？
將搗碎的山葡萄放在土器中自然發酵的酒，也就成了所謂的葡萄酒，據説是日本最早出現的酒。

利用唾液糖化的「口嚼酒」
將果實或是雜糧放在口中咀嚼，利用唾液中的分解酵素進行糖化，再經由發酵完成的「口嚼酒」。推測這是種方式在繩文時代就已經存在。此外，據説「口嚼酒（口嚙みの酒）」中的「嚼（嚙む）」，就是「釀（釀す）」這個字的由來。

彌生時代

稻作傳入，開始使用米來釀酒る

有關「倭國酒」的記載
西元三世紀中國歷史典籍《魏志倭人傳》中出現「倭人嗜酒成性」的相關紀載。但是，這裡所提及的「酒」是什麼作為原料，以及用何種方式釀造而成，至今仍無法判斷。

古墳・飛鳥時代

為祈求豐收，開始將酒供獻給神明

當時的酒就是現在所謂的「濁醪酒」
這個時代的酒類，是人們為了祈求豐收，貢獻給神明的一種特別的飲料。當時的酒留有大量米粒，也就是呈現「混濁」狀態的濁醪酒。一直到現在，日本全國各地仍會舉辦「濁醪酒祭」，將收成的稻米貢獻給神明，並祈求下一次的穀物豐收。

奈良時代

酒的釀造開始普及國內

在許多文獻中皆可見蹤跡
在《古世紀》、《日本書紀》、《萬葉集》及《風土記》等文獻中皆發現關於酒的記載。

開始使用「麴」進行釀造

使用發霉的米釀造酒
關於使用麴釀造酒的由來有兩種説法，一説是由中國大陸傳進，另一説則是由日本獨自發明，可以在《播磨國風土記》中看到相關記載，內容敘述當時貢獻給神明的米飯因放置過久而發霉，人們就將之拿來釀酒。

平安時代

根據《延喜式》訂定釀酒方式

從貢獻給神明的「神酒」到出現在貴族的宴席上
當時宮中設置了「造酒司」，以整頓朝廷的釀造制度。訂定律令宮廷的行事及事務規章等細則的《延喜式》中，對於「造酒司」的釀造工程有詳細的記載。例如，將高階官人用酒及下級官人用酒加以區分等，針對不同目的發展出不同的釀造方式。

鎌倉時代

以京都為中心，釀造酒屋非常興盛

鎌倉幕府頒布「沽酒之禁」

室町時代

寺院僧侶釀造的「僧坊酒」開始流行

「諸白」釀造法的確立

南部諸白是日本酒的原型！？
「諸白」是指麴米和掛米都經過精白處理後釀造而成的酒，也就是現在釀造的基礎。其中，以菩提泉為首，由奈良的寺院釀造的諸白稱為「南部諸白」，以高級酒聞名於世。相對於此的「片白」，則是麴米的部分使用糙米，僅有掛米使用經過精白處理的米所釀造而成的酒。

持續發展的釀酒業成為政府重要的財源

在《御酒之日記》及《多聞院日記》中記載了高度的釀造技術

開始進行「濾過」及「火入」
室町時代初期的《御酒之日記》中，記載了關於乳酸菌的應用及使用木炭濾過等的釀造方式。同時期的《多聞院日記》中也詳細記錄了有關利用「火入」的加熱殺菌及分段釀造法。

戰國時代

地酒品牌在全國確立

在江戶地區聲名遠播的伊丹酒
僧坊酒隨著寺廟勢力的衰退而消逝，取而代之的是伊丹、池田、鴻池及武庫川流域（現在的大阪府及兵庫縣）等酒鄉。特別是伊丹的酒，將諸白釀造方式經過改良、有效地進行大量生產而得以廣泛流通，在江戶獲得很高的評價。

近畿

展現歷史與傳統的光彩 技術與生產的中心地

滋賀

縣內各地計有四十多家酒藏。以口感柔和、味道甘辛均衡的類型居多。當地除了酒造好適米「玉榮」之外，「日本晴」的產量也是名列前茅。因此不侷限於酒造好適米，使用當地產米進行的釀造工程也很盛行。

京都

將近有五十家酒藏，其中約有一半位於伏見地區，其餘大多位於丹後地方。伏見的水屬於軟水，因此釀造出來的酒味道細緻柔和。而丹後地區的地酒則是味道濃醇、具存在感的類型。縣產酒米「祝」相當受到矚目。

大阪

以淀川流域以及和泉地區為中心，約有十五家酒藏。有「天下廚房」之稱的大阪府，在江戶中期之前，日本酒釀造業在池田市和堺市都曾非常興盛，為一大釀造地。以搭配食物品嘗的輕快酒質居多。

兵庫

以日本酒最大生產地「灘地方」為中心，約有八十家酒藏。除了使用硬水「灘之宮水」釀造出「灘之男酒」外，也使用有酒米之王稱號的「山田錦」釀造出芳醇的酒。杜氏以丹波杜氏和但馬杜氏出身居多。

奈良

以奈良、櫻井和吉野為中心，約有四十家酒藏。釀造出的日本酒以醇厚感豐富而飽滿的類型居多。縣內有以三輪山作為供奉神體的大神神社，以及擁有最古老酒殿的春日大社等，為一自古以來與日本酒淵源深厚的銘酒地。

和歌山

和歌山、海南周邊以及紀之川流域附近約有二十家酒藏。在溫暖的氣候下釀造出的酒，以富旨味、醇厚感的濃醇類型居多。雖然說到和歌山，梅酒給人的印象更為深刻，但仍有數款聞名全國的日本酒。

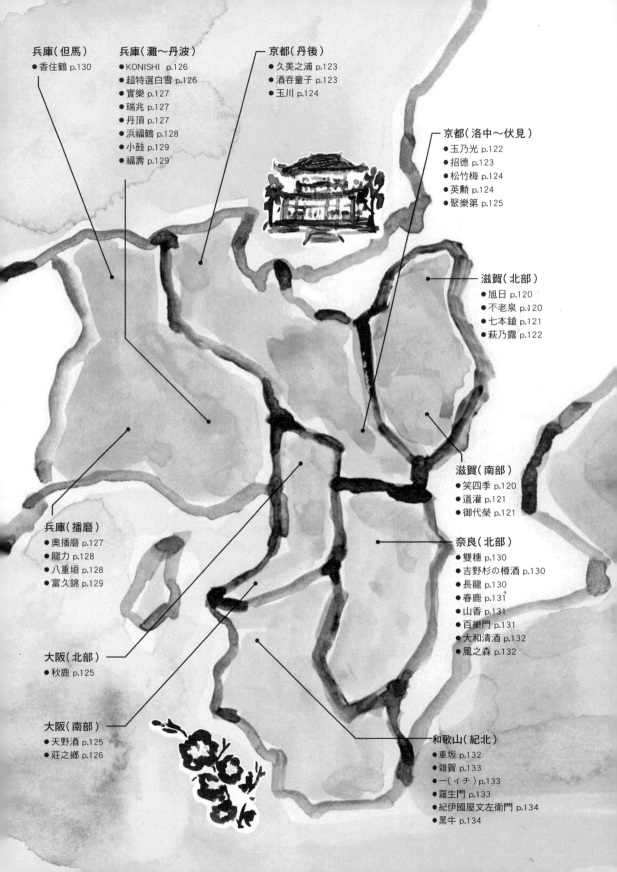

滋賀 藤居本家
Fujii Honke
創立於天保2年（1831）

旭日
Kyokujitsu

生酛純米酒
Kimoto Junmai-shu

● 日本酒度＋3

醇酒

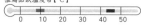

華麗　甜味
清爽　　　飽滿
酸味　　　旨味
沉穩　苦味

■ 香氣
■ 味道

推薦品飲溫度帶〔℃〕

0　10　20　30　40　50

特定名稱　純米酒
建議售價 1.8L ￥3,000、
720ml ￥1,500
原料米與精米步合　麴米、掛米均為
山田錦70%
酵母　酒藏酵母
酒精濃度　15度

隨酒藏歷史累積
風味極具深度的一瓶

自天保2年至今，酒藏持續獲為日本「宮中祭祀」之一的「新嘗祭」中，擔任獻上御神酒一職的殊榮。這款生酛純米酒，使用存在於以欅木建造的酒藏中的酒藏酵母，遵循代代傳承下來的生酛方式釀造而成。呈現富深度的旨味與舒暢的酸味。冰涼飲用時可搭配生魚片，溫過後則適合搭配火鍋等料理。

滋賀 上原酒造
Uehara Shuzou
創立於文久2年（1862）

不老泉
Furosen

特別純米 山廢釀造（山廃仕込）原酒
Tokubetsu Junmai Yamahai-jikomi Genshu
參年熟成 紅色酒標
Sannen Jukusei Aka Label

● 日本酒度＋5

熟酒

華麗　甜味
清爽　　　飽滿
酸味　　　旨味
沉穩　苦味

■ 香氣
■ 味道

推薦品飲溫度帶〔℃〕

0　10　20　30　40　50

特定名稱　特別純米酒
建議售價 1.8L ￥3,096、
720ml ￥1,548
原料米與精米步合　麴米、掛米均為
高嶺錦（たかね錦）60%
酵母　無添加（酒藏天然酵母）
酒精濃度　17.8度

沉醉在殘留口中
錯綜複雜的餘韻之中

製作過程非常耗費工時，採用目前只有少數幾間酒藏使用的「木槽天秤搾取」方式，慢慢地進行醪的搾取。芳醇的香氣、酸味及甜味等相互交錯，最後形成沒有雜味、旨味飽滿的風味。喝過後旨味增加了口中的水潤感，餘韻綿長。與滋賀縣的鄉土料理「鮒壽司」非常相搭。

滋賀 笑四季酒造
Emishiki Shuzou
創立於明治25年（1892）

笑四季
Emishiki

特別純米黑色酒標 生原酒
Tokubetsu Junmai Kuro Label Nama Genshu

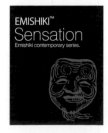

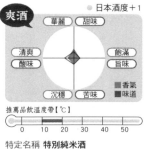

● 日本酒度＋1

爽酒

華麗　甜味
清爽　　　飽滿
酸味　　　旨味
沉穩　苦味

■ 香氣
■ 味道

推薦品飲溫度帶〔℃〕

0　10　20　30　40　50

特定名稱　特別純米酒
建議售價 1.8L ￥2,000、
720ml ￥1,100
原料米與精米步合　麴米、掛米均為
一般米60%
酵母　自家酵母
酒精濃度　16度

用低價格輕鬆享受到的
頂級美味

以鈴鹿山系的伏流水與酒藏培育酵母釀造而成的純米生原酒。像是身處草原般的舒暢香氣與清楚的酸味表現，讓濃厚的甜味轉變成輕爽的風味。酒藏將價格表現也列入釀造概念中的一環，物超所值的感覺確實讓人為之驚艷。

近畿 滋賀

太田酒造
Ohta Shuzou
創立於明治7年（1874）

道灌
Doukan

特別純米 山廢釀造（山廃仕込）
Tokubetsu Junmai Yamahai-jikomi

滋賀

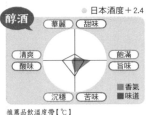

醇酒

● 日本酒度 +2.4

華麗　甜味
清爽　　　　飽滿
酸味　　　　旨味
沉穩　苦味

■ 香氣
■ 味道

推薦品飲溫度帶【℃】

0　10　20　30　40　50

特定名稱 **特別純米酒**
建議售價 1.8L ￥2,620、
720ml ￥1,310
原料米與精米步合 麴米、掛米均為
玉榮60%
酵母 不公開
酒精濃度 15～16度

不干擾食物風味的
清爽酒款

酒藏為以江戶城築城始祖聞名的武將——太田道灌的後裔。這款酒呈現的淡雅甜味與酸味，輕巧地在口中散發開來。不過於強烈、具透明感的旨味，非常適合搭配湯豆腐或白肉魚等味道清淡的料理。溫燗飲用時酸味變得溫潤，更加順口。

北島酒造
Kitajima Shuzou
創立於文化2年（1805）

御代榮
Miyosakae

純米吟釀 近江米之雫（近江米のしずく）
Junmai Ginjo Oumimai no Shizuku

滋賀

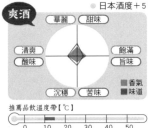

爽酒

● 日本酒度 +5

華麗　甜味
清爽　　　　飽滿
酸味　　　　旨味
沉穩　苦味

■ 香氣
■ 味道

推薦品飲溫度帶【℃】

0　10　20　30　40　50

特定名稱 **純米吟釀酒**
建議售價 1.8L ￥2,913、
720ml ￥1,456
原料米與精米步合 麴米、掛米均為
滋賀縣產酒造好適米55%
酵母 協會7號系
酒精濃度 17度

作為餐中酒最適合的
清爽餘韻

集結自鈴鹿山湧出的伏流水、農藥減量的滋賀產酒造好適米以及當地自然條件恩澤，所釀造出的純米吟釀酒。喝過後口感清爽，感覺不出偏高的酒精濃度。能品嘗到高雅、順口的風味。推薦搭配壽司或天婦羅等，吃完之後口中感到清爽的料理。

冨田酒造
Tomita Shuzou
創立於天文年間（1532～1555）

七本鎗
Shichihonyari

純米 14號酵母
Junmai 14-gou Koubo

滋賀

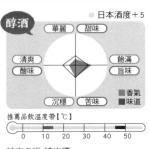

醇酒

● 日本酒度 +5

華麗　甜味
清爽　　　　飽滿
酸味　　　　旨味
沉穩　苦味

■ 香氣
■ 味道

推薦品飲溫度帶【℃】

0　10　20　30　40　50

特定名稱 **純米酒**
建議售價 1.8L ￥2,400、
720ml ￥1,200
原料米與精米步合 麴米、掛米均為
玉榮60%
酵母 協會1401號
酒精濃度 15～16度

適合搭配濃郁風味料理
的厚重酒款

一入口米的旨味瞬而擴散開來，接著出現俐落的酸味將之完美地匯聚起來。不拖泥帶水，能感受到喝過後具透明感且舒暢的餘韻。味道紮實，適合搭配油脂豐富的肉類料理。酒名的文字來自於與酒藏曾有過往來的魯山人之篆刻。

滋賀 福井弥平商店
Fukui Yahei Shouten
創立於寬延年間（1748～1751）

萩乃露 純米吟釀
Haginotsuyu Junmai Ginjo

源流 渡舟（無濾過生原酒）
Genryu Wataribune Muroka Nama Genshu

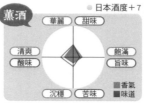

薰酒

○ 日本酒度＋7

```
        華麗  甜味
   清爽          飽滿
   酸味          旨味
        沉穩  苦味
```
■ 香氣
■ 味道

推薦品飲溫度帶【℃】
0 10 20 30 40 50

特定名稱 **純米吟釀酒**
建議售價1.8L ￥3,000、
720ml ￥1,600
原料米與精米步合 麴米、掛米均為
滋賀渡船六號55%
酵母 9號系
酒精濃度 17 度

復活的夢幻酒米
「渡船」所帶來的震撼

以「不是為了要喝醉的酒，而是為了要品味的酒」為信念，進行謹慎的釀造工程與仔細的熟成管理。使用自昭和30年到近年為止都未被栽培、源自滋賀且為「山田錦」親本種（父親）的夢幻酒米「渡船」為原料米。最大魅力在於不斷延伸的米所特有的強烈味道。為限量酒款。

近畿
滋賀／京都

京都 玉乃光酒造
Tamanohikari Shuzou
創立於延寶元年（1673）

玉乃光
Tamanohikari

純米大吟釀
Junmai Daiginjo

備前雄町 100 %
Bizen Omachi 100%

凝縮純米酒復興先驅者的嚴謹與堅持

昭和39年，當時仍處於為了降低酒的價格，會在酒中添加釀造酒精等添加物的全盛時期。而這間位在京都的老鋪酒藏卻領先其他同業，致力於復興純米酒。這款百分之百使用「備前雄町」為原料米的純米大吟釀，具有高雅的吟釀香氣、醇厚的味道及滑順的入喉感。是一款適合冰涼飲用的酒。

薰酒

○ 日本酒度＋3

```
        華麗  甜味
   清爽          飽滿
   酸味          旨味
        沉穩  苦味
```
■ 香氣
■ 味道

特定名稱 **純米大吟釀酒**
建議售價 1.8L ￥5,000、720ml ￥2,300
原料米與精米步合 麴米、掛米均為雄町50%
酵母 協會901號
酒精濃度 16.2度

推薦品飲溫度帶【℃】
0 10 20 30 40 50

一併推薦！

純米吟釀
Junmai Ginjo
伝承山廃仕込み
Denshou Yamahai-jikomi
玉乃光
Tamanohikari

醇酒

純米吟釀酒 / 1.8L ￥2,520、720ml ￥1,162 / 麴米為山田錦60% / 掛米為國產米60% / 酵母 協會901號 / 16.4度

○ 日本酒度＋1

推薦品飲溫度帶【℃】
0 10 20 30 40 50

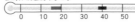

使用屋齡逾百年的酒藏中存在的天然乳酸菌和酵母，釀造出這款口感濃郁、酸味俐落的純米吟釀酒。

純米吟釀
Junmai Ginjo
祝（いわい）100 %
Iwai 100 %
玉乃光
Tamanohikari

醇酒

純米吟釀酒 / 1.8L ￥3,000、720ml ￥1,480 / 麴米、掛米均為祝（京都府產）60% / 酵母 協會901號 / 16.2度

○ 日本酒度＋2

推薦品飲溫度帶【℃】
0 10 20 30 40 50

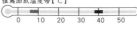

只使用京都產酒米「祝」進行釀造。整體風味平衡性佳，親和力十足的一款酒。

熊野酒造

京都 熊野酒造
Kumano Shuzou
創立於昭和19年（1944）

久美之浦（久美の浦）
Kuminoura

純米吟醸
Junmai Ginjo

爽酒

● 日本酒度＋1

華麗　甜味
清爽　　飽滿
酸味　　旨味
沉穩　苦味

■香氣
■味道

推薦品飲溫度帶【℃】

0　10　20　30　40　50

特定名稱 **純米吟釀酒**
建議售價 1.8L ￥2,277、
720ml ￥1,139
原料米與精米步合 麴米為五百萬石
（五百万石）60%、掛米為京之輝
（京の輝き）60%
酵母 金澤（金沢）酵母
酒精濃度 15.5度

擁有強烈酸味
與醇厚感的獨特餘韻

位於京都府西北部、靠近日本海的丹後地區。使用當地產酒米「五百萬石」，以吟釀用酵母慢慢地進行發酵。隱藏在淡雅香氣背後的是濃郁的醇厚感與酸味，且愈喝愈能感受到酒的深度，風味足以令人上癮。溫熱後酸味變得溫潤，整體味道更加平衡。

京都 招德酒造
Shoutoku Shuzou
創立於正保2年（1645）

招德
Shoutoku

純米酒生酛
Junmai-shu Kimoto

醇酒

● 日本酒度＋3

華麗　甜味
清爽　　飽滿
酸味　　旨味
沉穩　苦味

■香氣
■味道

推薦品飲溫度帶【℃】

0　10　20　30　40　50

特定名稱 **純米酒**
建議售價 1.8L ￥2,600、
720ml ￥1,300
原料米與精米步合 麴米為五百萬石
（五百万石）60%、掛米為日本晴
60%（均為契約農家栽培米）
酵母 協會7號
酒精濃度 16度

以堅持之心與名水
釀造而成的高雅風味

因抱持著「僅使用米、米麴及水釀造出的純米酒，才是日本酒原來姿態」的信念，自昭和40年起，開始致力於純米酒的釀造、銷售及推廣。使用與獲選日本「名水百選」的伏見御香水相同水系的伏流水為釀造用水，釀造出口感溫潤富深度、柔順的純米酒。

近畿 京都

京都 ハクレイ酒造
Hakurei Shuzou
創立於天保3年（1832）

酒吞童子
Shuten Douji

純米白嶺
Junmai Hakurei

爽酒

● 日本酒度±0〜+2

華麗　甜味
清爽　　飽滿
酸味　　旨味
沉穩　苦味

■香氣
■味道

推薦品飲溫度帶【℃】

0　10　20　30　40　50

特定名稱 **純米酒**
建議售價 1.8L ￥2,400、
720ml ￥1,200
原料米與精米步合 麴米、掛米均為
五百萬石（五百万石）及其他60%
酵母 9號系
酒精濃度 15〜16度

適合搭配海鮮料理
旨味飽滿的純米酒

以聳立在酒藏面前、屬大江山群峰的丹後富士「由良岳」所湧出的潔淨清水為釀造用水，為一款與當地宮津市的海產非常搭配的旨口酒。口感富旨味、具醇厚感，且舒暢飽滿，甜味與酸味平衡性佳。喝過後口中餘韻瞬而消逝。

京都 宝酒造
Takara Shuzou
創立於大正14年（1925）

松竹梅
Sho Chiku Bai

白壁藏 生酛純米
Shirakabegura Kimoto Junmai

● 日本酒度＋2

醇酒

華麗　甜味
清爽　　　飽滿
酸味　　　旨味
沉穩　苦味

■ 香氣
■ 味道

推薦品飲溫度帶【℃】

0　10　20　30　40　50

特定名稱 純米酒
建議售價1.8L ￥2,560、
640ml ￥1,149
原料米與精米步合 麴米、掛米均為
五百萬石（五百万石）70%
酵母 不公開
酒精濃度 15～16度

融合傳統與最新技術而成的均衡風味

釀造出「白壁藏」的神戶白壁藏，是一家融合傳統與最新技術的酒藏。始終追求安定且高品質的釀造工法，因此到平成25年（2013）為止，在日本全國新酒鑑評會已連續十年獲得金賞榮耀。柔和旨味與生酛釀造特有的醇厚感，形成一款風味絕佳平衡的純米酒。

京都 木下酒造
Kinoshita Shuzou
創立於天保13年（1842）

玉川 自然釀造（自然仕込）
Tamagawa Shizen Shikomi

純米酒 山廢（山廃）無濾過生原酒
Junmai-shu Yamahai Muroka Nama Genshu

京都
近畿

● 日本酒度 不公開

醇酒

華麗　甜味
清爽　　　飽滿
酸味　　　旨味
沉穩　苦味

■ 香氣
■ 味道

推薦品飲溫度帶【℃】

0　10　20　30　40　50

特定名稱 純米酒
建議售價1.8L ￥2,476、
720ml ￥1,238
原料米與精米步合 麴米、掛米均為
北錦66%
酵母 酒藏酵母
酒精濃度 18～20度

完整灌注日本酒所有美味的一瓶

以英國籍杜氏為中心，為了充分發揮「米、水、酵母」的優良本質，採用以不添加乳酸菌及酵母的傳統方式進行釀造。堅持使用當地產原料，釀造出具有柔和甜味與適切酸味的純米酒。調和之中味道屬於較強烈的表現。是一款適合搭配味道濃厚的料理、酒體飽滿的酒。

京都 齊藤酒造
Saito Shuzou
創立於明治28年（1895）

英勳
Eikun

古都千年 純米吟釀
Koto Sennen Junmai Ginjo

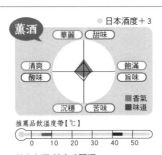

● 日本酒度＋3

薰酒

華麗　甜味
清爽　　　飽滿
酸味　　　旨味
沉穩　苦味

■ 香氣
■ 味道

推薦品飲溫度帶【℃】

0　10　20　30　40　50

特定名稱 純米吟釀酒
建議售價1.8L ￥3,000、
720ml ￥1,500
原料米與精米步合 麴米、掛米均為
京都米「祝」55%
酵母 不公開
酒精濃度 15度

恰到好處的香氣及風味

連續十四年在日本全國新酒鑑評會獲得金賞，打破歷代以來的最長紀錄。使用京都產的京都府限定栽培米「祝」釀造而成的「千年古都」，帶著彷彿漫步在古都京都街道般的優雅風味。恰到好處的吟釀香氣、俐落的辛口表現以及來自米的淡雅甜味和旨味，實為一款高雅富深度的酒。

京都
佐々木酒造
Sasaki Shuzou
創立於明治26年（1893）

聚樂第（聚楽第）
Jurakudai

純米大吟釀酒
Junmai Daiginjo-shu

● 日本酒度＋3.5

薰酒

華麗　甜味
清爽　　　飽滿
醲味　　　旨味
沉穩　苦味

■香氣
■味道

推薦品飲溫度帶【℃】

0　10　20　30　40　50

特定名稱 **純米大吟釀酒**
建議售價1.8L ￥7,428、
720ml ￥3,000
原料米與精米步合 麴米、掛米均為
山田錦40%
酵母 協會1801號
酒精濃度 16度

獲得世界認同的
淡麗辛口大吟釀酒

在2013年IWC國際葡萄酒挑戰賽中日本酒組的吟釀酒、大吟釀酒組皆獲得金賞殊榮。一般提到京都的酒藏，是以伏見及丹後地區最為有名，而這間酒藏則是京都御所附近唯一存在的一間酒藏。使用傳說豐臣秀吉將之作為茶道用水的名水釀造而成，呈現出猶如果實般的吟釀香氣與尾韻俐落的口感。

大阪
西條
Saijo
創立於享保3年（1718）

天野酒
Amanosake

豊臣秀吉
Toyotomi Hideyoshi

愛飲之復古酒
Aiinno Fukkoshu

僧坊酒
Souboushu

● 日本酒度－100

其他

華麗　甜味
清爽　　　飽滿
醲味　　　旨味
沉穩　苦味

■香氣
■味道

推薦品飲溫度帶【℃】

0　10　20　30　40　50

特定名稱 **純米酒**
建議售價300ml ￥1,429
原料米與精米步合 麴米為山田錦
90%、掛米為山田錦65%
酵母 不公開
酒精濃度 15.7度

從沉睡中甦醒的名酒
散發出溫故知新的風味

根據室町時代的文獻記載，這是一款遵循著據說連太閤秀吉也愛飲的金剛寺僧房酒釀造工法，釀造而成的黃金復刻酒。具有如蜂蜜及楓糖漿般的黏稠濃郁口感。濃厚的甜味與香氣，展現出現代日本酒所沒有的全新風味。

近畿 京都／大阪

 大阪
 秋鹿酒造
Akishika Shuzou
創立於明治19年（1886）

秋鹿 純米酒 山廢（山廃）
Akishika Junmai-shu Yamahai

無濾過 生原酒 山田錦
Muroka Nama Genshu Yamadanishiki

● 日本酒度＋8

醇酒

華麗　甜味
清爽　　　飽滿
醲味　　　旨味
沉穩　苦味

■香氣
■味道

推薦品飲溫度帶【℃】

0　10　20　30　40　50

特定名稱 **純米酒**
建議售價 1.8L ￥2,700、
720ml ￥1,500
原料米與精米步合 麴米、掛米均為
山田錦70%
酵母 協會7號
酒精濃度 18～19度

直白地展現出
自家栽培米的旨味

酒藏充分利用了其所在能勢町溫差大、以及適合米的栽培與釀造的自然條件，從米的栽培開始便實踐自家「一貫釀造」的作業。這款酒完整凝縮了酒藏所堅持的米的旨味。雖然屬口感銳利的辛口酒，但同時具有柔和的甜味與香氣，令人感覺無比舒暢。

大阪

北庄司酒造店
Kitashouji Shuzouten
創立於大正 10 年（1921）

莊之鄉（莊の郷）
Shou no Sato

純米山田錦
Junmai Yamadanishiki

醇酒

● 日本酒度＋0.5

華麗　甜味
清爽　　　　飽滿
酸味　　　　旨味
沉穩　苦味

■ 香氣
■ 味道

推薦品飲溫度帶【℃】

0　10　20　30　40　50

特定名稱 純米酒
建議售價 1.8L ￥2,600、
720ml ￥1,300
原料米與精米步合 麴米、掛米均為
山田錦70%
酵母 協會10號（有氣泡）
酒精濃度 15.8度

清爽的甜味
襯托出料理的風味

為了不留下甜膩的餘韻，採用與吟釀酒相同、低溫而緩慢的發酵方式。口中雖然仍會留下豐醇的甘口味道，但餘韻清晰、澄淨。平成25年（2013）在「大阪國稅局主辦的清酒鑑評會」的燗酒用清酒組因成績優秀而獲得表揚，由此可知溫過之後風味尤佳。

兵庫

小西酒造
Konishi Shuzou
創立於天文19年（1550）

KONISHI

吟釀冷搾（吟釀ひやしぼり）
Ginjo Hiyashibori

近畿
大阪／兵庫

四百六十多年持續追求美酒境界誕生的新工法

自天文19年開始酒類釀造事業以來，持續不懈地維護傳統與追求革新。以「全新發想的酒」為主題，遵循代代傳承而來的技術所釀造出的吟釀酒，保留著「生詰」所封存住的果實芳香與紮實味道。適合倒入葡萄酒杯中，像品飲葡萄酒般地享受酒的香氣與味道。

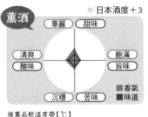

薰酒

● 日本酒度＋3

華麗　甜味
清爽　　　　飽滿
酸味　　　　旨味
沉穩　苦味

■ 香氣
■ 味道

特定名稱 吟釀酒
建議售價 720ml ￥800
原料米與精米步合 麴米為山田錦60%、
掛米為一般米60%
酵母 吟釀酵母
酒精濃度 13〜14度

推薦品飲溫度帶【℃】

0　10　20　30　40　50

一併推薦！

江戶元祿の酒
Edo Genroku no Sake
（復刻酒）原酒
Fukkokushu Genshu

醇酒

超特撰白雪
Chou Tokusen Shirayuki

純米酒／720ml ￥1,800／麴米・掛米均為山田錦88%／酵母 不公開／17〜18度

● 日本酒度－35

推薦品飲溫度帶【℃】

0　10　20　30　40　50

解開元祿時代的酒藏歷史記錄，再現當時豐醇甘口的酒，呈琥珀色澤。建議加冰塊飲用。

チーズとよく合うお酒*
Cheese to Yokuau Osake

其他

KONISHI

純米吟釀酒／300ml ￥475／麴米為山田錦60%／掛米為一般米60%／酵母 吟釀酵母／12〜13度

● 日本酒度－20

推薦品飲溫度帶【℃】

0　10　20　30　40　50

與起司搭配起來十分調和的一款酒。在追求甜味與酸味的平衡性之下，呈現出清爽的風味。

＊ 編註：與起司十分相搭的酒。

兵庫

沢の鶴
Sawanotsuru
創立於享保2年（1717）

山田錦之里（山田錦の里）
Yamadanishiki no Sato

實樂（実楽）
Jitsuraku

特撰
Tokusen

從謹慎的釀造工程
感受到釀造者對酒米投入的愛

以原料酒米「山田錦」的產地名稱「實樂」作為酒名，由此可窺見釀造者對於酒米的堅持態度。並採用生酛釀造方式，將如此嚴選的米所釋出的旨味發揮到淋漓盡致。雖具備純米酒特有、來自米的濃郁醇厚感，但餘韻清爽、增添了酒的親和魅力。

醇酒　　　　　　　●日本酒度＋2.5

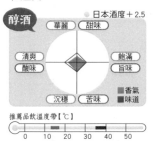

特定名稱 **特別純米酒**
建議售價 1.8L ￥2,480、720ml ￥1,050
原料米與精米步合 麴米、掛米均為特A
地區產山田錦70％
酵母 不公開
酒精濃度 14.5度

推薦品飲溫度帶【℃】

一併推薦！

超特撰 純米大吟釀　**薰酒**
Chou Tokusen Junmai Daiginjo

瑞兆
Zuichou

純米大吟釀酒 / 1.8L ￥5,000、720ml ￥2,000 / 麴米、掛米均為山田錦47％ / 酵母 協會9號 / 16.5度

●日本酒度±0

推薦品飲溫度帶【℃】

兼具華麗感與清爽感，屬於能提升料理美味度的「味吟釀」類型。也可作為餐前酒。

丹頂　　　**醇酒**
Tanchou

純米
Junmai

純米酒 / 1.8L ￥1,850、720ml ￥770 / 麴米為大瀨戶（オオセト）等65％ / 掛米為一般米75％ / 酵母 不公開 / 14.5度

●日本酒度＋4

推薦品飲溫度帶【℃】

以「灘之宮水」釀造而成的純米酒。擁有「灘本流」的生酛釀造特有的醇厚與旨味，堪稱　絕的好酒。

兵庫

下村酒造店
Shimomura Shuzouten
創立於明治17年（1884）

奥播磨
Okuharima

山廢（山廃）純米
Yamahai Junmai

醇酒　　　　　　　●日本酒度＋6

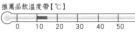

推薦品飲溫度帶【℃】

特定名稱 **純米吟釀酒**
建議售價1.8L ￥2,625、720ml ￥1,312
原料米與精米步合 麴米、掛米均為兵庫夢錦55％
酵母 協會7號
酒精濃度 16.5度

令人沈迷的豐潤餘韻

秉持著「手工釀造毋須華麗技巧」的家訓，不採用機械化及大量生產，而是一瓶一瓶、謹慎地進行釀造。為一款帶黏稠感，酸味、甜味與旨味皆十分紮實的酒，味道會殘留口中、餘韻綿長。比起一杯接著一杯地飲用，更適合充分地品味箇中餘韻。

127

兵庫

小山本家酒造 灘浜福鶴蔵
Koyama Honke Shuzou Nadahamafukutsurukura
創立於文化5年（1808）

浜福鶴
Hamafukutsuru

生酛純米
Kimoto Junmai

辛口
Karakuchi

醇酒　● 日本酒度＋5

華麗　甜味
清爽　飽滿
酸味　旨味
沉穩　苦味

■香氣
■味道

推薦品飲溫度帶【℃】
0　10　20　30　40　50

特定名稱 純米酒
建議售價 1.8L【￥2,067、
720ml￥1,077
原料米與精米步合 麴米、掛米均為
兵庫縣產米75%
酵母 協會7號
酒精濃度 15度

親切價格與不膩口風味
最適合晚酌飲用

即便遭受阪神大震災而致釀造場全毀，酒藏對於「灘之酒」仍抱以堅定態度，於是決心在相同地點重新展開釀造事業。這款採用足以稱作「灘酒精髓」的生酛釀造技術完成的酒，當中的甜味、旨味與酸味具有極佳的平衡性。口感順暢，尾韻俐落。加上價格實惠，適合作為平常飲用的酒。熱燗品飲時香氣更加提升。

兵庫

本田商店
Honda Shouten
創立於大正10年（1921）

龍力 特別純米
Tatsuriki Tokubetsu Junmai

龍系列（ドラゴンシリーズ）　紅色酒標
Dragon Series Aka Label

醇酒　● 日本酒度＋3

華麗　甜味
清爽　飽滿
酸味　旨味
沉穩　苦味

■香氣
■味道

推薦品飲溫度帶【℃】
0　10　20　30　40　50

特定名稱 特別純米酒
建議售價 1.8L【￥3,000、
720ml￥1,500
原料米與精米步合 麴米、掛米均為
山田錦65%
酵母 9號系
酒精濃度 16.5度

為了燗酒孕育而成的
特別純米酒

有「冰涼好喝」、「常溫好喝」等針對不同品飲主題的「龍系列」酒款。其中「紅色酒標」是以「溫過後更加美味」為概念，百分之百使用兵庫縣特A地區產酒米「山田錦」進行釀造，在辛口純米酒中加入生酛釀造的純米酒進行調和。強烈的甜味與酸味隱藏在沉穩的香氣裡，口感爽快。

兵庫

ヤヱガキ酒造
Yaegaki Shuzou
創立於寬文6年（1666）

八重垣
Yaegaki

純米大吟釀 青乃無
Junmai Daiginjo Aonomu

薫酒　● 日本酒度＋1

華麗　甜味
清爽　飽滿
酸味　旨味
沉穩　苦味

■香氣
■味道

推薦品飲溫度帶【℃】
0　10　20　30　40　50

特定名稱 純米大吟釀酒
建議售價 1.8L【￥5,150、
720ml￥2,575
原料米與精米步合 麴米為山田錦
50%、掛米為五百萬石（五百万石）50%
酵母 自家酵母
酒精濃度 15度

單純品飲就能滿足的
精緻風味

寬文6年創立於姬路市林田町的老鋪酒藏，以自家酵母與林田川的伏流水為原料釀製而成的純米大吟釀酒。特徵在於如剛採收的新鮮水果般，呈現清爽華麗的香氣與清澈潔淨的口感。適合搭配白肉魚等料理，或作為餐前酒也別有一番風味。

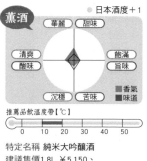

西山酒造場

兵庫

西山酒造場
Nishiyama Shuzoujou
創立於嘉永2年（1849）

小鼓
Kotsuzumi
純米大吟醸
Junmai Daiginjo
路上有花 葵
Rojoh Hana Ari Aoi

薫酒　　　　●日本酒度+1

華麗　甜味
清爽　　　　飽滿
酸味　　　　旨味
沉穩　苦味

■香氣
■味道

推薦品飲溫度帶【℃】

0　10　20　30　40　50

特定名稱 純米大吟醸酒
建議售價 720ml ￥5,000
原料米與精米步合 麴米、掛米均為
山田錦50%
酵母 小川明利酵母（10號）
酒精濃度 16.5度

葡萄酒迷也予以好評的優雅酒款

使用兵庫縣產酒米「山田錦」與清澈的竹田川伏流水進行釀造。此釀造用水是曾被人氣漫畫《美味大挑戰》介紹過的銘水。展現纖細輪廓的瓶身設計，是藝術家綿貫宏介的作品。適合用葡萄酒杯一邊品飲，一邊搭配著起司或生火腿享用。

兵庫

富久錦
Fukunishiki
創立於天保10年（1839）

富久錦
Fukunishiki
純米
Junmai

醇酒　　　　●日本酒度+1

華麗　甜味
清爽　　　　飽滿
酸味　　　　旨味
沉穩　苦味

■香氣
■味道

推薦品飲溫度帶【℃】

0　10　20　30　40　50

特定名稱 純米酒
建議售價 1.8L ￥2,000、
720ml ￥1,000
原料米與精米步合 麴米、掛米均為
絹光（キヌヒカリ）70%
酵母 協會901號
酒精濃度 15.4度

再度驗證了米的香氣與豐富味道

來自酒藏內水井的釀造用水、百分之百使用當地產原料米等，利用周圍大自然所賦予的恩澤進行釀造工程。以同為食用米的原料米「絹光」釀造而成的純米酒，含在口中能感受到猶如剛炊出的米飯所散發的飽滿香氣與甜味。冰涼飲用雖然也很美味，但爛酒更能提升米原有的香氣與旨味。

兵庫

神戶酒心館
Kobe Shushinkan
創立於寶曆元年（1751）

福壽（福寿）
Fukuju
純米酒 御影鄉
Junmai-shu Mikagegou

醇酒　　　　●日本酒度+4

華麗　甜味
清爽　　　　飽滿
酸味　　　　旨味
沉穩　苦味

■香氣
■味道

推薦品飲溫度帶【℃】

0　10　20　30　40　50

特定名稱 純米酒
建議售價 1.8L ￥2,300、
720ml ￥1,100
原料米與精米步合 麴米、掛米均為
兵庫縣產米70%
酵母 協會9號
酒精濃度 15度

完整展現灘酒特徵

從寶曆元年至今，持續謹慎地守護著傳統的釀造方式，同時貫徹執行全量手工的製麴工程。這款使用獲選日本「百水名選」的兵庫西宮「宮水」與兵庫縣產酒米釀造而成的純米酒，特徵在於紮實的甜味與酸味相互融合、餘韻俐落。是一款不禁令人讚嘆「這一味才稱得上灘酒」的辛口酒。

兵庫 香住鶴
Kasumitsuru
創立於享保10年（1725）

香住鶴
Kasumitsuru

山廢（山廃）特別純米
Yamahai Tokubetsu Junmai

醇酒

● 日本酒度＋3.5

華麗　甜味

清爽　　　　飽滿
酸味　　　　旨味

沉穩　苦味

■ 香氣
■ 味道

推薦品飲溫度帶【℃】

0　10　20　30　40　50

特定名稱 特別純米酒
建議售價 1.8L ￥2,300、
720ml ￥1,500
原料米與精米步合 麴米、掛米均為
兵庫北錦63%
酵母 協會901號
酒精濃度 15度

優雅的口感
讓身心徹底得到洗滌

為了呈現獨特的風味，堅持貫
徹生酛釀造的酒藏。這款使用
「兵庫北錦」為原料米、細心
釀造的酒，溫和的酸味與甜味
沉穩地在口中擴散開來，餘韻
澄淨而舒暢。能讓口中油膩感
變得清爽，因此適合搭配肉類
料理或是油炸類食物。

奈良 長龍酒造
Choryo Shuzo
創立於昭和38年（1963）

雙穗（ふた穗）
Futaho

雄町 特別純米酒
Omachi Tokubetsu Junmai-shu

2009年釀造

達到與古酒截然不同的嶄新熟成酒境界

為了發揮酒米「雄町」特有的複雜風味，在低溫貯藏庫中經
過三十個月以上充分熟成的年份酒。可以試著品嘗不同釀造
年度酒款的風味變化也是一種樂趣。這款「2009年釀造」呈
現帶有甜味的溫和熟成香氣，以及平衡性佳的旨味與甜味所
留下的高雅餘韻。使用葡萄酒杯品飲別有一番風味。

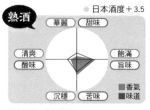

熟酒

● 日本酒度＋3.5

華麗　甜味

清爽　　　　飽滿
酸味　　　　旨味

沉穩　苦味

■ 香氣
■ 味道

特定名稱 特別純米酒
建議售價 1.8L ￥2,500、720ml ￥1,300
原料米與精米步合 麴米、掛米均為岡山
縣高島產雄町68%
酵母 自家酵母
酒精濃度 15～16度

推薦品飲溫度帶【℃】

0　10　20　30　40　50

一併推薦！

雄町山廢（山廃）純米酒
Omachi Yamahai Junmai-shu
醇酒
吉野杉の樽酒
Yoshinosugi no Taruzake

純米酒／1.8L ￥2,600、
720ml ￥1,300／麴米、掛米均為備前
雄町68%／酵母 協會901號、自家酵
母／14～15度

● 日本酒度＋1

推薦品飲溫度帶【℃】

0　10　20　30　40　50

經吉野杉製的木桶薰染的
純米酒，具有上等的澄淨
香氣與飽滿風味。

大吟釀 廣陵藏（広陵蔵）
Daiginjo Koryogura
薰酒
長龍
Choryo

大吟釀酒／720ml ￥3,500／麴米、掛
米均為備前雄町38%／酵母 自家酵母
／16～17度

● 日本酒度＋5

推薦品飲溫度帶【℃】

0　10　20　30　40　50

將酒米「雄町」精磨至38%
後進行釀造。豐富的水果
香氣與來自雄町的強勁風
味，形成絕妙的和諧感。

今西清兵衛商店
Imanishi Seibei Shouten
創立於明治17年（1884）

春鹿
Harushika

櫻酒標 純米酒
Sakura Label Junmai-shu

奈良

爽酒 | ● 日本酒度—9

華麗　甜味
清爽　　　　飽滿
酸味　　　　旨味
沉穩　苦味

■ 香氣
■ 味道

推薦品飲溫度帶【℃】

0　10　20　30　40　50

特定名稱 **純米酒**
建議售價 1.8L ￥1,952、
720ml ￥952
原料米與精米步合 麴米、掛米均為
日之光（ひのひかり）70%
酵母 協會901號
酒精濃度 15度

獲得世界肯定的酒藏
呈現獨特溫和風味

酒款已出口至美國及英國等世界數十個國家，具備全球化實績的酒藏。「櫻酒標」是以奈良的八重櫻為印象，表達酒款具備的柔順香氣與口感，以及在口中擴散開來的淡淡米味。適合搭配調味濃郁的料理。

梅乃宿酒造
Umenoyado Shuzou
創立於明治26年（1893）

山香
Sanka

純米吟釀
Junmai Ginjo

奈良

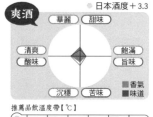

爽酒 | ● 日本酒度＋3.3

華麗　甜味
清爽　　　　飽滿
酸味　　　　旨味
沉穩　苦味

■ 香氣
■ 味道

推薦品飲溫度帶【℃】

0　10　20　30　40　50

特定名稱 **純米吟釀酒**
建議售價 1.8L ￥2,500、
720ml ￥1,250
原料米與精米步合 麴米為山田錦
60%、掛米為曙（アケボノ）60%
酵母 協會901號
酒精濃度 16度

味覺交織而成的
上等旨味交互融合

平成25年開始銷售的品牌酒款「山香」，承繼梅乃宿的傳統味道，以調和風味為概念，將新酒與熟成酒進行調和。雖然少了華麗的表現，但一直延續至尾韻、不膩口的細膩味道表現十分出色。爛酒品飲時，味道的擴散更佳溫潤，展現出不同的魅力。

近畿 / 奈良

葛城酒造
Katsuragi Shuzou
創立於明治20年（1887）

百樂門（百楽門）
Hyakurakumon

菩提酛釀造 (仕込) 純米 魚龍變化
Bodaimoto Junmai Gyoryuhenge

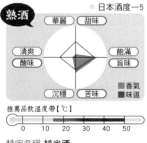

奈良

熟酒 | ● 日本酒度—5

華麗　甜味
清爽　　　　飽滿
酸味　　　　旨味
沉穩　苦味

■ 香氣
■ 味道

推薦品飲溫度帶【℃】

0　10　20　30　40　50

特定名稱 **純米酒**
建議售價 720ml ￥2,600
原料米與精米步合 酒母米為日之光
（ヒノヒカリ）60%、段掛米為雄
町70%
酵母 正曆寺酵母
酒精濃度 16度

凝縮的旨味所散發的
琥珀色光澤

在製造酒母的階段，使用了以水和生米製作而成的乳酸水，也就是現今非常少見、稱作「菩提酛」的釀造方式。經過10年熟成呈現出的琥珀色光澤，美麗的讓人幾乎忘記時間的存在。具有焦糖般的甜味，以及能將甜味完美收尾的俐落酸味，整體風味極具個性。

奈良　八木酒造
Yagi Shuzou
創立於明治10年（1877）

大和清酒（大和の清酒）
Yamato no Seishu

純米吟釀
Junmai Ginjo

爽酒　　　○ 日本酒度＋3

推薦品飲溫度帶【℃】

0　10　20　30　40　50

特定名稱 純米吟釀酒
建議售價 1.8L ￥2,136、
720ml ￥1,165
原料米與精米步合 麴米、掛米均為
奈良縣產米60%
酵母 阿爾卑斯（アルプス酵母）
酒精濃度 16度

適合搭配山菜料理
帶沁涼感的一款酒

使用奈良縣生產的米與春日山原始林地下水，堅持以當地生產原料進行釀造的一款酒。使用的酒米因吸水速度快，在原料處理上的難度也相對增高，但酒藏以傳統的技術巧妙地進行釀造。猶如森林般的清淨香氣與沁涼的尾韻，非常適合搭配山菜等澀臭鮮明的食物。

 奈良　油長酒造
Yucho Shuzou
創立於享保4年（1719）

風之森（風の森）
Kaze no Mori

秋津穗 純米搾華（しぼり華）
Akitsuho Junmai Shiborihana

爽酒　　　○ 日本酒度＋3

推薦品飲溫度帶【℃】

0　10　20　30　40　50

特定名稱 純米酒
建議售價 1.8L ￥2,090、
720ml ￥1,050
原料米與精米步合 麴米、掛米均為
奈良縣產秋津穗65%
酵母 協會7號系
酒精濃度 17度

洗滌了味覺與心靈的
清新感覺

使用奈良縣產「秋津穗」為原料米釀造而成，未經活性碳濾過直接裝瓶，呈現出飽滿的味道、純淨的旨味與潔淨的酸味。因酒藏的創新與設備的導入，一整年皆能感受到新鮮的生酒風味，是這款酒最大的特徵。香氣高雅，適合使用葡萄酒杯細細品嚐。

和歌山　吉村秀雄商店
Yoshimura Hideo Shouten
創立於大正4年（1915）

車坂
Kurumazaka

純米吟釀古道生原酒
Junmai Ginjo Kodou Nama Genshu

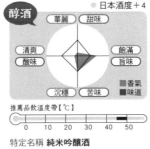

醇酒　　　○ 日本酒度＋4

推薦品飲溫度帶【℃】

0　10　20　30　40　50

特定名稱 純米吟釀酒
建議售價 1.8L ￥2,666、
720ml ￥1,333
原料米與精米步合 麴米、掛米均為
和歌山縣產山田錦58%
酵母 熊野古道酵母
酒精濃度 18～19度

與其他酒款大相逕庭
充滿野性的風味

在易於維持菌類所適合生長環境的「土藏」建築中進行釀造工程。「讓菌類愉快地工作是非常重要的」如此堅信的酒藏，因而使用生存於世界遺產——熊野古道土裡的酵母釀造出這款酒。整體呈現富深度的旨味，以及其他酒款所沒有的粗獷酸味，令人一喝上癮。

近畿
奈良／和歌山

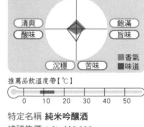

和歌山	九重雜賀 Kokonoe Saika 創立於昭和9年（1934）

雜賀（雜賀）
Saika

純米吟醸
Junmai Ginjo

爽酒　　　　　● 日本酒度＋3.5

推薦品飲溫度帶【℃】
0　10　20　30　40　50

特定名稱　純米吟醸酒
建議售價　1.8L ￥2,600、
720ml ￥1,300
原料米與精米步合　麴米為山田錦
55%、掛米為五百萬石（五百万
石）60%
酵母　協會1401號
酒精濃度　15度

清澈的酸味
凸顯出料理風味

酒藏的祖先是曾利用先進的槍砲技術讓織田信長備感恐懼的「雜賀眾」傭兵集團的統帥。平成25年酒藏經過遷移，至今仍持續接受新的挑戰。早期為食用醋的釀造廠，因此對於「酸味」的表現非常重視。採行少量、謹慎的釀造作業，呈現出不干擾食物風味的細緻酸味。

和歌山	世界一統 Sekai Itto 創立於明治17年（1884）

一（イチ）
Ichi

超特撰 特釀 大吟醸
Chou Tokusen Tokujo Daiginjo

薰酒　　　　　● 日本酒度＋1.5

推薦品飲溫度帶【℃】
0　10　20　30　40　50

特定名稱　大吟醸酒
建議售價　1.8L ￥10,000、
720ml ￥5,000
原料米與精米步合　麴米、掛米均為
山田錦35%
酵母　自家酵母
酒精濃度　16.2度

綻放溫潤的高雅光澤

積極地於傳統工法中融入先進技術的酒藏，所展現出的研究精神，不愧是身為從細菌學到民俗學領域都相當活躍的南方熊楠的出生老家。匯集這樣的技術釀造出的酒款，正是酒藏最頂級的「超特撰 特釀 大吟醸 一」。清淡溫潤的高雅味道與淡雅的甜味巧妙地調和在一起。

近畿　和歌山

和歌山	田端酒造 Tabata Shuzou 創立於嘉永4年（1851）

羅生門
Rashomon

龍壽（龍寿）純米大吟醸
Ryuju Junmai Daiginjo

爽酒　　　　　● 日本酒度＋3.5

推薦品飲溫度帶【℃】
0　10　20　30　40　50

特定名稱　純米大吟醸酒
建議售價　1.8L ￥10,000、
720ml ￥5,000
原料米與精米步合　麴米、掛米均為
山田錦39%
酵母　不公開
酒精濃度　16〜17度

持續驚艷世界
日本的自信之作

以「滴滴在心（全心全意地釀造每一滴酒）」為信念，大部分的作業都是經由手工完成。隱藏在強而有力的酒名之後，是不過於顯露的旨味、酸味以及甜味，均勻融合而成的高雅風味。已連續25年在「世界菸酒食品評鑑會（Monde Selection）」中獲得最高金賞的榮耀。

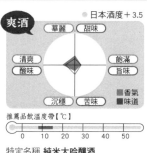

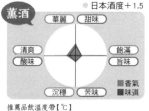

中野BC
Nakano BC
創立於昭和36年（1961）

● 日本酒度 -2

醇酒

華麗　甜味
清爽　　　　飽滿
酸味　　　　旨味
沉穩　苦味

■香氣
■味道

推薦品飲溫度帶【℃】

0　10　20　30　40　50

紀伊國屋（紀伊国屋）
Kinokuniya
文左衛門 純米吟醸酒
Bunzaemon Junmai Ginjo-shu

特定名稱 純米吟醸酒
建議售價 1.8L ￥2,500、
720ml ￥1,250
原料米與精米步合 麴米為山田錦
55%、掛米為雄町60%
酵母 協會9號系
酒精濃度 16度

源自酒藏的熱情
香氣豐富的逸品

雖然是至今僅傳承二代的年輕酒藏，卻抱以不輸人的積極之心投入釀造事業。以傳統的手工釀造方式，使用旨味濃郁的「山田錦」與香氣豐郁的「雄町」為原料米進行釀造。榮獲2013年「葡萄酒杯中美味的日本酒」最高金賞。品飲時能感受到彷彿由隙縫中穿透出的芳醇香氣。

名手酒造店
Nate Shuzouten
創立於慶應2年（1866）

● 日本酒度 +3

醇酒

華麗　甜味
清爽　　　　飽滿
酸味　　　　旨味
沉穩　苦味

■香氣
■味道

推薦品飲溫度帶【℃】

0　10　20　30　40　50

黑牛
Kuroushi
純米酒
Junmai-shu

特定名稱 純米酒
建議售價 1.8L ￥2,333、
720ml ￥1,143
原料米與精米步合 麴米為山田錦
50%、掛米為酒造好適米60%
酵母 9號系列
酒精濃度 15.6度

口感紮實的旨口酒

經長期低溫發酵慢慢釀造而成的純米酒。將米的旨味發揮到極致，呈現出柔順味道與溫潤口感的同時，仍能感受到酒中紮實的旨味。口感舒暢而不膩口。適合搭配口味偏重的烤雞肉串或火鍋等料理。從涼飲到爛酒，能享受到溫度帶來的不同風味。

選購日本酒的推薦酒鋪

Liquor Plaza 大越酒店（稻毛本店）

除了精選的日本酒，也銷售來自世界各國的酒款。同時接受訂購店裡沒有的酒款。位於本店地下室的直營日本酒居酒屋也相當有人氣。

Liquor Plaza（リカープラザ）大越酒店 稻毛本店
Liquor Plaza Ohkoshi Saketen Inage Honten
TEL 043-247-3347
FAX 043-248-0015
URL http://www.liquor-plaza.com
〒263-0031 千葉縣千葉市稻毛區稻毛東3-16-2 リカープラザ1F
營業時間 10：00～22：00
定休日 終年無休

中村屋

店裡平時備有約一百多種酒款，同時販售精選的純米酒與全國各地不易買到的酒款。由專業的酒鋪工作人員所精選、不拘泥品牌的酒款也十分受到矚目。

中村屋
Nakamuraya
TEL 0568-23-9081
FAX 0568-24-1993
URL http://nakamurayan.com./index.html
〒481-0033 愛知縣北名古屋市西之保深坪1
營業時間 10：00～21：00
定休日 星期一

從年表看日本酒的歷史 ★江戶～平成時代 篇

江戶時代

「寒釀造」的開始

僅在冬季進行釀造

雖然在此之前的日本酒一年四季皆能進行釀造，但由於寒冷的冬季才是最適合釀酒的環境，因此由冬季休耕的農民進行的「寒釀造」繼而開始。此外，在延寶元年（1673）的「酒造統制」政策中曾禁止一切寒釀造之外的釀造作業。

火入（低溫加熱殺菌法）的普及

分段釀造法的確立

杜氏制度的確立

柱燒酎的開始

添加燒酎的目的在於安全地進行釀造作業

由於發現若是在醪中添加高酒精濃度的燒酎，就不容易造成腐壞，因此開始了添加燒酎的程序。稱作「杜燒酎」。也是現代酒精添加的開始。

清澈酒（清酒）的普及

江戶人喜愛口感淡麗的酒

相較於濁醪酒或味道有如味醂一般的甜酒，清爽的淡麗類型日本酒更受到江戶人的青睞，因此將醪濾過後的清澈酒（清酒）遂而竄起。其中，在酒中加入木灰粉讓酒質變得清澈的方法，就是現在使用的「活性碳濾過法」。由於此法的普及，也進而加速了清澈酒（清酒）的擴展。

明治・大正時代

富國強兵政策下 酒稅徵收的加強

濁醪酒的衰退

此時酒稅成了國家重要的稅收，政府開始完全禁止自家釀造及消費。因此，每個家庭的釀酒（濁醪酒）傳統也在此政策之下逐漸消失。

在大藏省*的管轄下設立「國立釀造試驗所」，開發了山廢酛及速釀酛。

舉辦第一屆「全國新酒鑑評會」開始了酵母的培育工程

一升瓶（1800ml）的誕生

* 編註：現日本財務省的前身。

昭和時代

豎型精米機的發明 精米技術突飛猛進

零售執照制度與日本酒級別制度的確立

被戰爭所操控的日本酒業界

由於戰爭需要龐大費用，因此開始對日本酒增收「造石稅」（針對原酒的貯藏量課稅）與「庫石稅」（針對出貨總量課稅）。此外，為了確保收到稅金，在銷售方面也實行「執照制度」。昭和18年（1943），隨著酒類配給制的開始，在政府的監督之下也設立了「日本酒級別制度」。

從配給制到酒類銷售自由化

三倍增釀酒（三增酒）的興起

受戰爭影響而不得已施行的方法

戰後為了彌補米荒而導致日本酒的不足，政府認可了「增釀酒」的釀造法。這個時期將之稱為「三倍增釀酒」，簡稱「三增酒」。釀造方式是在醪中加入用水稀釋過的釀造酒精，再針對味道淡化的部分加入糖類及酸味料等進行調味，最後再與添加了釀造酒精的清酒加以混合，這樣的方式在當時十分普及。

四季釀造再度開始

釀造用米開始適用於「自主流通米制度」

級別制度的廢止

大吟釀酒、吟釀酒風潮興起

用葡萄酒杯品飲冰涼的日本酒！

泡沫經濟時期，香氣華麗且味道順口的吟釀酒開始受到年輕人及女性所接受，因而誕生了被稱作為「夢幻酒」等，數量稀少且價格高昂的酒款。

平成時代

海外興起的日本酒風潮

今日，融合傳統與最新技術釀造而成的全新純米酒相繼登場，可稱得上是日本酒的黃金巔峰期

中國

靠近日本海的清爽類型
與靠近瀨戶內海的芳醇類型

鳥取

以米子、倉吉及鳥取為中心，縣內各地約有三十家酒藏。有「純米酒王國」之稱，縣產酒米中「玉榮」與復活酒米「強力」頗有名氣。出雲杜氏與但馬杜氏分別是縣內最多與次多的流派。以略濃醇的辛口類型酒款居多。

島根

有日本酒發祥地之稱的島根縣，以松江、出雲及益田為中心，縣內各地共有三十五家酒藏。當地地酒特色屬典型的濃醇旨口風味。縣內生產「改良雄町」、「神之舞（神の舞）」及「佐香錦」等酒米。

山口（中部～東部）
● 五橋 p.149
● 錦帶五橋 p.149
● 金冠黑松 p.150
● 日下無雙 p.150
● カネナカ（Kanenaka）p.150
● 獺祭 p.151
● 雁木 p.151

島根（東部）
● 豐之秋 p.137
● 七冠馬 p.140
● 李白 p.140
● 佐香錦 p.140
● 月山 p.141

島根（隱岐）
● 隱岐譽 p.141

山口（北部～西部）
● 貴 p.148
● 寶船 p.149

廣島（北部）
● 比婆美人 p.148

廣島（南部）
● 白牡丹 p.144
● 千之福 p.145
● 華鳩 p.145
● 賀茂泉 p.145
● 雨後之月 p.146
● 賀茂金秀 p.146
● 賀茂鶴 p.146
● 龜齡 p.147
● 醉心 p.147
● 天寶一 p.147
● 誠鏡 p.148

岡山

以吉井川、旭川及高梁川流域為中心，縣內各地有五十家以上的酒藏。縣產酒米「雄町」十分出名。從旨味紮實的濃醇風味，到口感柔順的淡麗風味，當地地酒類型多元。

広島 （廣島）

日本全國屈指可數的酒類產地，除了西条之外，縣內各地有將近六十家酒藏。縣內除了生產「八反」及「八反錦」等酒米之外，也開發了「廣島21號」及「瀨戶內21號（せとうち21号）」等酵母。酒的特徵在於甜味明顯、口感滑順。

山口

以德山和萩為中心，縣內各地有將近四十家酒藏。縣內除了生產「穀良都」及「西都之雫（西都の雫）」等酒米之外，也開發了「山口櫻（やまぐち桜）酵母」等。雖然傳統酒款屬濃醇旨口類型，但近年來，輕快、纖細風味的酒款也持續增加。

鳥取 稲田本店
Inata Honten
創立於延寶元年（1673）

稲田姫（稲田姫）
Inatahime

特撰大吟釀 斗瓶囲い原酒
Tokusen Daiginjo Tobin Kakoi Genshu

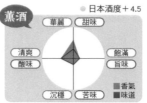

● 日本酒度＋4.5

薫酒

華麗　甜味
清爽　　　飽滿
酸味　　　旨味
沉穩　苦味

■ 香氣
■ 味道

推薦品飲溫度帶【℃】
0　10　20　30　40　50

特定名稱 **大吟釀酒**
建議售價 720ml ￥3,500
原料米與精米步合 麴米、掛米均為
兵庫縣產山田錦48%
酵母 自家培育酵母
酒精濃度 18度

僅留取美味部分的
順口酒款

這是由創立於延寶元年的傳統酒藏，灌注心力地以純熟技術釀造而成的大吟釀酒款。使用袋吊式自然滴落法，亦即將醪裝入酒袋中吊起，僅留取自然垂滴而成的珍貴酒滴。不帶雜味，如水果般的香氣和甜味呈現出的鮮明清爽感，瞬而竄流全身。推薦以冷酒品飲。

 山根酒造場
Yamane Shuzoujou
創立於明治20年（1887）

日置櫻（日置桜）
Hiokizakura

純米酒
Junmai-shu

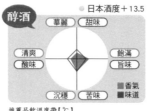

● 日本酒度＋13.5

醇酒

華麗　甜味
清爽　　　飽滿
酸味　　　旨味
沉穩　苦味

■ 香氣
■ 味道

推薦品飲溫度帶【℃】
0　10　20　30　40　50

特定名稱 **純米酒**
建議售價 1.8L￥2,350、
720ml￥1,180
原料米與精米步合 麴米、掛米均為
玉榮65%
酵母 協會9號
酒精濃度 15.6度

優良的酒米與
提引出米風味的技術

以「釀造等同農耕」為信條的酒藏，只使用低農藥及低肥料栽培而成的優良酒米。這款使用鳥取縣產酒米「玉榮」釀造的純米酒，在活性碳濾過的步驟僅採適度進行，因此呈現出淡淡的山吹色澤。蘊藏在沉穩旨味中的酸味能使味道表現出緊實感。溫熱後呈現乳製品的風味。

 大谷酒造
Otani Shuzou
創立於明治5年（1872）

鷹勇
Takaisami

大吟釀
Daiginjo

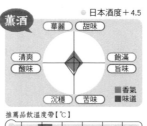

● 日本酒度＋4.5

薫酒

華麗　甜味
清爽　　　飽滿
酸味　　　旨味
沉穩　苦味

■ 香氣
■ 味道

推薦品飲溫度帶【℃】
0　10　20　30　40　50

特定名稱 **大吟釀酒**
建議售價 1.8L ￥5,830、
720ml￥2,820
原料米與精米步合 麴米、掛米均為
山田錦39%
酵母 協會9號、協會18號
酒精濃度 15〜16度

融合出雲杜氏的技術
與中國地區山地的
自然恩澤

擁有大山的雪融水、清涼的空氣與冬季寒冷的氣候。在優良的自然環境環繞下釀造而成的大吟釀酒，採行的上槽方式是將醪裝入酒袋中，並細心地在舊式酒槽裡進行搾取作業。將酒倒入酒器的瞬間吟釀香氣隨而飄散開來，屬略辛口風味，口感舒暢。適合以冷酒品飲，且可搭配白肉魚或是貝類等海鮮料理一起品嘗。

鳥取 中國

鳥取

諏訪酒造
Suwa Shuzou
創立於安政6年（1859）

諏訪泉
Suwaizumi

純米吟釀 滿天星（滿天星）
Junmai Ginjo Mantensei

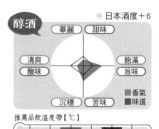

○ 日本酒度＋6

醇酒

華麗　甜味
清爽　　　飽滿
酸味　　　旨味
沉穩　苦味

■香氣
■味道

推薦品飲溫度帶【℃】
0　10　20　30　40　50

特定名稱 純米吟釀酒
建議售價 1.8L ￥3,200、
720ml ￥1,600
原料米與精米步合 麴米為山田錦
50%、掛米為玉榮50%
酵母 協會9號
酒精濃度 15～16度

飽滿的旨味與料理中的旨味相互融合

在以日本酒釀造為主題的漫畫《夏子的酒》中出現的名言「釀酒沒有結束的一天（天のない酒造り）」，正是來自這家酒藏的杜氏之語。這款經兩年熟成後出品的純米吟釀酒，特徵在於米的存在感非常明顯，呈現出濃厚的味道與尾韻俐落的口感。適合搭配黑輪等，以鮮味明顯的高湯為底的料理。

島根

米田酒造
Yoneda Shuzou
創立於明治29年（1896）

豐之秋（豐の秋）
Toyonoaki

特別純米「雀與稻穗（雀と稻穗）」
Tokubetsu Junmai "Suzume to Inaho"

米的香氣與旨味隨著酒的溫熱而提升

猶如剛炊出的米飯入口後帶來的沉穩甜味，是一款能品味到飽滿香氣的優秀純米酒。這款酒也以溫爛酒的姿態參與了2013年「Slow Food Japan Kan Sake Contest*」，並於「極上爛酒組」中榮獲金賞獎的榮耀，因此請務必試試爛酒的風味，能感受到酒的芳香與米的旨味在口中一迸而出。

○ 日本酒度＋2.5

醇酒

華麗　甜味
清爽　　　飽滿
酸味　　　旨味
沉穩　苦味

■香氣
■味道

推薦品飲溫度帶【℃】
0　10　20　30　40　50

特定名稱 **特別純米酒**
建議售價 1.8L ￥2,450、720ml ￥1,200
原料米與精米步合 麴米、掛米均為酒造
好適米58%
酵母 協會901號
酒精濃度 15～16度

*編註：慢食日本計畫「爛酒競賽」。

一併推薦！

純米吟釀
Junmai Ginjo
鮮搾（しぼりたて）生原酒
Shiboritate Nama Genshu
豐之秋（豐の秋）
Toyonoaki

爽酒

純米酒／1.8L ￥3,100、
720ml ￥1,650／麴米、掛米均為山田
錦55%／酵母 不公開／16～17度

○ 日本酒度＋2

推薦品飲溫度帶【℃】
0　10　20　30　40　50

瞬而穿透鼻腔的吟釀香氣與俐落、新鮮的旨味為這款酒最大的特色。

純米辛口 金五郎
Junmai Karakuchi Kingorou
豐之秋（豐の秋）
Toyonoaki

醇酒

純米酒／1.8L ￥2,200、
720ml ￥1,100／麴米、掛米均為酒造
好適米65%／酵母 不公開／15～16度

○ 日本酒度＋7.5

推薦品飲溫度帶【℃】
0　10　20　30　40　50

有別於一般具透明感的辛口風味，是一款米的存在感十分強烈、且會在口中留下紮實辛口餘韻的酒。

中國　鳥取／島根

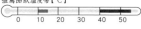

139

島根

簸上清酒
Hikami Seishu
創立於正德2年(1712)

七冠馬
Nanakanba

純米吟釀山廢釀造(山廃仕込)
Junmai Ginjo Yamahai-jikomi

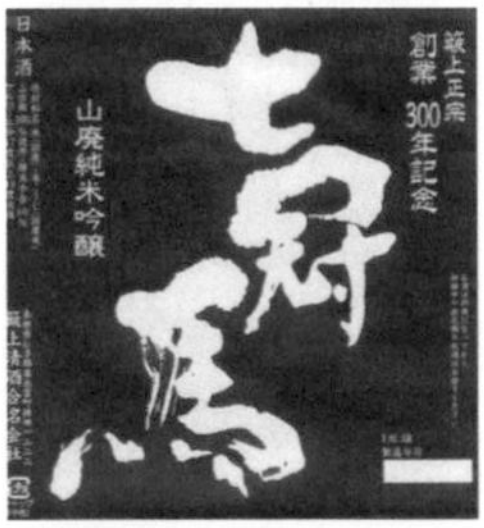

日本酒
山廃純米吟醸
簸上正宗
創業300年記念
七冠馬

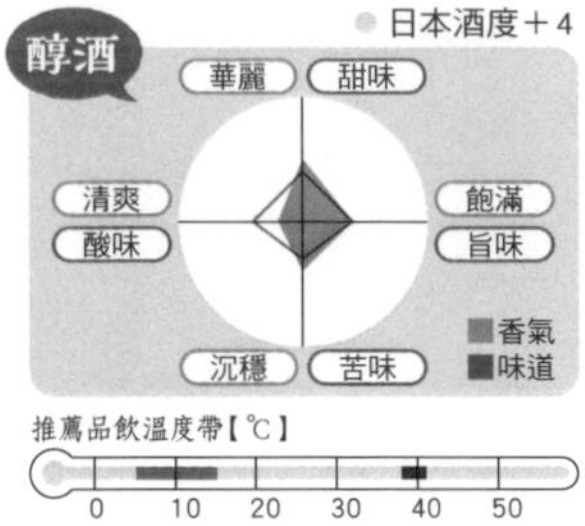

醇酒
日本酒度+4
華麗
甜味
清爽
酸味
飽滿
旨味
沉穩
苦味
香氣
味道
推薦品飲溫度帶【℃】
0
10
20
30
40
50

特定名稱 **純米吟釀酒**

建議售價 1.8L ¥3,048、720ml ¥1,024

原料米與精米步合 **麴米、掛米均為山田錦50%**

酵母 **島根縣產業技術中心保有的9號酵母**

酒精濃度 17.5度

紮實的旨味與猶如名駒的銳利、俐落感

為當今幾乎所有酒藏皆採用的「無泡酵母」發源酒藏。帶著這樣的研究精神，酒藏持續嘗試釀造各式變化的酒款。以日本賽馬歷史中被譽為最強種馬的馬匹——Symboli Rudolf的「七冠馬」稱號為名的這款純米吟釀山廢釀造酒，米的沉穩旨味與俐落的尾韻是最大特徵。

島根

李白酒造
Rihaku Shuzou
創立於明治15年(1882)

李白
Rihaku

純米吟釀 超特撰
Junmai Ginjo Chou Tokusen

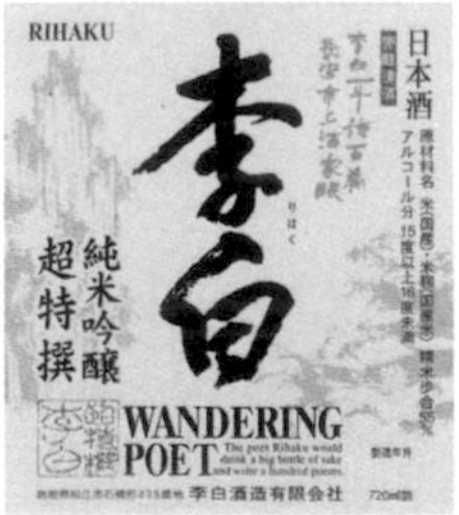

RIHAKU
日本酒
李白
純米吟醸
超特撰
WANDERING
POET

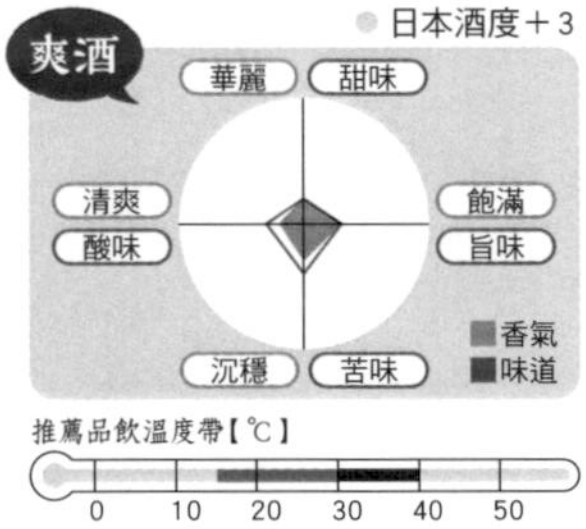

爽酒
日本酒度+3
華麗
甜味
清爽
酸味
飽滿
旨味
沉穩
苦味
香氣
味道
推薦品飲溫度帶【℃】
0
10
20
30
40
50

特定名稱 **純米吟釀酒**

建議售價 1.8L ¥3,120、720ml ¥1,560

原料米與精米步合 **麴米、掛米均為山田錦55%**

酵母 **61K-1**

酒精濃度 15～16度

彷彿一陣涼風穿透的爽快感

這款酒是由擔任過兩次內閣總理大臣、特別偏愛這間酒藏酒款的若槻禮次郎所命名。伴隨澄淨而滑順的口感而來的是一抹輕快、纖細的味道，隨後完美地消失在口中。相較於調味濃郁的料理，更適合搭配生魚片等，展現食材原味的料理。

島根

板倉酒造
Itakura Shuzou
創立於明治4年(1871)

天隱(天隠)
Tenon

純米吟釀 佐香錦
Junmai Ginjo Sakanishiki

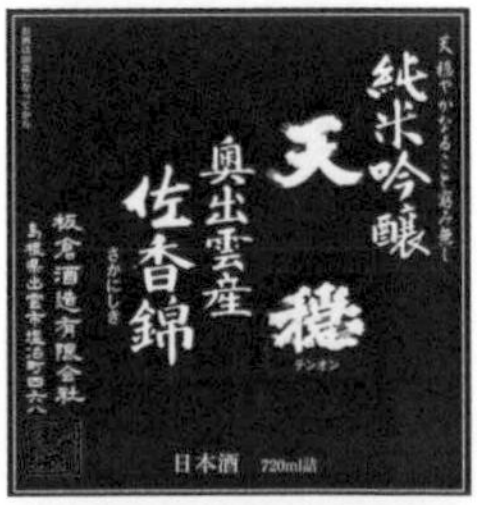

純米吟醸
天穏
奥出雲産
佐香錦
板倉酒造有限会社
日本酒

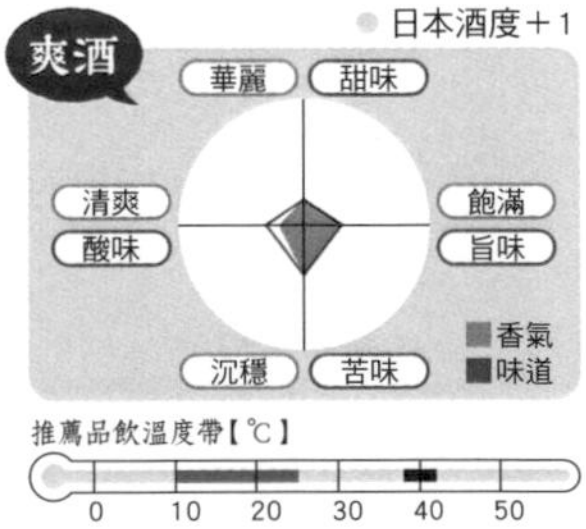

爽酒
日本酒度+1
華麗
甜味
清爽
酸味
飽滿
旨味
沉穩
苦味
香氣
味道
推薦品飲溫度帶【℃】
0
10
20
30
40
50

特定名稱 **純米吟釀酒**

建議售價 1.8L ¥3,143、720ml ¥1,572

原料米與精米步合 **麴米、掛米均為佐香錦50%**

酵母 **島根K-1**

酒精濃度 15～16度

端正的酒體姿態為喉嚨帶來滋潤

百分之百使用具有細緻高雅的滑順口感與多層次味道表現的酒米「佐香錦」釀造而成。為一款香氣沉穩、口感優雅輕快，令人感到舒暢的酒。清爽的略辛口風味，即便是喝不習慣日本酒的人也能接受。適合涼飲並搭配生魚片品嘗。

島根 隱岐酒造
Oki Shuzou
創立於昭和47年（1972）

隱岐譽（穩岐誉）
Oki Homare
純米酒
Junmai-shu

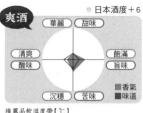

● 日本酒度＋6

爽酒

華麗　甜味
清爽　　飽滿
釀味　　旨味
沉穩　苦味

■香氣
■味道

推薦品飲溫度帶【℃】

0　10　20　30　40　50

特定名稱 **純米酒**
建議售價 1.8L ￥2,273、
720ml ￥1,245
原料米與精米步合 麴米、掛米均為
改良雄町60%
酵母 協會901號
酒精濃度 15度

島嶼的自然風情
孕育出的水潤風味

位於島根縣唯一獲受日本「名水百選」指定地的日本海孤島——隱岐的酒藏。使用島根縣產酒米「改良雄町」釀造的純米酒，柔順的口感與旨味，單一風味不過度張揚、相互調和，呈現出新鮮、水潤感。冰涼飲用雖然也很美味，但溫過後味道更加飽滿。

島根 吉田酒造
Yoshida Shuzou
創立於文政9年（1826）

月山
Gassan
特別純米
Tokubetsu Junmai

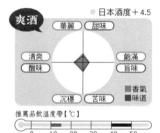

● 日本酒度＋4.5

爽酒

華麗　甜味
清爽　　飽滿
釀味　　旨味
沉穩　苦味

■香氣
■味道

推薦品飲溫度帶【℃】

0　10　20　30　40　50

特定名稱 **特別純米酒**
建議售價 1.8L ￥2,314、
720ml ￥1,152
原料米與精米步合 麴米為五百萬石
（五百万石）60%、掛米為五百萬石、
神之舞（神の舞）60%
酵母 9號系
酒精濃度 15～16度

舒暢的口感
讓心情也跟著神清氣爽

酒藏創立於文政9年，當年因受到廣瀨藩的藩公特許之下始而經營的酒造館。雖然規模小，卻是一間已在日本「全國新酒鑑評會」上榮獲多次獎項的名門酒藏。圓潤沉穩的旨味與短而俐落的尾韻在口中形成協調的合奏。冷酒或爛酒品飲皆適合。

岡山 嘉美心酒造
Kamikokoro Shuzou
創立於大正2年（1913）

嘉美心
Kamikokoro
旨酒（うまさけ）三昧 桃花源
Umasake Zanmai Toukagen

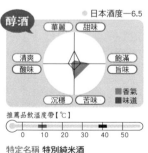

● 日本酒度－6.5

醇酒

華麗　甜味
清爽　　飽滿
釀味　　旨味
沉穩　苦味

■香氣
■味道

推薦品飲溫度帶【℃】

0　10　20　30　40　50

特定名稱 **特別純米酒**
建議售價 1.8L ￥2,600、
720ml ￥1,300
原料米與精米步合 麴米、掛米均為
曙（アケボノ）與秋光（アキヒカリ）58%
酵母 協會701號、岡山白桃酵母
酒精濃度 14～15度

對米的旨味抱有堅持的
酒藏傑出之作

使用岡山的名產「清水白桃」培育而成的「岡山白桃酵母」進行釀造。純淨的花香讓心情也跟著沉靜下來。即便曾歷經戰後三倍增釀的甘口酒全盛時期，仍一貫堅持釀造呈現酒米旨味的酒。這款「嘉美心」也完整詮釋這樣的理念，在柔順的甜味之中，會感受到像是充分咀嚼米飯後所產生的濃郁旨味。

<table>
<tr><td>

岡山 辻本店
Tsuji Honten
創立於文化元年（1804）

美作
Mimasaka

御前酒 純米
Gozenshu Junmai

</td><td>

爽酒　● 日本酒度＋3～5

華麗　甜味
清爽　　飽滿
酸味　　旨味
沉穩　苦味

■香氣
■味道

推薦品飲溫度帶【℃】

0　10　20　30　40　50

特定名稱 **純米酒**
建議售價 1.8L ￥2,353、
720ml ￥1,177
原料米與精米步合 麴米、掛米為備
前雄町65%
酵母 協會9號
酒精濃度 14.5度

</td><td>

從冷酒到爛酒 完全不同的酒體風格

岡山縣第一間以女性杜氏為中心的酒藏。以釀造出富含旨味且尾韻俐落的酒為目標，杜氏與年輕的藏人們日以繼夜地進行釀造作業，是一家氣勢如虹的酒藏。隱藏在「美作」散發的優雅立香之後擴散開來的是酒米「備前雄町」呈現的野性、複雜風味。冰涼飲用時俐落感增加，溫過後則能增加旨味的厚度。

</td></tr>
<tr><td>

岡山 菊池酒造
Kikuchi Shuzou
創立於明治11年（1878）

燦然
Sanzen

特別純米 雄町
Tokubetsu Junmai Omachi

</td><td>

醇酒　● 日本酒度＋2

華麗　甜味
清爽　　飽滿
酸味　　旨味
沉穩　苦味

■香氣
■味道

推薦品飲溫度帶【℃】

0　10　20　30　40　50

特定名稱 **特別純米酒**
建議售價 1.8L ￥2,500、
720ml ￥1,250
原料米與精米步合 麴米、掛米均為
雄町65%
酵母 協會901號
酒精濃度 15～16度

</td><td>

故鄉岡山的驕傲 雄町米的飽滿旨味

致力於新時代的構築，由社長親自擔任杜氏，使用飽受矚目的岡山縣產酒米「雄町」為原料，發揮「備中流」精細的匠之工法進行釀造。呈現出雄町特有的甜味及旨味，柔和的味道讓心靈也獲得舒緩。與料理的協調性良好，無論與日式或中式等料理皆能夠搭配。

</td></tr>
<tr><td>

岡山 高祖酒造
Kouso Shuzou
創立於天保元年（1830）

千壽（千寿）
Senju

純米吟釀 唐子踊
Junmai Ginjo Karako-odori

</td><td>

薰酒　● 日本酒度＋2

華麗　甜味
清爽　　飽滿
酸味　　旨味
沉穩　苦味

■香氣
■味道

推薦品飲溫度帶【℃】

0　10　20　30　40　50

特定名稱 **純米吟釀酒**
建議售價 1.8L ￥2,913、
720ml ￥1,553
原料米與精米步合 麴米、掛米為岡
山縣產朝日米60%
酵母 協會9號
酒精濃度 15度

</td><td>

朝日米的紮實旨味

自天保元年創業以來，釀造出旨口酒「清酒 千壽」。這款純米吟釀酒使用了岡山縣民餐桌上不可或缺的食用米「朝日米」為原料。不僅能感受到米的紮實旨味，甜味及酸味的平衡性也十分良好，因此呈現出不膩口、餘韻清爽的風味。適合以冷酒搭配爽口的料理一起品嘗。

</td></tr>
</table>

中國 岡山

岡山

三宅酒造
Miyake Shuzou
創立於明治38年（1905）

粹府
Suifu

特別純米酒 媛
Tokubetsu Junmai-shu Hime

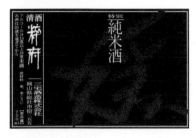

● 日本酒度＋4

醇酒

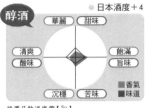

■香氣
■味道

推薦品飲溫度帶【℃】

0　10　20　30　40　50

特定名稱 **特別純米酒**
建議售價 1.8L ￥3,296、
720ml ￥1,442
原料米與精米步合 麴米、掛米均為
都60%
酵母 協會9號系
酒精濃度 15～15.9度

淡麗而溫潤
酒如其名的雅緻風味

「都」是曾經栽培於吉備地方
的夢幻酒米，大正時代以後面
臨絕跡。酒藏以有機栽培的方
式成功重新復育，並作為原料
米使用。如花朵般的華麗香氣
與高雅甜味，十分符合酒名
「媛」所帶來的印象。尾韻淡
麗，即便是喝不習慣日本酒的
人也能接受。燗酒品飲時甜度
趨於緩和，呈現辛口風味。

岡山

宮下酒造
Miyashita Shuzou
創立於大正4年（1915）

極聖
Kiwamihijiri

雄町米 純米大吟釀 斗瓶取（斗瓶どり）
Omachimai Junmai Daiginjo Tobindori

● 日本酒度＋3

薰酒

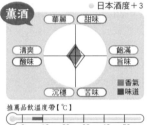

■香氣
■味道

推薦品飲溫度帶【℃】

0　10　20　30　40　50

特定名稱 **純米大吟釀酒**
建議售價 720ml ￥3,500
原料米與精米步合 麴米、掛米均為
雄町米45%
酵母 協會酵母
酒精濃度 16～17度

彷彿心靈也受到洗滌的
潔淨風味

猶如清甜的果實香氣與森林的
清爽氛圍相互交融後呈現出的
獨特香氣，更加襯托出水潤、
高雅的甜味。不施加壓力、仔
細地進行搾取，釀造出的酒質
不但沒有雜味，柔順的水潤感
讓身心都獲得療癒。這款酒也
在2013年「葡萄酒杯中美味的
日本酒」獲得最高金賞的榮
耀。

岡山

室町酒造
Muromachi Shuzou
創立於元祿元年（1688）

櫻室町
Sakura Muromachi

雄町純米
Omachi Junmai

● 日本酒度＋3

醇酒

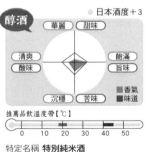

■香氣
■味道

推薦品飲溫度帶【℃】

0　10　20　30　40　50

特定名稱 **特別純米酒**
建議售價 1.8L ￥2,700、
720ml ￥1,400
原料米與精米步合 麴米、掛米均為
雄町米60%
酵母 室町酵母（9號系）
酒精濃度 15.3度

適合搭配瀨戶內海漁獲
享用的高雅酒款

創立於元祿元年，擁有深遠歷
史的酒藏，使用獲選日本「名
水百選」的「雄町的冷泉」與
酒米「雄町」釀造而成的特別
純米酒。從淡雅的甜味中能感
受到一抹嬌艷感。無論是常溫
或溫飲，明顯的水潤酒體皆會
在入喉時帶來清爽的感受。適
合搭配魚類料理。

酒一筋
Sake Hitosuji

生酛純米吟醸
Kimoto Junmai Ginjo

● 日本酒度＋3～4

醇酒

華麗	甜味
清爽	飽滿
酸味	旨味
沉穩	苦味

■ 香氣
■ 味道

推薦品飲溫度帶【℃】

0　10　20　30　40　50

特定名稱 純米吟醸酒
建議售價 1.8L ￥3,100、720ml ￥1,500
原料米與精米步合 麴米、掛米均為雄町米58%
酵母 不公開
酒精濃度 15～16度

徹底爆發雄町米的野性風味

採用傳統的生酛釀造方式，以輕部產「雄町」為原料米，較一般耗費兩倍以上的時間慢慢地釀造而成。如優酪乳般、帶酸味的香氣，為鼻腔帶來舒暢感。滑順的甜味與奔放的酸味在口中均勻地膨脹開來。適合搭配雞肉或章魚等味道清淡的食材。

白牡丹
Hakubotan

千本錦 吟醸酒
Senbonnishiki Ginjo-shu

廣島的獨特酒米帶來輕快味道

創立於延寶三年，是一間在廣島擁有最深遠的歷史，並受到夏目漱石等文人所喜愛的酒藏。這款使用廣島獨自研發的新酒米「千本錦」釀造的吟醸酒，特徵在於飽滿的旨味與清爽俐落的尾韻。從中式到日式，適合搭配的料理形式十分多元。

● 日本酒度＋4

爽酒

華麗	甜味
清爽	飽滿
酸味	旨味
沉穩	苦味

■ 香氣
■ 味道

特定名稱 吟醸酒
建議售價 1.8L ￥2,500、720ml ￥1,500
原料米與精米步合 麴米、掛米均為千本錦50%
酵母 廣島吟醸酵母
酒精濃度 15～16度

推薦品飲溫度帶【℃】

0　10　20　30　40　50

一併推薦！

廣島（広島）八反 吟醸酒
Hiroshima Hattan Ginjo-shu
 爽酒

白牡丹
Hakubotan

吟醸酒／1.8L ￥3,000（盒裝）、720ml ￥1,500／麴米、掛米均為廣島八反50%／酵母 廣島吟醸酵母／15～16度

● 日本酒度＋5

推薦品飲溫度帶【℃】

0　10　20　30　40　50

廣島縣產酒米「廣島八反」的清新風味，與包覆住舌面的溫和酸味及旨味，呈現出絕妙的風味。

山田錦 純米酒
Yamadanishiki Junmai-shu
 爽酒

白牡丹
Hakubotan

純米酒／1.8L ￥2,200、720ml ￥1,150／麴米、掛米均為山田錦70%／酵母 9號系KA1／15～16度

● 日本酒度－2

推薦品飲溫度帶【℃】

0　10　20　30　40　50

山田錦特有的俐落尾韻發揮得淋漓盡致。冰涼飲用味道佳，溫爛則能使味道更加深沉。

広島 三宅本店
Miyake Honten
創立於安政3年（1856）

千之福（千の福）
Sen no Fuku

風味純米吟釀（味わいの純米吟釀）
Ajiwai no Junmai Ginjo

爽酒
● 日本酒度 +3

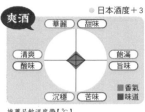

華麗　甜味
清爽　　飽滿
酸味　　旨味
沉穩　苦味
■香氣
■味道

推薦品飲溫度帶【℃】
0　10　20　30　40　50

特定名稱 純米吟釀酒
建議售價 1.8L ￥2,500、
720ml ￥1,200
原料米與精米步合 麴米、掛米均為
國產米100%
酵母 協會901號、協會1801號
酒精濃度 15.5度

喝不膩的味道表現
由當地杜氏使用酒藏所在地吳市內的灰峰所湧出的伏流水進行釀造，是一間十分重視地緣關係的酒藏。這款為追求「一天到晚喝也不膩口的味道」所釀造出的純米吟釀酒，呈現出沉穩的吟釀香氣與無雜味的Dry感。由於不令人感到膩口，是一款百喝不膩的標準酒款。

広島 榎酒造
Enoki Shuzou
創立於明治32年（1899）

華鳩
Hanahato

特別純米 華 Colombe
Tokubetsu Junmai Hana Colombe

爽酒
● 日本酒度 +1

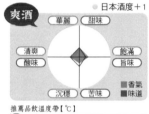

華麗　甜味
清爽　　飽滿
酸味　　旨味
沉穩　苦味
■香氣
■味道

推薦品飲溫度帶【℃】
0　10　20　30　40　50

特定名稱 特別純米酒
建議售價 1.8L ￥2,381、
720ml ￥1,229
原料米與精米步合 麴米為八反錦
60%、掛米為濃紅葉（こいもみじ）
60%
酵母 熊本酵母
酒精濃度 15～16度

猶如白葡萄酒般的清爽口感
這間作為釀造時以酒代替釀造用水的「貴釀酒」代表酒藏，卻以清爽的口感為重點進行釀造作業。具清涼感的酸味刷淡了瀰漫口中的濃厚甜味，呈現出類似甘口白葡萄酒的味道。充分冰涼後可搭配油脂豐富或調味厚重的料理。

広島 賀茂泉酒造
Kamoizumi Shuzou
創立於大正元年（1912）

賀茂泉
Kamoizumi

造賀 純米酒
Zouka Junmai-shu

醇酒
● 日本酒度 ±0

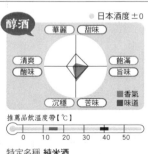

華麗　甜味
清爽　　飽滿
酸味　　旨味
沉穩　苦味
■香氣
■味道

推薦品飲溫度帶【℃】
0　10　20　30　40　50

特定名稱 純米酒
建議售價 1.8L ￥2,500、
720ml ￥1,300
原料米與精米步合 麴米、掛米均為
廣島產山田錦65%
酵母 KA-1（熊本酵母系）
酒精濃度 15度

高度的熱情與技術激發出米的潛力
昭和46年（1971）因發售「純米清酒本仕込賀泉茂」，成為純米釀造的先驅而聞名全國。對於純米酒的堅持至今從未改變，使用當地農家投注大量熱情所栽培的「山田錦」為原料米，並將米的旨味發揮得淋漓盡致，纖細的口感堪稱一絕。

広島

相原酒造
Aihara Shuzou
創立於明治8年（1875）

雨後之月（雨後の月）
Ugonotsuki

純米吟醸 山田錦
Junmai Ginjo Yamadanishiki

薫酒

日本酒度＋3

華麗　甜味
清爽　　飽滿
酸味　　旨味
沉穩　苦味

■香氣
■味道

推薦品飲溫度帶【℃】

0　10　20　30　40　50

特定名稱 **純米吟醸酒**
建議售價 1.8L ￥2,850
原料米與精米步合 **麴米為山田錦
50%、掛米為山田錦55%**
酵母 協會9號
酒精濃度 15.8度

內斂的味道與香氣
為用餐時刻增添氣氛

以滲透於花崗岩地帶的優良水質作為釀造用水。採行手工釀造作業，比照大吟釀的釀造工程，再經由冷藏貯藏謹慎地進行熟成而完成的酒款。柔和的香氣與恰到好處的濃醇口感，呈現出不膩口的美味。冰涼飲用時口中在俐落的尾韻表現之餘，也能同時感受到米由來的溫和味道的提升。

 広島

金光酒造
Kanemitsu Shuzou
創立於明治13年（1880）

賀茂金秀
Kamo Kinshu

特別純米
Tokubetsu Junmai

爽酒

日本酒度＋4

華麗　甜味
清爽　　飽滿
酸味　　旨味
沉穩　苦味

■香氣
■味道

推薦品飲溫度帶【℃】

0　10　20　30　40　50

特定名稱 **特別純米酒**
建議售價 1.8L ￥2,560、
720ml ￥1,280
原料米與精米步合 **麴米為雄町50%、
掛米為八反錦60%**
酵母 廣島KA-1
酒精濃度 16度

彷彿穿透喉嚨般的
新鮮風味

「正因為是小規模酒藏，生產時才更應當重視品質」——酒藏第五代經營者金光秀起，透過自己的力量開始吟釀酒的釀造作業，數年後成功讓酒藏茁壯至享譽全國。如同酒藏展現的氣勢一般，入口後的鮮明活躍感與清爽的味道是這款酒最大的特徵。冬季販售的生酒也非常美味。

 広島

賀茂鶴酒造
Kamotsuru Shuzou
創立於大正7年（1918）

賀茂鶴
Kamotsuru

大吟峰
Daiginhou

薫酒

日本酒度＋3

華麗　甜味
清爽　　飽滿
酸味　　旨味
沉穩　苦味

■香氣
■味道

推薦品飲溫度帶【℃】

0　10　20　30　40　50

特定名稱 **純米大吟醸酒**
建議售價 1.8L ￥8,000、
720ml ￥3,500
原料米與精米步合 **麴米、掛米均為
藝備錦（芸備錦）50%**
酵母 不公開
酒精濃度 15～16度

酒款獨有的極致沉醉感
值得玩味

作為酒鄉——西條的代表，是歷史深遠的酒藏，同時也被譽為吟釀與大吟釀釀造的先驅。這款純米大吟釀酒，是由廣島杜氏以全日本唯獨「賀茂鶴」使用的酒米「藝備錦」，在寒冬中經由手工細心地釀造而成。華麗的香氣、酸味、甜味與澀味平衡性佳，在口中優雅地膨脹開來。

広島
龜齡酒造
Kirei Shuzou
創立於明治中期

龜齡（亀齢）
Kirei
純米吟釀 綺麗
Junmai Ginjo Kirei

薫酒
● 日本酒度＋ 2.5

華麗　甜味
清爽　　　飽滿
酸味　　　旨味
沉穩　苦味
■香氣
■味道

推薦品飲溫度帶【℃】
0　10　20　30　40　50

特定名稱 **純米吟釀酒**
建議售價 720ml ￥1,926
原料米與精米步合 麴米、掛米均為
八反錦50%
酵母 自家培育酵母
酒精濃度 15度

擁有其他酒款沒有的
獨特香氣與入喉順暢感

「龜齡是可以列入廣島縣前三名的辛口酒」如同經營者所言，這是一間對於辛口酒的釀造抱有堅持的酒藏。特別是這款「純米吟釀 綺麗」呈現出的輕爽辛口感尤其特別。既像水果、又像果實般的特殊風味，是一款富個性又有趣的酒。適合搭配壽司或生魚片等料理。

広島
醉心山根本店
Suishin Yamane Honten
創立於萬延元年（1860）

醉心（醉心）
Suishin
橅之雫（橅のしずく）純米酒
Buna-no Shizuku Junmai-shu

醇酒
● 日本酒度＋ 3

華麗　甜味
清爽　　　飽滿
酸味　　　旨味
沉穩　苦味
■香氣
■味道

推薦品飲溫度帶【℃】
0　10　20　30　40　50

特定名稱 **純米酒**
建議售價 1.8L ￥2,463、
720ml ￥1,235
原料米與精米步合 麴米、掛米均為
廣島縣產米60%
酵母 自社培育酵母
酒精濃度 15度

將源於大自然的
水之恩澤發揮至極

以日本畫巨匠——橫山大觀畢生最愛的酒而聲名大噪的酒款「醉心」。使用自山毛櫸原生林湧出的超軟水為釀造用水釀造而成的「醉心 橅之雫」，為一款將水的潤澤感與柔順感發揮至極致的酒。溫和的口感與具透明感的旨味，很適合搭配豆腐等味道清淡的食材。

広島
天寶一
Tenpouichi
創立於明治43年（1910）

天寶一
Tenpouichi
特別純米 八反錦
Tokubetsu Junmai Hattan-nishiki

爽酒
● 日本酒度＋ 3

華麗　甜味
清爽　　　飽滿
酸味　　　旨味
沉穩　苦味
■香氣
■味道

推薦品飲溫度帶【℃】
0　10　20　30　40　50

特定名稱 **特別純米酒**
建議售價 1.8L ￥2,300、
720ml ￥1,150
原料米與精米步合 麴米、掛米均為
八反錦60%
酵母 KA-1-25
酒精濃度 15度

米的強烈存在感
在口中一綻而開

抱以「日本酒是作為襯托日式料理的配角，而非主角」為信念，以釀造出極致的餐中酒為目標。這款「天寶一 八反錦」，具有彷彿在舌面上潺流而過的優美酒質與獨特的強烈米味，而這也是酒米「八反錦」的特徵。餘韻綿長。適合搭配白肉魚等料理。

中國
廣島

広島 中尾醸造
Nakao Shuzou
創立於明治4年（1871）

誠鏡
Seikyou

純米大吟醸原酒 幻黑箱
Junmai Daiginjo Genshu Maboroshi Kurobako

薰酒　● 日本酒度 ±0

華麗　甜味
清爽　　　飽滿
酸味　　　旨味
沉穩　苦味

■香氣
■味道

推薦品飲溫度帶【℃】

0　10　20　30　40　50

特定名稱 **純米大吟醸酒**
建議售價 720ml￥7,000
原料米與精米步合 麴米、掛米均為
山田錦45%
酵母 蘋果酵母（リンゴ酵母）
酒精濃度 16.8度

建立在傳統與研究精神之上的內斂風味

使用如「袋吊法」搾取方式等，重現昭和23年（1948）皇室新年御酒所採行的釀造工程，並加以進化而完成的酒款。酒藏代代傳承的蘋果酵母所產生的華麗酸味，與山田錦無垢般的俐落感巧妙地融合在一起。放置於陰涼處熟成後飲用，能品嘗到不同的風味。

広島 比婆美人酒造
Hiba Bijin Shuzou
創立於昭和23年（1948）

比婆美人
Hiba Bijin

純米酒 生貯藏酒
Junmai-shu Nama Chozoushu

爽酒　● 日本酒度 ＋3

華麗　甜味
清爽　　　飽滿
酸味　　　旨味
沉穩　苦味

■香氣
■味道

推薦品飲溫度帶【℃】

0　10　20　30　40　50

特定名稱 **純米酒**
建議售價 1.8L￥2,273、
720ml￥1,000
原料米與精米步合 麴米、掛米均為
廣島縣產八反35號60%
酵母 S21
酒精濃度 15.4～16.3度

纖細的味道中沒有間隙展現充實飽滿的風味

為追求「只有『比婆美人』才能呈現出的風味」，在庄原當地的氣候及風土條件下，使用當地的米和水釀造而成的生貯藏純米酒。淡雅的酒米甜味與淡麗辛口的Dry感，呈現出宛如冰山美人一般的氣質。冷酒品飲時透明感增強。尤其適合與廣島的名產牡蠣一起搭配品嘗。

山口 永山本家酒造場
Nagayama Honke Shuzoujou
創立於明治21年（1888）

貴
Taka

特別純米
Tokubetsu Junmai

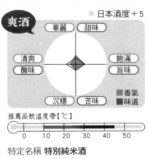

爽酒　● 日本酒度 ＋5

華麗　甜味
清爽　　　飽滿
酸味　　　旨味
沉穩　苦味

■香氣
■味道

推薦品飲溫度帶【℃】

0　10　20　30　40　50

特定名稱 **特別純米酒**
建議售價 1.8L￥2,500、
720ml￥1,250
原料米與精米步合 麴米為山田錦
60%、掛米為八反錦60%
酵母 協會9號
酒精濃度 15.8度

具體的酒體輪廓帶來印象深刻的風味

為了追求適合與料理相配的酒，以「能感受到米風味的酒」為概念進行釀造，為目前相當受到矚目的酒藏。這款特別純米酒，麴米使用的是山口縣產「山田錦」，掛米則為廣島縣產「八反錦」，溫和的酒米旨味會在口中擴散開來，藉由酸味與苦味的雕塑，為酒體刻劃出了具體的輪廓。

酒井酒造
Sakai Shuzou
創立於明治4年（1871）

五橋
Gokyo
純米酒
Junmai-shu

源自當地的酒名與釀造用水為酒添上一道光彩

酒藏位在岩國市著名的日本三大名橋之一「錦帶橋」一帶，遂而以別名「五橋」為酒命名。這款以「山田錦」為原料米的純米酒，是使用屬超軟水質的錦川伏流水釀造而成。香氣明顯，實現了為舌面帶來細緻觸感的良好酒質。將飽滿的甜味緊實收起的酸味表現也恰到好處，為一款協調性佳的酒。

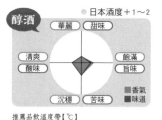

醇酒

● 日本酒度＋1～2

特定名稱 純米酒
建議售價 1.8L ￥2,400
原料米與精米步合 麴米為山田錦60%、掛米為日本晴60%
酵母 9E
酒精濃度 15～16度

推薦品飲溫度帶【℃】
0 10 20 30 40 50

一併推薦！

本釀造
Honjouzo

爽酒

五橋
Gokyo

本釀造酒／1.8L ￥2,100／麴米、掛米均為日本晴65%／酵母 協會701號／15～16度

● 日本酒度｜2～3

推薦品飲溫度帶【℃】
0 10 20 30 40 50

平實的入口酒感，展現溫潤的香氣與醇厚的味道表現。很適合加冰塊飲用。

大吟釀
Daiginjo

薰酒

錦帶五橋
Kintai Gokyo

大吟釀酒／1.8L ￥10,400、720ml ￥5,200／麴米、掛米均為山田錦35%／酵母 協會1801號、9E／16～17度

● 日本酒度＋3～4

推薦品飲溫度帶【℃】
0 10 20 30 40 50

彷彿表現出錦帶橋宏偉氣勢的華麗吟釀香氣，與入喉時不帶雜味的細緻潔淨感受，是這款酒最特別之處。

山口 中村酒造
Nakamura Shuzou
創立於明治38年（1905）

寶船（宝船）
Takarabune
西都之雫（西都の雫）純米酒
Saito no Shizuku Junmai-shu

爽酒

● 日本酒度＋2.5

特定名稱 純米酒
建議售價 1.8L ￥2,400、720ml ￥1,200
原料米與精米步合 麴米、掛米均為西都之雫（西都の雫）60%
酵母 9E
酒精濃度 15～16度

推薦品飲溫度帶【℃】
0 10 20 30 40 50

味道瞬而溶解的獨特餘韻

百分之百使用山口縣獨自栽培的酒米「西都之雫」。純米酒特有的酒米香氣與旨味，紮實地在口中膨脹開來後，立即消失得不留痕跡，是這款酒才有的獨特感受。複雜的味道表現之中卻有著十分清爽的口感，即便是日本酒初學者也會覺得順口。燗酒或冷酒品飲皆適合。

村重酒造
Murashige Shuzou
創立於明治初期（1870）

金冠黑松
Kinkan Kuromatsu

大吟釀 錦
Daiginjo Nishiki

具有王者風範的華麗風味與香氣

以精磨至35％的兵庫縣產特上等「山田錦」與清流錦川的伏流水釀造而成的大吟釀酒，散發出奢華的香氣與澄淨、秀麗的旨味。在「2013年 全國酒類競賽秋季」的「吟釀、大吟釀組」中，六度榮獲第一名。適合純飲，以充分享受酒的風味。

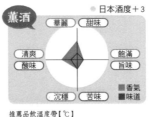

薰酒

○ 日本酒度＋3

特定名稱 **大吟釀酒**
建議售價 1.8L ￥10,000、720ml ￥5,000
原料米與精米步合 麴米、掛米均為山田錦35％
酵母 自家酵母
酒精濃度 17～18度

推薦品飲溫度帶【℃】

一併推薦！

純米酒
Junmai-shu

爽酒

金冠黑松
Kinkan Kuromatsu

純米酒／1.8L ￥2,450、720ml ￥1,225／麴米、掛米均為西都之雫（西都の雫）60％／酵母 自家酵母／15～16度

○ 日本酒度＋3
推薦品飲溫度帶【℃】

恰到好處的酒米旨味與入喉時的滑順水潤感，與任何料理皆能搭配。冰涼或溫熱後皆很美味。

純米酒
Junmai-shu

爽酒

日下無雙（日下無双）
Hinoshita Musou

純米酒／1.8L ￥2,700、720ml ￥1,350／麴米、掛米均為西都之雫60％／酵母 自家酵母／16～17度

○ 日本酒度＋3
推薦品飲溫度帶【℃】

百分之百使用山口縣產「西都之雫」為原料米，展現出多層次的風味。散發著帶清涼感的吟釀香氣，令人難以抗拒。

中島屋酒造場
Nakajimaya Shuzoujou
創立於文政6年（1823）

カネナカ
Kanenaka

生酛純米
Kimoto Junmai

○ 日本酒度＋6

醇酒

推薦品飲溫度帶【℃】

特定名稱 **純米酒**
建議售價 1.8L ￥2,450、720ml ￥1,225
原料米與精米步合 麴米為山田錦60％、掛米為五百萬石（五百万石）60％
酵母 自社保存菌
酒精濃度 15～16度

沉穩與佗寂的美感

創立於文政六年，見識過幕府長州戰役的酒藏。採用生酛釀造的這款「カネナカ」，率先湧出的是酒米旨味展現的紮實、純粹風味。熱爛品飲也無損味道的表現，反而使整體風味更加集中。位於擁有多家享譽全國的酒藏的山口縣，這間屬小規模的酒藏一樣能夠大放異彩。

旭酒造
Asahi Shuzou
創立於昭和23年（1948）

獺祭
Dassai

純米大吟釀 磨き二割三分
Junmai Daiginjo Migaki Niwari Sanbu

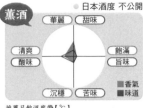

● 日本酒度 不公開

薰酒

華麗　甜味
清爽　　飽滿
酸味　　旨味
沉穩　苦味

■香氣
■味道

推薦品飲溫度帶【℃】

0　10　20　30　40　50

特定名稱 純米大吟釀酒
建議售價 1.8L ￥9,524、
720ml ￥4,762
原料米與精米步合 麴米、掛米均為
山田錦23%
酵母 自社酵母
酒精濃度 16度

極致的精米步合
展現出精煉之美

聞名日本、享譽海外的「獺祭」，將酒米「山田錦」心白不易碎裂之特性加以發揮，精磨至23%後釀造出的美酒。最大限度地提引出米的甜味、酸味與旨味，並呈現出醪原有的溫和香氣。與一般給人香氣華麗印象的大吟釀酒大相逕庭。

八百新酒造
Yaoshin Shuzou
創立於明治24年（1891）

雁木
Gangi

純米吟釀 無濾過生原酒
Junmai Ginjo Muroka Nama Genshu

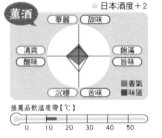

● 日本酒度 +2

薰酒

華麗　甜味
清爽　　飽滿
酸味　　旨味
沉穩　苦味

■香氣
■味道

推薦品飲溫度帶【℃】

0　10　20　30　40　50

特定名稱 純米吟釀酒
建議售價 1.8L ￥3,200、
720ml ￥1,600
原料米與精米步合 麴米、掛米均為
山田錦50%
酵母 山口9H
酒精濃度 16～17度

滑順的口感延展開的
水潤風味

使用尋遍錦川中、上游所發現的優良水質為釀造用水，堅持全量純米釀造的酒藏。散發出宛如身處森林中的清新香氣，口感滑順柔和。在原酒獨具的水潤感中，調和的酸味與甜味在口中慢慢地膨脹開來，整體風味相當舒暢。

選購日本酒的推薦酒鋪

酒商山田（本店）

以廣島的地酒為中心，集結全國約120家酒藏的日本酒。官方網站隨時更新的最新酒款進貨情報也值得關注。

酒商山田（本店）Sakeshou Yamada Honten
TEL 082-251-1013
FAX 082-251-6596
URL http://sake-japan.jp
〒734-0011 廣島縣廣島市南區宇品海岸2-10-7
營業時間 9：30～19：00
定休日 星期天及例假日

橫田酒店

以「與好酒的美麗的相遇」為理念，販售著經過精心篩選的酒款。為了連結顧客與酒藏間的關係，也致力將釀造者的理念與酒一起傳遞到消費者手中。

橫田酒店 Yokota Saketen
TEL 0893-44-2220
FAX 0893-44-5657
URL http://www.yokota-sake.com
〒791-3301 愛媛縣喜多郡內子町內子1621
營業時間 8：00～20：00
定休日 年中無休

四國・九州

溫暖氣候下孕育而成
纖細且兼具力道的酒質

香川

以平野部為中心，共有七家酒藏。擁有縣產酒米「大瀨戶（オオセト）」與「讚岐良米（さぬきよいまい）」。柔順的口感與略甘口的味道是香川酒款的特徵。

德島

在吉野川及那賀川流域附近約有二十五家酒藏。近幾年，德島縣生產的山田錦被稱作「阿波山田錦」。以甘辛中庸的溫和酒質居多。

高知

縣內約有十八家酒藏。屬於旨味暢快的辛口類型酒款，並以「土佐的地酒」之名廣為人知。縣內開發了「土佐錦」、「風鳴子」與「吟之夢（吟の夢）」等酒米。

愛媛

縣內有超過四十家的酒藏。擁有縣產酒米「松山三井」與「雫媛（しずく媛）」。當地酒質自古以來即有「伊予的女酒」之稱，具有柔順溫和的甜味。

福岡

在燒酎最大宗產地——九州的福岡市內，約有六十家酒藏，可謂為「日本酒大國」。山田錦的產量僅次於兵庫縣，位居第二。生產的酒款多屬暢快順口的類型。

佐賀

約有三十多家酒藏。縣內日本酒的飲用占比較燒酎來得更高。擁有「西海134號」、「靈峰（レイホウ）」與「佐賀之華（さがの華）」等縣產酒米。酒質以濃醇甘口類型居多。

長崎

當地以壹岐燒酎最為出名，在北松浦半島與島原半島周邊，約有十五家酒藏。釀造類型多為甘口風味的輕快酒質。

熊本

以球磨燒酎聞名的熊本縣，北部地區約有十家酒藏。縣內開發的協會9號酵母非常有名。以濃醇辛口類型的酒款居多。

大分

以麥燒酎聞名的大分縣，縣內約有三十五家酒藏。當地傳統地酒有「山之甘口，海之辛口」之稱。生產的酒款皆以輕快的旨味為特徵。

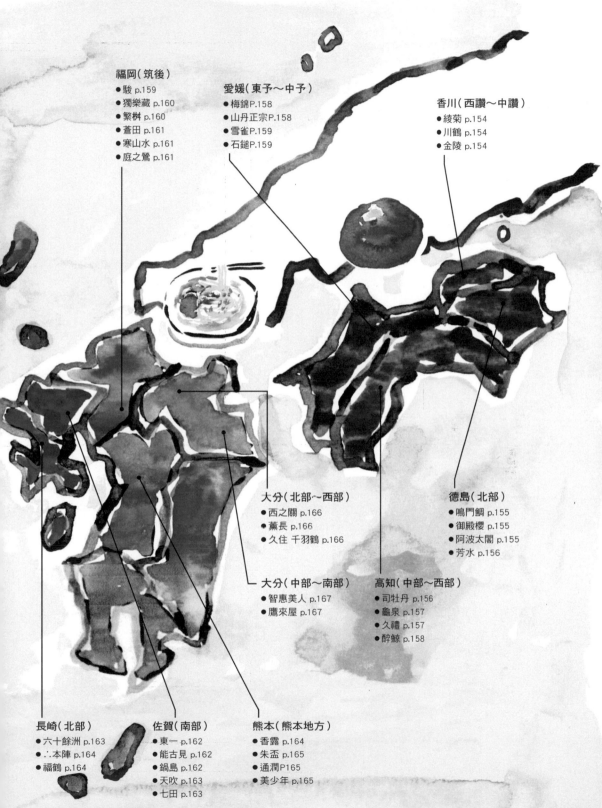

福岡（筑後）
- ●駿 p.159
- ●獨樂藏 p.160
- ●繁桝 p.160
- ●蒼田 p.161
- ●寒山水 p.161
- ●庭之鶯 p.161

愛媛（東予～中予）
- ●梅錦 P.158
- ●山丹正宗 P.158
- ●雪雀 P.159
- ●石鎚 p.159

香川（西讚～中讚）
- ●綾菊 p.154
- ●川鶴 p.154
- ●金陵 p.154

大分（北部～西部）
- ●西之關 p.166
- ●薰長 p.166
- ●久住 千羽鶴 p.166

德島（北部）
- ●鳴門鯛 p.155
- ●御殿櫻 p.155
- ●阿波太閤 p.155
- ●芳水 p.156

大分（中部～南部）
- ●智惠美人 p.167
- ●鷹來屋 p.167

高知（中部～西部）
- ●司牡丹 p.156
- ●龜泉 p.157
- ●久禮 p.157
- ●醉鯨 p.158

長崎（北部）
- ●六十餘洲 p.163
- ●∴本陣 p.164
- ●福鶴 p.164

佐賀（南部）
- ●東一 p.162
- ●能古見 p.162
- ●鍋島 p.162
- ●天吹 p.163
- ●七田 p.163

熊本（熊本地方）
- ●香露 p.164
- ●朱盃 p.165
- ●通潤 P.165
- ●美少年 p.165

153

綾菊酒造
Ayakiku Shuzou
創立於寬政2年（1790）

綾菊
Ayakiku

國重 純米吟醸
Kunishige Junmai Ginjo

● 日本酒度 +4

醇酒

華麗　甜味
清爽　　　飽滿
酸味　　　旨味
沉穩　苦味

■ 香氣
■ 味道

推薦品飲溫度帶【℃】

0　10　20　30　40　50

特定名稱 **純米吟醸酒**
建議售價 1.8L ￥3,000、
720ml ￥1,500
原料米與精米步合 **麴米、掛米為香
川縣產讚岐良米（さぬきよいまい）
55%**
酵母 **協會9號**
酒精濃度 15〜16度

以杜氏為名的自信之作

酒藏自創立以來，至今承襲著以當地產酒米進行釀造。「國重」系列，是平成7年被選為日本「現代名工」的杜氏——國重弘明，以自己的名字所命名，連續13年榮獲「全國新酒鑑評會」金賞。特徵在於追求米原有的旨味與香氣所釀造出的溫潤香氣。尾韻俐落潔淨。

川鶴酒造
Kawatsuru Shuzou
創立於明治24年（1891）

川鶴
Kawatsuru

旨口
Umakuchi

純米酒
Junmai-shu

無濾過
Muroka

● 日本酒度 +3

爽酒

華麗　甜味
清爽　　　飽滿
酸味　　　旨味
沉穩　苦味

■ 香氣
■ 味道

推薦品飲溫度帶【℃】

0　10　20　30　40　50

特定名稱 **純米酒**
建議售價 1.8L ￥2,500、
720ml ￥1,250
原料米與精米步合 **麴米、掛米為山
田錦65%**
酵母 **協會9號**
酒精濃度 15〜16度

盡情享受無濾過酒
獨有的複雜風味

「宛如流動的河水般，用坦率的心情傳遞感動給飲用者。」承繼著初代經營者的信念，至今仍以誠摯的心守護著初衷。這款酒以當地產「山田錦」釀造而成，具有甜味，同時能感受到一股清爽的立香，緊接著米的旨味會在口中擴散開來。旨味與複雜度絕妙地融合在一起，呈現出無濾過酒特有的風味。適合搭配魚類料理。

西野金陵
Nishino Kinryo
創立於萬治元年（1658）

金陵
Kinryo

楠神 特別純米酒
Kusukami Tokubetsu Junmai-shu

● 日本酒度 +1

醇酒

華麗　甜味
清爽　　　飽滿
酸味　　　旨味
沉穩　苦味

■ 香氣
■ 味道

推薦品飲溫度帶【℃】

0　10　20　30　40　50

特定名稱 **特別純米酒**
建議售價 1.8L ￥2,600、
720ml ￥1,300
原料米與精米步合 **麴米為、掛米為
大瀨戶（オオセト）55%**
酵母 **大楠酵母**
酒精濃度 14〜15度

御神木的天然酵母
釀造出的自然恩澤

採取自樹齡九百年、象徵守護釀酒產業的御神木——大楠樹的天然酵母，釀造而成的特別純米酒。百分之百使用香川縣產酒米「大瀨戶」為原料，呈現舒暢的酸味與清爽的入喉感。受惠於大自然恩澤的深刻風味，令人彷彿也能感受到酒藏深遠的歷史。適合搭配生魚片、火鍋或烤雞肉串等料理。

德島
本家松浦酒造場
Honke Matsuura Shuzoujou
創立於文化元年（1804）

鳴門鯛
Narutotai

特別純米
Tokubetsu Junmai

醇酒　　　● 日本酒度＋2

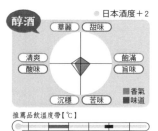

華麗　甜味
清爽　　　飽滿
酸味　　　旨味
沉穩　苦味
■香氣
■味道

推薦品飲溫度帶【℃】
0　10　20　30　40　50

特定名稱 **特別純米酒**
建議售價 1.8L ￥2,300、
720ml ￥1,200
原料米與精米步合 麴米為兵庫縣山
田錦60%、掛米為加工用米（新潟ゆ
きんこ舞）60%
酵母 酒藏酵母
酒精濃度 15度

創立兩百多年培育出
的傳統山廢釀造

使用酒藏的天然乳酸菌以山廢
釀造而成，卻不同於一般的山
廢酒款，是一款口感柔順的純
米酒。飽滿的香氣與旨味，是
自文化元年承襲而來的獨特風
味。輕快的酸味與旨味相互調
和，呈現出濃醇且略帶Dry感
的味道。尾韻俐落，適合搭配
日式料理。涼飲到溫熱品飲皆
可，體現出酒體的不同風味。

德島
斎藤酒造場
Saitou Shuzoujou
創立於昭和14年（1939）

御殿櫻（御殿桜）
Gotensakura

純米酒
Junmai-shu

爽酒　　　● 日本酒度＋2

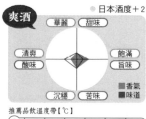

華麗　甜味
清爽　　　飽滿
酸味　　　旨味
沉穩　苦味
■香氣
■味道

推薦品飲溫度帶【℃】
0　10　20　30　40　50

特定名稱 **純米酒**
建議售價 1.8L ￥1,830、720ml ￥815
原料米與精米步合 麴米為曙（アケ
ボノ）60%、掛米為松山三井60%
酵母 協會901號
酒精濃度 14度

令人想慢慢地品嘗的
柔順口感

使用日本三大河川之一的吉野
川支流——鮎喰川的伏流水為
釀造用水。充分展現出米的豐
醇香氣與旨味，卻同時具有幾
乎感受不到重量的輕柔感。旨
味在口中慢慢地擴散開來，能
細細品嘗殘留的優雅餘韻。冰
涼飲用時能感受到甜美的香
氣，溫熱後則能增強整體力
道。

德島
日新酒類
Nissin Shurui
創立於昭和23年（1948）

阿波太閤
Awa Taiko

純米酒
Junmai-shu

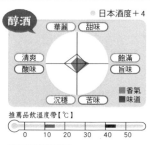

醇酒　　　● 日本酒度＋4

華麗　甜味
清爽　　　飽滿
酸味　　　旨味
沉穩　苦味
■香氣
■味道

推薦品飲溫度帶【℃】
0　10　20　30　40　50

特定名稱 **純米酒**
建議售價 1.8L ￥1,637、720ml ￥823
原料米與精米步合 麴米、掛米均日
本晴70%
酵母 自社酵母
酒精濃度 15度

米的旨味延伸出的
豐醇旨味與香氣

誕生於四國山脈與清冽吉野川
自然環境之中的純米酒。使用
酒米「日本晴」、吉野川的伏
流水以及自家酵母釀造而成，
為一款能感受到紮實酒米旨味
的豐醇純米酒。與生魚片或天
婦羅等日式料理十分相搭。冷
酒或燗酒品飲都很美味。

德島

芳水酒造
Housui Shuzou
創立於大正2年（1913）

芳水
Housui

生酛釀造（生酛仕込）特別純米酒
Kimoto-jikomi Tokubetsu Junmai-shu

● 日本酒度＋7.5

醇酒

華麗　甜味
清爽　　　飽滿
酸味　　　旨味
沉穩　苦味

■香氣
■味道

推薦品飲溫度帶【℃】
0　10　20　30　40　50

特定名稱 特別純米酒
建議售價 1.8L ￥2,300、
720ml ￥1,100
原料米與精米步合 麴米、掛米均為
玉榮（玉栄）60%
酵母 協會7號
酒精濃度 15.6度

將大自然的恩澤
歸還於米的味道表現

位於吉野川上游的酒藏，使用源自阿讚山脈的澄淨空氣與水進行釀造，充分提引出米的旨味。由於當地祖先曾將吉野川讚譽為「芳水」，因而以此命名。特別栽培米「玉榮」飽滿的旨味在口中擴散開來，與酸味形成良好的平衡。餘韻清爽舒暢。

高知

司牡丹酒造
Tsukasabotan Shuzou
創立於慶長8年（1603）

司牡丹
Tsukasabotan

純米 辛口
Junmai Karakuchi

與坂本龍馬具深厚淵源的酒藏
釀造出象徵土佐的酒

慶長8年，酒藏成了山內一豐與重臣深尾重良進入此地時的御用酒屋。這款「純米 辛口」是經過急遽發酵後的醪所完成，收斂的甜味與具有Dry感的酒質，十足呈現出土佐特有的辛口風味，且伴隨著緊實鮮明的口感。來自原料米的飽滿香氣與旨味，創造出整體味道的架構。

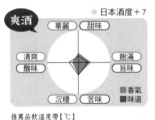

● 日本酒度＋7

爽酒

華麗　甜味
清爽　　　飽滿
酸味　　　旨味
沉穩　苦味

■香氣
■味道

特定名稱 純米酒
建議售價 1.8L ￥2,460、720ml ￥1,060
原料米與精米步合 麴米為山田錦65%、
掛米為松山三井及曙（アケボノ）
65%
酵母 熊本酵母
酒精濃度 15〜15.9度

推薦品飲溫度帶【℃】
0　10　20　30　40　50

一併推薦！

米から育てた純米酒*
Kome kara Sodateta Junmai-shu

 爽酒

司牡丹
Tsukasabotan

純米酒／1.8L ￥2,520、720ml ￥1,220
／麴米為山田錦65%、掛米為土佐錦
70%／酵母 熊本酵母／15〜15.9度

● 日本酒度＋7

推薦品飲溫度帶【℃】
0　10　20　30　40　50

味道豐富，擁有優美的旨味。各種溫度皆具美味，但15度左右的風味尤佳，堪稱絕品。

* 編註：從米所培育而成的純米酒。

純米 船中八策
Junmai Senchu Hassaku

爽酒

司牡丹
Tsukasabotan

純米酒／1.8L ￥2,800、720ml ￥1,390
／麴米為山田錦60%、掛米為松山三井60%／酵母 熊本酵母／15〜15.9度

● 日本酒度＋8

推薦品飲溫度帶【℃】
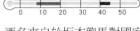
0　10　20　30　40　50

酒名來自於坂本龍馬對國家體制所提出的草案。香氣明顯，為一款餘韻俐落的超辛口酒。

四國・九州
德島／高知

高知	亀泉酒造
	Kameizumi Shuzou
	創立於明治30年（1897）

龜泉（亀泉）
Kameizumi

特別純米酒
Tokubetsu Junmai-shu

增強了高知酵母的個性
釀造而成口感柔和的純米酒

由於酒藏以永不枯竭的湧水為釀造用水，因而延伸出「龜泉＝萬年之泉」為酒命名。使用高知縣產酒米「土佐錦」以及高知酵母「A-14」進行釀造，呈現出不膩口的穩健辛口風味。如香蕉般的清爽香氣中帶著沉穩感，十分溫和。旨味與酸味平衡性佳，不會干擾料理的味道。

爽酒

● 日本酒度 + 5

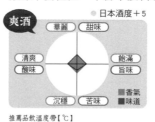

特定名稱 **特別純米酒**
建議售價 1.8L ￥2,585、720ml ￥1,292
原料米與精米步合 麴米、掛米均為土佐錦60%
酵母 A-14（高知酵母）
酒精濃度 15度

推薦品飲溫度帶【℃】

0 10 20 30 40 50

一併推薦！

純米吟釀生 山田錦
Junmai Ginjo Nama Yamadanishiki
薰酒

龜泉（亀泉）
Kameizumi

純米吟釀酒／1.8L ￥3,650、720ml ￥1,825／麴米、掛米均為山田錦50%／酵母 CEL-19／16～17度

● 日本酒度 + 5

推薦品飲溫度帶【℃】

0 10 20 30 40 50

華麗高雅的香氣與清爽的酸味形成協調的合奏。冰涼後飲用最佳。

純米吟釀生CEL-24
Junmai Ginjo Nama CEL-24
薰酒

龜泉（亀泉）
Kameizumi

純米吟釀酒／1.8L ￥3,100、720ml ￥1,550／麴米、掛米均為國產米50%／酵母 CEL-24／14～15度

● 日本酒度 −5～−15

推薦品飲溫度帶【℃】

0 10 20 30 40 50

因為CEL-24酵母的發酵力道較弱，因此需要更多的時間，但發酵過程形成帶酸味的香氣表現卻非常出色。

高知	西岡酒造店
	Nishioka Shuzouten
	創立於天明元年（1781）

久禮（久礼）
Kure

純米酒
Junmai-shu

醇酒

● 日本酒度 + 5

推薦品飲溫度帶【℃】

0 10 20 30 40 50

特定名稱 **純米酒**
建議售價 1.8L ￥2,200、720ml ￥1,100
原料米與精米步合 麴米、掛米均為松山三井60%
酵母 高知酵母
酒精濃度 16度

展現出久禮和漁師町
風情的豪氣酒款

以四國當地產「松山三井」為原料米，使用以四萬十川為源頭的伏流水進行釀造。酒名取自酒藏所在的土佐市內，一處以垂釣聞名的地區——久禮。這款純米酒，展現出米的原始旨味，整體味道醇厚而深沉。經熟成後，能提升溫潤感。溫燗品飲時風味更加飽滿。

高知

酔鯨酒造
Suigei Shuzou
創立於明治5年（1872）

醉鯨（酔鯨）
Suigei

特別純米酒
Tokubetsu Junmai-shu

爽酒

● 日本酒度＋6.5

華麗　甜味
清爽　　飽滿
酸味　　旨味
沉穩　苦味

■香氣
■味道

推薦品飲溫度帶【℃】

0　10　20　30　40　50

特定名稱 **特別純米酒**
建議售價 1.8L ￥2,350、
720ml ￥1,050
原料米與精米步合 麴米、掛米均為
一般米55%
酵母 熊本酵母
酒精濃度 15度

沉穩的香氣
提引出料理的美味

為了能與土佐的飲食文化相符合，酒藏以「凸顯料理美味的味道」為目標進行釀造。擁有原料米的旨味所形成的醇厚感，但同時卻呈現出清爽口感，為這款酒的一大特徵。雖然香氣不顯著，但獨特的俐落酸味讓整體風味更加延展開來。適合冷酒或溫燗品飲。

愛媛

梅錦山川
Umenishiki Yamakawa
創立於明治5年（1872）

梅錦
Umenishiki

純米原酒 酒一筋
Junmai Genshu Sake Hitosuji

醇酒

● 日本酒度＋1

華麗　甜味
清爽　　飽滿
酸味　　旨味
沉穩　苦味

■香氣
■味道

推薦品飲溫度帶【℃】

0　10　20　30　40　50

特定名稱 **純米酒**
建議售價 1.8L ￥2,683、
720ml ￥1,338
原料米與精米步合 麴米、掛米均為
山田錦60%
酵母 協會901號、EK-1
酒精濃度 16.9度

承繼「現代名工」味道
充分展現米的深奧旨味

上一代與上上一代杜氏皆曾獲選為日本「現代名工」的酒藏，至今仍承襲兩位名工所精研出來的味道。雖以「吟釀酒的梅錦」獲得最高的評價，但日常酒反而更受到當地人歡迎。這款「酒一筋」，充分展現出原酒獨具的芳醇香氣與豐厚有力的酒米旨味。

愛媛

八木酒造部
Yagi Shuzoubu
創立於天保2年（1831）

山丹正宗
Yamatan Masamune

雫媛（しずく媛）純米吟釀
Shizuku Hime Jumai Ginjo

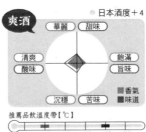

爽酒

● 日本酒度＋4

華麗　甜味
清爽　　飽滿
酸味　　旨味
沉穩　苦味

■香氣
■味道

推薦品飲溫度帶【℃】

0　10　20　30　40　50

特定名稱 **純米吟釀酒**
建議售價 1.8L ￥2,900、
720ml ￥1,450
原料米與精米步合 麴米、掛米均為
雫媛（しずく媛）60%
酵母 EK-1
酒精濃度 16度

用酒米「雫媛」的
柔軟度打造清爽口感

自天保2年創立至今，具有深遠歷史的酒藏，在平成21年（2009）推出了酒款「雫媛」。百分之百使用愛媛縣獨自開發的酒米品種「雫媛」，並以流經今治市的蒼杜川伏流水進行釀造。擁有來自原料米的柔和酸味，以及伴隨豐富水果香氣而來、在口中膨脹開來的華麗味道。

四國・九州
高知／愛媛

愛媛 雲雀酒造
Yukisuzume Shuzou
創立於大正4年（1915）

雪雀
Yukisuzume

媛之愛（媛の愛）天味 純米大吟釀
Hime no Ai Tenmi Junmai Daiginjo

爽酒　● 日本酒度＋5

華麗　甜味
清爽　　飽滿
酸味　　旨味
沉穩　苦味

■香氣
■味道

推薦品飲溫度帶【℃】
0　10　20　30　40　50

特定名稱 純米大吟釀酒
建議售價 750ml ￥5,000
原料米與精米步合 麴米、掛米均為
松山三井50%
酵母 EK-1（愛媛縣酵母）
酒精濃度 16.4度

展現出杜氏技術的潔淨、溫潤風味

使用愛媛縣生產的「松山三井」釀造而成的「媛之愛」，為愛媛縣的統一商標。「天味」是由平成10年（1998）獲選為日本「現代名工」的田窪幸次郎所釀造，無雜味的純淨風味是這款酒的最大魅力。同時擁有來自愛媛縣酵母的果實芳香與淡雅甜味所產生的溫潤口感。5～10℃為最佳品飲溫度。

愛媛 石鎚酒造
Ishizuchi Shuzou
創立於大正9年（1920）

石鎚
Ishizuchi

大吟釀 大雄峯
Daiginjo Daiyuho

薫酒　● 日本酒度＋4

華麗　甜味
清爽　　飽滿
酸味　　旨味
沉穩　苦味

■香氣
■味道

推薦品飲溫度帶【℃】
0　10　20　30　40　50

特定名稱 大吟釀酒
建議售價 1.8L ￥10,000、
720ml ￥5,000
原料米與精米步合 麴米、掛米均為
山田錦35%
酵母 自家酵母
酒精濃度 17～18度

透過細緻的手工作業呈現出的高品質

酒藏位於西日本最高峰的石鎚山山麓，使用石鎚山系的清涼水為釀造用水進行釀造。將醪經由低溫發酵後，再放置於酒藏的低溫冷藏庫中進行約一年期的熟成，完成了這款酒質澄淨的「大雄峯」。伴隨果實般的華麗立香而來的是豐富而飽滿的味道。

福岡 いそのさわ
Isonosawa
創立於明治26年（1893）

駿
Shun

純米酒
Junmai-shu

爽酒　● 日本酒度＋2

華麗　甜味
清爽　　飽滿
酸味　　旨味
沉穩　苦味

■香氣
■味道

推薦品飲溫度帶【℃】
0　10　20　30　40　50

特定名稱 純米酒
建議售價 1.8L ￥2,104、
720ml ￥1,052
原料米與精米步合 麴米、掛米均為
山田錦60%
酵母 協會9號系
酒精濃度 15～16度

超值純米酒

沉穩的吟釀香氣與飽滿、深奧的風味，一入口便擴散開來。使用「山田錦」為原料米，以孕育出日本名水百選之一「清水湧水」的「耳納山地」伏流水為釀造用水，並於專用的「吟釀藏」中，謹慎地進行釀造作業。酒藏抱持著「重視基本」的誠實信念，充分展現出酒的精隨。

| 福岡 | 杜の蔵
Morinokura
創立於明治31年（1898） |

獨樂藏（独楽蔵）
Komagura

玄 円熟純米吟釀
Gen Enjuku Junmai Ginjo

融合於料理、身體與心靈的酒米風味

「獨樂藏」以「與現代食物相融合的酒」為概念，經過定溫充分地熟成後，呈現出恰到好處的酸味與溫潤的口感。具有輕快的米香、煙燻的熟成香以及略帶辛香的純熟風味。適合以爛酒或常溫搭配料理一起品嘗，同時可試著讓酒面接觸空氣，能更加呈現出酒的風味。

熟酒

○ 日本酒度 +6

特定名稱 純米吟釀酒
建議售價 1.8L ￥3,000、720ml ￥1,500
原料米與精米步合 麴米、掛米均為山田錦55%
酵母 協會9號系
酒精濃度 15度

推薦品飲溫度帶【℃】
0 10 20 30 40 50

一併推薦！

無農藥 山田錦六十
Munouyaku Yamada Nishiki Rokuju **醇酒**
特別純米酒
Tokubetsu Junmai-shu
獨樂藏（独楽蔵）
Komagura
特別純米酒／1.8L ￥2,800、720ml ￥1,400／麴米、掛米均為山田錦60%／酵母 協會9號系／15度

○ 日本酒度 +5

推薦品飲溫度帶【℃】
0 10 20 30 40 50

與酒米農家共同合作而誕生的酒款。呈現出酒米原有的旨味，擁有綿長的餘韻。可依喜好調整飲用溫度。

爛純米
Kan Junmai **醇酒**
獨樂藏（独楽蔵）
Komagura

特別純米酒／1.8L ￥2,400、720ml ￥1,200／麴米、掛米均為大地之輝（大地の輝）60%／酵母 協會9號系／15度

○ 日本酒度 +5

推薦品飲溫度帶【℃】
0 10 20 30 40 50

為爛酒品飲所打造的酒款。採行定溫熟成釀造而成，展現出多層次的風味。為一款尾韻俐落的辛口酒。

| 福岡 | 高橋商店
Takahashi Shouten
創立於享保2年（1717） |

繁桝 純米大吟釀
Shigemasu Junmai Daiginjo

福岡 四國・九州

薰酒

○ 日本酒度 +1～4

推薦品飲溫度帶【℃】
0 10 20 30 40 50

特定名稱 純米大吟釀酒
建議售價 1.8L ￥6,500、720ml ￥3,000
原料米與精米步合 麴米、掛米均為山田錦40%
酵母 協會9號系
酒精濃度 15～16度

充分賞味山田錦的旨味與吟釀香的協調之美

自享保2年創立至今，已由第十八代接手經營的酒藏。「繁桝」是以初代經營者名字的其中一字「繁」與測量酒的工具「桝」所命名。使用「山田錦」為原料米，雖然少了華麗感，卻仍能品嘗到大吟釀具有的清爽吟釀香氣。同時直接傳遞出酒米的旨味，形成飽滿柔和的口感。非常適合搭配生魚片等日式料理。

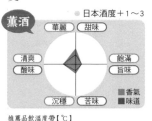

<table>
</table>

福岡 **喜多屋**
Kitaya
創立於文政年間（1818～1830）

蒼田
Souden

純米大吟醸
Junmai Daiginjo

呈現出山田錦旨味的限量酒款

以「透過日本酒傳遞更多的喜悅」為願景釀造的限定販售酒款。全量使用福岡縣糸島產「山田錦」為原料米，並豪奢地將米精磨至39％。採行長期低溫發酵，且不惜耗費費心力地以「雫榨（しずく搾り）」的方式慢慢凝聚而成的酒，充滿芬芳果香及華麗的吟釀香氣，入口後帶來彷彿融化於舌面的感受。

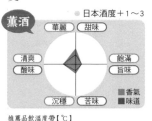

○ 日本酒度＋1～3

薰酒

	華麗	甜味	
清爽			飽滿
酸味			旨味
	沉穩	苦味	

■ 香氣
■ 味道

特定名稱 **純米大吟釀酒**
建議售價 1.8L ￥5,400、720ml ￥2,700
原料米與精米步合 麴米、掛米均為山田錦39％
酵母 不公開
酒精濃度 15～16度

推薦品飲溫度帶【℃】
0 10 20 30 40 50

一併推薦！

特別純米酒
Tokubetsu Junmai-shu
山廢釀造（山廃仕込み）
Yamahai-jikomi
蒼田
Souden

醇酒

特別純米酒／1.8L ￥2,540、720ml ￥1,270／麴米、掛米均為山田錦60％／酵母 不公開／15～16度

○ 日本酒度－2.5～－1.5

推薦品飲溫度帶【℃】
0 10 20 30 40 50

為追求味道的深度而釀造出的逸品。帶有淡雅的香氣，十分適合作為餐中酒。

45％磨き
45 % Migaki
純米大吟醸
Junmai Daiginjo
寒山水
Kansansui

薰酒

特別大吟釀酒／1.8L ￥5,000、720ml ￥2,160／麴米為山田錦60％、掛米為雄町40％／酵母 不公開／14度

○ 日本酒度＋2～3

推薦品飲溫度帶【℃】
0 10 20 30 40 50

俐落的口感與芬芳的果香非常受到女性的歡迎。適合搭配日式料理。

福岡 **山口酒造場**
Yamaguchi Shuzoujou
創立於天保3年（1832）

庭之鶯（庭のうぐいす）
Niwa no Uguisu

特別純米
Tokubetsu Junmai

○ 日本酒度＋3

爽酒

	華麗	甜味	
清爽			飽滿
酸味			旨味
	沉穩	苦味	

■ 香氣
■ 味道

推薦品飲溫度帶【℃】
0 10 20 30 40 50

特定名稱 **特別純米酒**
建議售價 1.8L ￥2,450、720ml ￥1,225
原料米與精米步合 麴米為山田錦60％、掛米為夢一獻（夢一献）60％
酵母 自家酵母
酒精濃度 15度

冰涼後飲用令人還想「再來一杯」

酒名的發想源自於酒藏第五代巧見黃鶯喝著庭園中的湧水，因而以此命名，誠可謂為一款風雅的酒。守護著代代傳承下來的技術，堅持採行少量釀造，以確實控管作業。這款以餐中酒為概念釀造而成的酒，擁有十分出色的俐落尾韻。帶Dry感且銳利的口感，令人不禁一杯接著一杯。

佐賀

五町田酒造
Gochouda Shuzou
創立於大正11年（1922）

東一
Azumaichi

純米吟釀Nero
Junmai Ginjo Nero

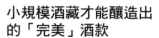
薰酒　　● 日本酒度＋3

華麗　甜味
清爽　　　飽滿
酸味　　　旨味
沉穩　苦味

■香氣
■味道

推薦品飲溫度帶【℃】

0　10　20　30　40　50

特定名稱 **純米吟釀酒**
建議售價 720ml ￥1,600
原料米與精米步合 **麴米、掛米均為**
山田錦49%
酵母 **熊本系自家培育**
酒精濃度 **13度**

猶如葡萄酒一般
與料理美妙結合

以「從米的栽培開始的釀造事
業」為信條，由藏人親自投入
「山田錦」的栽培。而為確保
米的品質，僅以釀造吟釀酒使
用的量為限度生產。擁有13度
的低酒精濃度所產生的輕快口
感，卻同時能感受到源自酒藏
自家栽培酒米的豐醇旨味，堪
稱逸品。猶如葡萄酒般的瓶身
設計也吸引不少目光。

 佐賀

馬場酒造場
Baba Shuzoujou
創立於寬政7年（1795）

能古見
Nogomi

純米吟釀
Junmai Ginjo

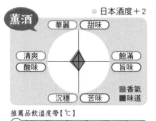
薰酒　　● 日本酒度＋2

華麗　甜味
清爽　　　飽滿
酸味　　　旨味
沉穩　苦味

■香氣
■味道

推薦品飲溫度帶【℃】

0　10　20　30　40　50

特定名稱 **純米吟釀酒**
建議售價 1.8L ￥3,062、
720ml ￥1,524
原料米與精米步合 **麴米、掛米均為**
山田錦50%
酵母 **協會9號、協會1801號**
酒精濃度 **16度**

小規模酒藏才能釀造出
的「完美」酒款

以「成為值得信賴的酒藏」為
目標，酒藏經營者兼杜氏堅持
採行少量釀造作業，絕不妥協
地朝理想前進。吟釀酒主要使
用與當地農家契約栽培的「山
田錦」為原料米。這款純米吟
釀酒，散發出猶如哈密瓜與香
蕉的芳醇果實香氣，米的深沉
旨味瀰漫在口中。適合搭配味
道濃郁的料理。

 佐賀

富久千代酒造
Fukuchiyo Shuzou
創立於大正末期

鍋島
Nabeshima

純米吟釀 山田錦
Junmai Ginjo Yamadanishiki

佐賀

四國・九州

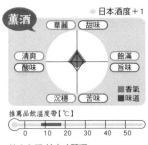
薰酒　　● 日本酒度＋1

華麗　甜味
清爽　　　飽滿
酸味　　　旨味
沉穩　苦味

■香氣
■味道

推薦品飲溫度帶【℃】

0　10　20　30　40　50

特定名稱 **純米吟釀酒**
建議售價 1.8L ￥3,200、
720ml ￥1,600
原料米與精米步合 **麴米、掛米為山**
田錦50%
酵母 **不公開**
酒精濃度 **16.6度**

廣受當地人喜愛的
新銳品牌

以「成為代表九州的地酒」為
目標，平成10年（1998）在當
地成立零售商店時推出的酒。
不惜將原有的酒款減縮、灌
注大量熱情釀造而成的「鍋
島」，雖為新的品牌酒款，卻
有著感動人心的故事。隱藏在
熱情背後的是極為清新的味
道，同時飄散著一股高雅沉穩
的氣息。

天吹 酒造

佐賀

天吹酒造
Amabuki Shuzou
創立於元祿年間（1688～1704）

天吹
Amabuki

裏大吟釀
Ura Daiginjo

愛山
Aiyama

薫酒

● 日本酒度＋5

華麗　甜味
清爽　　　飽滿
酸味　　　旨味
沉穩　苦味

■香氣
■味道

推薦品飲溫度帶【℃】

0　10　20　30　40　50

特定名稱 大吟釀酒
建議售價 1.8L ￥5,000、
720ml ￥2,500
原料米與精米步合 麴米、掛米均為
愛山40%
酵母 六道木花酵母（アベリア花酵母）
酒精濃度 16.5度

溫度與酒器的變化
呈現出不同風貌

佇立在脊振山系山麓，三百多年來始終堅守著崗位的酒藏。這款放置於地下貯藏庫中，慢慢進行熟成的酒，口感相當溫潤。具有大吟釀特有的高雅甜美香氣，因此很適合使用葡萄杯品飲。含在口中，飽滿的旨味緩緩地蔓延開來，能充分品味箇中滋味。推薦冰涼後飲用。

佐賀

天山酒造
Tenzan Shuzou
創立於明治8年（1875）

七田
Shichida

純米
Junmai

醇酒

● 日本酒度＋2～3

華麗　甜味
清爽　　　飽滿
酸味　　　旨味
沉穩　苦味

■香氣
■味道

推薦品飲溫度帶【℃】

0　10　20　30　40　50

特定名稱 純米酒
建議售價 1.8L ￥2,400、
720ml ￥1,150
原料米與精米步合 麴米為山田錦
65%、掛米為靈峰（レイホウ）65%
酵母 F-4（佐賀9號）
酒精濃度 17度

堅持水質
釀造而成的清冽酒款

江戶時期以經營水車業起家的酒藏，對水有其強烈的堅持。使用獲選日本「百水名選」的天山山系清澈水質作為釀造用水。因屬礦物質含量多的硬水，釀造出的酒質潔淨俐落。無雜味的純粹香氣、沉穩的旨味與恰到好處的酸味之間，形成絕佳的平衡。

長崎

今里酒造
Imazato Shuzou
創立於江戶後期

六十餘洲
Rokuju Yoshu

純米大吟釀
Junmai Daiginjo

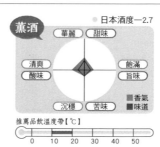

薫酒

● 日本酒度－2.7

華麗　甜味
清爽　　　飽滿
酸味　　　旨味
沉穩　苦味

■香氣
■味道

推薦品飲溫度帶【℃】

0　10　20　30　40　50

特定名稱 純米大吟釀酒
建議售價 1.8L ￥6,000、
720ml ￥3,000
原料米與精米步合 麴米、掛米均為
山田錦38%
酵母 9號系
酒精濃度 16度

從優雅的吟釀香氣中
窺視到謹慎的工作態度

由於江戶時代日本全國劃分為六十多個國家，因而取名「六十餘洲」，希望能讓全國人民都喝到這款酒。呈現出柔和的吟釀香氣、酒米原有的旨味與俐落的酸味。不惜將山田錦精磨至38%，是一款能令人感受到藏人謹慎工作態度的逸品。適合冰涼後飲用。

佐賀／長崎

四國・九州

長崎

潛龍酒造
Senryu Shuzou
創立於元祿元年（1688）

∴本陣
Honjin

純米吟釀
Junmai Ginjo

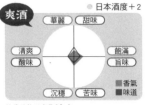

● 日本酒度＋2

爽酒

華麗　甜味
清爽　　　　　飽滿
酸味　　　　　旨味
沉穩　苦味

■香氣
■味道

推薦品飲溫度帶【℃】

0　10　20　30　40　50

特定名稱 **純米吟釀酒**
建議售價 1.8L ￥2,800、
720ml ￥1,650
原料米與精米步合 麴米、掛米均為
山田錦55%
酵母 不公開
酒精濃度 15度

清爽感將米的旨味溫柔地包覆起來

由於酒藏曾經被賦予作為平戶藩的本陣，因此以平戶藩松浦氏的家紋「∴」作為酒名。雖然口感濃厚，但是整體呈現清爽的風味。水仙般的清淡香氣與被蘋果般的輕快酸味所包覆住的淡雅甜味，為口中帶來滑順潤澤的感覺。適合搭配白肉魚等清淡的料理。

長崎

福田酒造
Fukuda Shuzou
創立於元　元年（1688）

福鶴
Fukutsuru

純米吟釀
Junmai Ginjo

● 日本酒度＋5

爽酒

華麗　甜味
清爽　　　　　飽滿
酸味　　　　　旨味
沉穩　苦味

■香氣
■味道

推薦品飲溫度帶【℃】

0　10　20　30　40　50

特定名稱 **純米吟釀酒**
建議售價 1.8L ￥4,000、
720ml ￥2,000
原料米與精米步合 麴米、掛米均為
山田錦58%
酵母 自家酵母
酒精濃度 14度

源自日本最西邊的風格酒款

使用自天然闊葉林湧出、含豐富礦物質的水為釀造用水，酒質呈現出如果實般的水潤含香。味道清爽且略帶Dry感，但在通過喉嚨時會留下帶有酒米原有旨味的強烈回韻。曾經榮獲多次獎項，並在平成23年（2011）時採納為全日空國際線航班頭等艙中的酒單之一。

熊本

熊本県酒造研究所
Kumamotoken Shuzou Kenkyujo
創立於大正7年（1918）

香露
Kouro

特別純米酒
Tokubetsu Junmai-shu

四國・九州
長崎／熊本

● 日本酒度－2

醇酒

華麗　甜味
清爽　　　　　飽滿
酸味　　　　　旨味
沉穩　苦味

■香氣
■味道

推薦品飲溫度帶【℃】

0　10　20　30　40　50

特定名稱 **特別純米酒**
建議售價 1.8L ￥2,724
原料米與精米步合 麴米為神力等
55%、掛米為靈峰（レイホウ）等
60%
酵母 熊本酵母
酒精濃度 15度

來自9號酵母的故鄉強烈呈現出米的旨味

「熊本縣酒造研究所」曾聘請有「酒神」之稱的野白金一博士擔任初代技師，而後又自行研發出熊本酵母（協會9號）。這款酒呈現出酒米原有的香氣，飽滿的熟成香氣深深地浸入味道中。能感受到酒米的甜味與舒暢的酸味，同時仿彿能從中體會到來自熊本大自然的強大力量。適合搭配燉煮料理等味道濃郁的日式料理。

熊本	千代の園酒造
	Chiyonosono Shuzou
	創立於明治29年（1896）

朱盃
Shuhai

純米酒
Junmai-shu

● 日本酒度＋3.5

醇酒

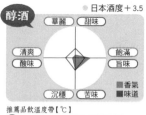

華麗　甜味
清爽　　　飽滿
酸味　　　旨味
沉穩　苦味
■香氣
■味道

推薦品飲溫度帶【℃】

0　10　20　30　40　50

特定名稱 純米酒
建議售價 1.8L￥2,000、
720ml￥1,000
原料米與精米步合 麴米為山田錦
65%、掛米為五百萬石（五百万石）
65%
酵母 熊本酵母
酒精濃度 15度

以「朱盃」為起點的戰後純米酒

「朱盃」是日本戰後時期以先鋒姿態存在、全國首支出現的純米酒。由於藏人曾拿著紅色大坪盃輪流飲用，因而以此命名。這款純米酒兼具豪爽與厚實的味道，具有純米酒特有的醇厚感，口感卻淡麗得令人驚艷。溫過之後味道會更加澄淨。

熊本	通潤酒造
	Tuzyun Shuzou
	創立於明和7年（1770）

通潤
Tuzyun

純米酒
Junmai-shu

● 日本酒度＋3

爽酒

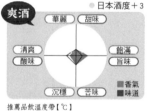

華麗　甜味
清爽　　　飽滿
酸味　　　旨味
沉穩　苦味
■香氣
■味道

推薦品飲溫度帶【℃】

0　10　20　30　40　50

特定名稱 純米酒
建議售價 1.8L￥2,133、
720ml￥1,143
原料米與精米步合 麴米、掛米均為
靈峰（レイホウ）60%
酵母 熊本酵母
酒精濃度 15度

適合搭配料理的豐富旨味與酸味

自創業以來，堅持釀造「尾韻俐落、濃醇辛口的地酒」。以山都當地產酒米「靈峰」所釀造，除了感受得到柔和的酒米旨味，辛口的餘韻令人不禁想多喝幾杯。具有熊本酵母特有的沉穩吟釀香氣，整體感覺十分舒暢。適合搭配味道濃郁的料理。

熊本	美少年
	Bishonen
	創立於明治12年（1879）

美少年
Bishonen

大吟釀
Daiginjo

● 日本酒度＋5

爽酒

華麗　甜味
清爽　　　飽滿
酸味　　　旨味
沉穩　苦味
■香氣
■味道

推薦品飲溫度帶【℃】

0　10　20　30　40　50

特定名稱 大吟釀酒
建議售價 720ml￥3,379
原料米與精米步合 麴米、掛米均為
山田錦35%
酵母 不公開
酒精濃度 16度

華麗的吟釀香氣中蘊含著高雅的氣質

酒名發想來自於唐代詩人杜甫在《飲中八仙歌》中，將崔宗之讚譽為美少年，因而以此命名。以源自阿蘇山系的綠川水系伏流水為釀造用水，釀造出入喉順暢的淡麗辛口酒。散發出高雅華麗的芳香，兼具出眾的氣質與爽快的口感，令人不禁想再多喝幾杯。

熊本
四國・九州

萱島酒造
Kayashima Shuzou
創立於明治6年（1873）

西之關（西の関）
Nishinoseki

手工（手造り）純米酒
Tedukuri Junmai-shu

● 日本酒度-2

醇酒

華麗　甜味
清爽　　飽滿
酸味　　旨味
　　沉穩　苦味

■香氣
■味道

推薦品飲溫度帶【℃】

0　10　20　30　40　50

特定名稱 純米酒
建議售價 1.8L ￥2,544、
720ml ￥1,140
原料米與精米步合 麴米為八反錦
60%、掛米為「日之光」（ヒノヒカ
リ）60%
酵母 協會9號
酒精濃度 15度

細細地品味
酒米的飽滿風味

抱以「成為西日本的代表酒款」的宏大志願而命名。堅持採用遵循古法的手工釀造方式，呈現出五味（甜、酸、辛、苦、澀）調和的深奧風味。口感相當柔順，旨味深深地融於味蕾之中，令人想慢慢地咀嚼其中溫潤的酒米風味。

 クンチョウ酒造
Kuncho Shuzou
創立於昭和7年（1932）

薰長
Kuncho

純米酒
Junmai-shu

● 日本酒度+1

醇酒

華麗　甜味
清爽　　飽滿
酸味　　旨味
　　沉穩　苦味

■香氣
■味道

推薦品飲溫度帶【℃】

0　10　20　30　40　50

特定名稱 純米酒
建議售價 1.8L ￥2,380、
720ml ￥1,106
原料米與精米步合 麴米為富山五百萬石（五百万石）60%、掛米為福岡夢一獻（夢一献）65%
酵母 協會9號
酒精濃度 15度

豐富的香氣與旨味
融於綿長的餘韻中

如同酒名一般，是一款香氣芬芳綿長的酒。使用天領日田的水細心釀造而成，散發出沉穩具安定感的香氣。豐富酒米旨味在口中慢慢地擴散開來，對於喜好品嘗日本酒原有旨味的人絕對為首選之一。一直到入喉後，酒米的旨味依然存在。

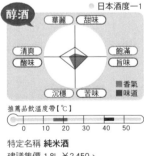 佐藤酒造
Sato Shuzou
創立於明治40年（1907）

久住 千羽鶴
Kuju Senbaduru

純米酒 生酛釀造（生酛造り）
Junmai-shu Kimoto-dukuri

● 日本酒度-1

醇酒

華麗　甜味
清爽　　飽滿
酸味　　旨味
　　沉穩　苦味

■香氣
■味道

推薦品飲溫度帶【℃】

0　10　20　30　40　50

特定名稱 純米酒
建議售價 1.8L ￥2,450、
720ml ￥1,230
原料米與精米步合 麴米、掛米均為五百萬石（五百万石）65%
酵母 協會酵母
酒精濃度 15.5度

日本最南端的生酛釀造
酸味的自信之作

位於標高七百公尺的久住山山麓，是大分縣內唯一進行生酛釀造的酒藏。使用酒藏天然乳酸菌，釀造出生酛酒款特有的紮實酸味與米的旨味，兩者呈現出絕佳調和的滑順口感。由於川端康成在撰寫《波千鳥（續千羽鶴）》時，與酒藏當時的社長有密切的往來，因而以此作為酒名。

大分 中野酒造
Nakano Shuzou
創立於明治7年（1874）

智惠美人（智惠美人）
Chiebijin

大吟釀酒
Daiginjo-shu

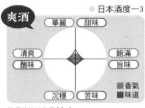

爽酒

● 日本酒度－3

華麗　甜味
清爽　　　　飽滿
酸味　　　　旨味
　　　　　　■香氣
沉穩　苦味　■味道

推薦品飲溫度帶【℃】

0　10　20　30　40　50

特定名稱 **大吟釀酒**
建議售價 1.8L ￥4,800、
720ml ￥2,500
原料米與精米步合 麴米、掛米均為
山田錦35%
酵母 熊本酵母
酒精濃度 17度

古典音樂釀造出的
高雅、精粹的表現力

自創立以來便對水質有相當的
要求，使用自酒藏地下湧出的
水作為釀造用水。發展出在發
酵期間播放古典音樂的獨特釀
造方式。以精磨至35%的當地
產「山田錦」為原料米，釀造
出旨味清新、猶如細緻樂聲般
優雅而華麗的吟釀香氣。適合
冰涼後使用葡萄酒杯品飲。

大分 浜嶋酒造
Hamashima Shuzou
創立於明治22年（1889）

鷹來屋（鷹來屋）
Takakiya

特別純米酒
Tokubetsu Junmai-shu

爽酒

● 日本酒度＋5

清爽　　　　飽滿
　　　　　　旨味
　　　　　　■香氣
沉穩　苦味　■味道

推薦品飲溫度帶【℃】

0　10　20　30　40　50

特定名稱 **純米吟釀酒**
建議售價 1.8L ￥2,600、
720ml ￥1,300
原料米與精米步合 麴米為山田錦
50%、掛米為日本晴55%
酵母 協會9號
酒精濃度 15度

以餐中酒為概念誕生的
手工釀造純米酒

由年間總生產量僅500石、堅
持完全手工釀造的小規模酒藏
所釀造，以「搭配料理」為概
念的純米酒。使用自家栽培的
米作為原料，呈現出米的旨味
與擁有絕佳平衡的俐落風味。
口感柔順，與料理搭配時不會
產生膩口的感覺，味道精煉
而完整。冷酒或燗酒品飲皆適
合。

IZUMIYA SHOP

以福岡的筑後地方為中心，匯集來自日本全國一萬
支以上的日本酒。也包括與當地酒藏聯手推出的獨
家酒款。雖然主要針對餐飲業進行販售，不過店裡
也提供一般零售。

IZUMIYA SHOP
TEL 0942-32-7813（店鋪）
FAX 0942-37-3276
URL http://www.izumiya-sake.co.jp
〒830-0031 福岡縣久留米市六ッ門町6-38
營業時間 10：00～19：30（平日）／10：00～18：00
（星期天及例假日）
定休日 1月1日～1月2日

寶納酒店

無論名氣響亮與否，銷售自日本全國各地精
選出的地酒。在店裡還能向駐店喇酒師學習
到美味的品飲方式，且不定期會舉辦試飲會。

寶納（宝納）酒店 Hono Saketen
TEL 099-225-4510（店鋪）
FAX 099-225-4520
URL http://www. sake-hono.com
〒892-0824 鹿兒島縣鹿兒島市崛江町16-7
營業時間 10：00～20：00
定休日 星期天

好想收集！
瓶身別緻的日本酒

不論在餐會上或作為伴手禮
都能讓賓主盡歡
推薦多款重視瓶身設計的日本酒！

北海道 高砂酒造
Takasago Shuzou

ず ZOO っと
Zuzootto
旭山セット
Asahiyama Set
純米酒
Junmai-shu

純米原酒／三瓶組合各
180ml ¥1,200／麴米、掛米
均為綺羅羅（きらら）60%
／酵母 協會9號系／14～15
度

● 日本酒度＋3

杯子上彩繪的是人氣景點——
旭山動物園裡的動物們。以
「海、山、森」為主題所設
計，已成了北海道十分具代表
性的伴手禮。味道清爽順暢，
不生膩口。

兵庫 富久錦
Fukunishiki

Fu.
純米原酒
Junmai Genshu

純米原酒／500ml ¥877／麴
米、掛米均為絹光（キヌヒ
カリ，加西市產）70%／酵
母 不公開／8度

● 日本酒度－60

猶如葡萄酒般的酒標及瓶
身，希望塑造出帶著輕鬆
心情品嘗日本酒的氛圍。
為一款富含水果風味的低
酒精濃度酒款，適合以6
度左右的溫度，使用葡萄
酒杯品嘗。

長野 桝一市村酒造場
Masuichi-Ichimura
Shuzoujou

スクウエア・
ワン
Square One

純米酒／750ml ¥2,095／麴
米、掛米均為美山錦59%／
酵母 協會901號／16.5度

● 日本酒度＋7

以符號的形式簡化了自江
戶時代起就熟為人知的
酒藏屋號「桝一（ますい
ち）」，成為設計感十足
的商標。此外，據說當年
葛飾北齋滯留在小布施的
時期，也曾喝過這家酒藏
的酒。

千葉 守屋酒造
Moriya Shuzou

舞櫻（舞桜）
Maizakura
千葉君（チーバくん）
Chiba-kun
上撰カップ
Jousen Cup

普通酒／180ml ¥231／麴米、掛米均為
千葉縣產米60%／酵母 901系／15度

● 日本酒度＋3

結合千葉縣九十九里的地酒「舞櫻」
與「千葉君」（千葉縣代表吉祥物）
而成的單杯酒。堅持百分之百使用千
葉縣產的米進行釀造，是一款酒藏承
襲傳統持續釀造的經典酒款。

岐阜 御代桜釀造
Miyozakura Jouzou

御代櫻（御代桜）
Miyozakura
純米杯（純米カップ）
Junmai Cup

純米酒／180ml ¥280／麴米、掛米均為
朝日之夢（あさひの夢）70%／酵母 協
會901號／15～16度

● 日本酒度＋6.5

為紀念初到日本上野公園的熊貓而策
劃的酒款，持續三十多年來人氣居高
不下，被暱稱作「Panda Cup」。這款
是新推出的瓶身設計。具透明感的口
感中，能感受到酒米原有的旨味。

静岡 志太泉酒造
Shidaizumi Shuzou

喵杯（にゃんかっぷ）
Nyan Cup
純米吟釀
Junmai Ginjo

純米吟釀酒／180ml ¥300／麴米、掛
米均為八反35號50%／酵母 靜岡酵母
NEW-5／16～17度

● 日本酒度＋3.0

以繪本「Emily the Strange」中登場的
貓咪為主題設計而成。構想來自於單
杯酒「One Cup」中「One」的發音與
狗吠聲「汪」相近，因此特別改以象
徵貓叫聲的「喵（Nyan）」來命名。
是一款尾韻俐落的酒。

埼玉 文楽 Bunraku

PUPPY
純米吟醸
Junmai Ginjo
スパークリング
Sparkling

純米吟醸酒／240ml￥500／麴米、掛米均不公開／酵母 不公開／7度

● 日本酒度－50

緊鄰首都東京、需對應來自各方多樣飲食需求的酒藏「文楽」，釀造出這款口感輕快的酒款「PUPPY」。好似是要呈現出酒質輕快的特色，以普普風格的小狗插圖作為設計。

金舞酒
Kinmaishu

純米吟醸酒／300ml￥760／麴米、掛米均五百萬石（五百万石）55%／酵母 K-1801／14度

● 日本酒度＋1

流線型的玻璃瓶身中漂浮著金箔，以「為日本人的生活，帶入日本酒與真正豐富感的提案」為概念的一款酒。當作禮品也十分受到歡迎。

四季の酒《春》
Shiki no Sake Haru

吟醸酒／300ml￥500／麴米、掛米均不公開／酵母K-1801／14度

● 日本酒度＋5.0

可愛的櫻花酒標與桃紅色的瓶身，為新春時節的限定商品。新酒特有的風味與柔和的吟醸香氣，適合搭配清爽苦味及香氣的春季蔬菜。

宮城 一ノ蔵 Ichinokura

鈴音（すず音）
Suzune
發泡清酒
Happou Seishu

發泡清酒／300ml￥715／麴米、掛米均為宮城縣產豐錦（トヨニシキ）65%／酵母 協會901號／5度

● 日本酒度－90〜－70

風味及設計都十分受到女性歡迎的一款酒。由於是氣泡類型的酒款，注入酒杯時發出的清新聲響，讓人聯想到風鈴的聲音，因而命名為「鈴音」。作為餐前酒也很合適。

静岡 花の舞酒造 Hananomai Shuzou

ぷちしゅわ日本酒
Puchishuwa Nihonshu
ちょびっと乾杯
Chobitto Kanbai

日本酒／300ml￥648／麴米、掛米均為靜岡縣產米60%／酵母 協會9號／6度

● 日本酒度－65

僅利用米和水釀造出的微氣泡酒。酒精濃度比起一般的清酒來得低，順口易飲，不擅長喝日本酒的人也很適合飲用。能感受到米原有的甜味與恰到好處的酸味。

岩手 あさ開 Asabiraki

水之王（水の王）
Mizu no Eau
キューブ
Cube
大吟醸ライト
Daiginjo Light

大吟醸／400ml￥1,315／麴米、掛米均為山田錦50%／酵母 9號系／10〜11度

● 日本酒度－3

將猶如雪融水一般具有水潤口感的大吟醸酒，裝入封緊的巨蛋狀瓶中，是希望飲用者「盡可能在剛開封、香氣最為飽滿的情況下飲用」，因而推出了小容量瓶裝。具有豐富水果般的吟醸香氣。

RICE MAGIC
純米大吟醸 スパークリング
Junmai Daiginjo Sparkling

純米大吟醸酒／300ml￥762／麴米、掛米均為吟銀河（吟ぎんが）50%／酵母 9號系／10度

● 日本酒度－10

瓶身為瑞典具代表性的現代藝術家Ulrica Hydman-Vallien為支持東日本復興所設計。是一款被評為「略帶Dry感的日製香檳」的自然氣泡日本酒。

岐阜 林本店 Hayashi Honten

TERA
—Life is good！—

純米酒／720ml ¥1,550／麴米、掛米均不公開／酵母 協會701／8度

● 日本酒度－70

由於是為了追求與肉類料理的搭配而開發的酒款，遂而以鳥獸戲畫為畫面並重新設計，成為現代十足的酒標。加冰塊或加氣泡水稀釋，能讓味道變得更加輕快。

 静岡 大村屋酒造場 Omuraya Shuzoujou

若竹
Wakatake
鬼乙女 涙
Oniotome Namida
冬之鮮搾
（冬のしぼりたて）
Fuyu no Shiboritate
特別純米生酒
Tokubetsu Junmai Namazake

特別純米生酒／1.8L ¥2,650／麴米、掛米均為譽富士（譽富士）60%／酵母 静岡酵母NO-2／16度

● 日本酒度＋4.0

由在女性雜誌及書籍等領域十分活躍的插畫家——園部奈美子（ソノベナミコ）手繪「春、夏、秋、冬」四款酒標（照片為冬季）。冰鎮之後能品嘗到更加清新的風味。

 石川 福光屋 Fukumitsuya

長期熟成酒
Chouki Jukusei-shu
百百登勢 甘口
（モモトセ スイート）
Momotose Sweet
十年
Juunen

普通酒（貴醸酒醸造）／350ml ¥5,000（盒裝）／麴米為山田錦68%，掛米均為山田錦70%、金紋錦65%及豐錦（トヨニシキ）65%／酵母 自社酵母／16度

● 日本酒度－16

呈現琥珀色澤的酒質，搭配上水滴狀的優雅瓶身。具有長期熟成酒的芳醇香氣與甜味，適合作為甜點酒。建議以微冷或常溫品飲。

Nipponia nippon

純米酒／500ml ¥1,500／麴米為福之花（フクノハナ）70%，掛米為福之花70%及貝紫65%／酵母 自社酵母／12度

● 日本酒度－16

這款呈鮮艷朱鷺色（淡紅色）的日本酒，是源於赤紫的古代米——貝紫所形成的色澤。酒款名稱也使用朱鷺的學名，是希望飲用者在品飲時也能聯想到朱鷺的棲息地——石川縣的自然生態。

白鶴之贈禮
（コウノトリの贈り物）
Kounotori no Okurimono

純米酒／1.8L ¥2,310（盒裝）／麴米、掛米均為福之花（フクノハナ）70%／酵母 協會701號／15度

● 日本酒度＋4

以經常出現在慶祝生產的場合中，帶有慶賀之意的「白鶴」命名並作為酒標圖案設計的酒款。原料米「福之花」也使用白鶴棲息地——豐岡市的特別栽培米。

 宮城 角星 Kakuboshi

NAMI と UMI
NAMI to UMI
低酒精濃度
純米吟釀酒
Junmai Ginjo-shu

純米吟釀酒／300ml×2瓶裝 ¥2,476／麴米、掛米均為藏之華（蔵の華）55%／酵母 愛實（愛実）酵母／9.5度

● 日本酒度－25

酒藏在東日本大震災之後，將原先的低酒精濃度純米酒「Manami（まなみ）」以重新出發的心情革新推出的酒款。由網站「Hobo Nikkan Itoi Shinbun（ほぼ日刊イトイ新聞）」協同策劃，設計感十足的個性酒款。

鳥取 千代むすび酒造 Chiyomusubi Shuzou

鬼太郎系列（鬼太郎シリーズ）Kitarou Series
眼球老爹之壺（目玉おやじのツボ）
／臭鼠男之壺（ねずみ男のツボ）
Medama Oyaji no Tsubo／Nezumi Otoko no Tsubo
本醸造辛口
Honjouzou Karakuchi

本醸造／眼球老爹360ml、臭鼠男500ml各￥2,000／麴米、掛米 不公開／酵母 不公開／15.5度

● 日本酒度＋12

將日本國民妖怪漫畫『鬼太郎（ゲゲゲの鬼太郎）』的登場人物設計成獨特感十足的瓶身。酒藏所在地鳥取縣是鬼太郎作者水木茂的故鄉，因此當地也以妖怪為主題進行城市再造。

Part 3

想知道更多！

日本酒的
基礎知識

從日本酒用以分類的特定名稱、
酒標的辨識方法、
原料的基本資訊到釀造工程，
介紹日本酒的基礎知識，
讓品飲變得更加有趣。

攝影協力／神龜酒造

日本酒的種類與標示

酒標上標示的陌生詞彙與數值，正是日本酒的簡歷。
從種類開始，到原料、釀造方法等任何能作為推測味道的依據，
若是能事先知道，對於選購日本酒會很有幫助。

● 特定名稱酒與普通酒

符合日本「酒類業組合法」中特定名稱規定要件的日本酒即稱為「特定名稱酒」。
當中又以原料及精米步合等為依據，細分為八個種類。
特定名稱酒規定之外的酒，則統稱為「普通酒」。

僅以米和米麴作為原料的類型稱為「純米酒系」，約佔當今日本酒市場的17%。

以米、米麴和規定用量內的釀造酒精為原料的類型稱為「本釀造酒系」，約佔當今日本酒市場的15%。

特定名稱酒以外的類型稱為「普通酒（一般酒）」，約佔當今日本酒市場的68%。

特定名稱酒是依照使用的原料與精米步合的組合來決定。

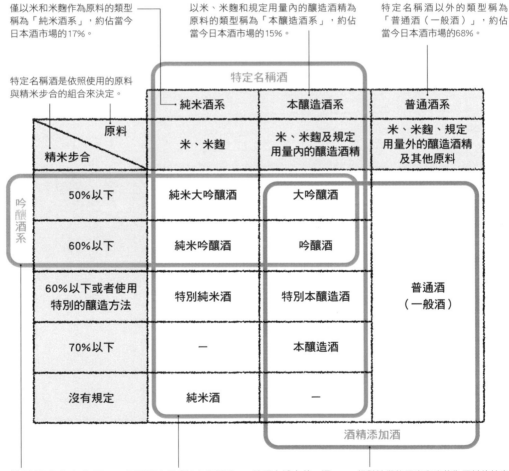

特定名稱酒			普通酒系
原料 / 精米步合	純米酒系	本釀造酒系	普通酒系
	米、米麴	米、米麴及規定用量內的釀造酒精	米、米麴、規定用量外的釀造酒精及其他原料
50%以下	純米大吟醸酒	大吟醸酒	
60%以下	純米吟醸酒	吟醸酒	
60%以下或者使用特別的釀造方法	特別純米酒	特別本釀造酒	普通酒（一般酒）
70%以下	—	本釀造酒	
沒有規定	純米酒	—	

吟醸酒系

酒精添加酒

依照精米步合的不同所區分，歸在此區的類型稱為「吟醸酒系」。

要稱得上是「特定名稱酒」，除了上述之外，還必須符合「使用的原料米通過農產物檢查法三等米以上的認證」及「麴米的使用比例需達15%以上」的規定。

相對於僅使用米和米麴為原料的純米酒，使用釀造酒精為原料之一的類型稱為「酒精添加酒」。

● 酒標的辨識方法

正面酒標記載了原材料名、精米步合、內容量、釀造者名等基本資訊。

背面酒標記載了原料米的品種、使用的酵母名稱及味道表現的數值等有關酒的特徵紀錄。

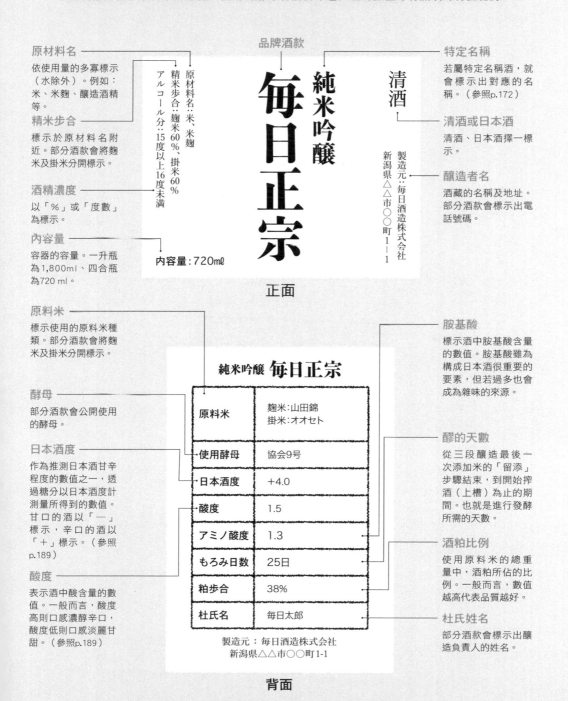

品牌酒款

原材料名
依使用量的多寡標示（水除外）。例如：米、米麴、釀造酒精等。

精米步合
標示於原材料名附近。部分酒款會將麴米及掛米分開標示。

酒精濃度
以「％」或「度數」為標示。

內容量
容器的容量。一升瓶為1,800ml、四合瓶為720 ml。

原材料名：米、米麴
精米步合：麴米60％、掛米60％
アルコール分：15度以上16度未満

內容量：720㎖

清酒

純米吟釀
每日正宗

製造元：每日酒造株式會社
新潟縣△△市○○町1－1

正面

特定名稱
若屬特定名稱酒，就會標示出對應的名稱。（參照p.172）

清酒或日本酒
清酒、日本酒擇一標示。

釀造者名
酒藏的名稱及地址。部分酒款會標示出電話號碼。

原料米
標示使用的原料米種類。部分酒款會將麴米及掛米分開標示。

酵母
部分酒款會公開使用的酵母。

日本酒度
作為推測日本酒甘辛程度的數值之一，透過糖分以日本酒度計測量所得到的數值。甘口的酒以「－」標示，辛口的酒以「＋」標示。（參照p.189）

酸度
表示酒中酸含量的數值。一般而言，酸度高則口感濃醇辛口，酸度低則口感淡麗甘甜。（參照p.189）

純米吟釀 每日正宗

原料米	麴米：山田錦 掛米：オオセト
使用酵母	協会9号
日本酒度	+4.0
酸度	1.5
アミノ酸度	1.3
もろみ日数	25日
粕步合	38％
杜氏名	每日太郎

製造元：每日酒造株式会社
新潟県△△市○○町1-1

背面

胺基酸
標示酒中胺基酸含量的數值。胺基酸雖為構成日本酒很重要的要素，但若過多也會成為雜味的來源。

醪的天數
從三段釀造最後一次添加米的「留添」步驟結束，到開始搾酒（上槽）為止的期間。也就是進行發酵所需的天數。

酒粕比例
使用原料米的總重量中，酒粕所佔的比例。一般而言，數值越高代表品質越好。

杜氏姓名
部分酒款會標示出釀造負責人的姓名。

關於原料

先充分了解各個原料的相關知識，便能更深入地感受到日本酒豐富的風味。
部分酒款會將米和酵母的種類標示於酒標上，
因此每當尋覓到喜歡的酒款時，不妨可以注意一下。

一般米與釀造用糙米都有使用

　　釀造日本酒一般使用的是水稻粳糙米
（作為主食的一般米）與釀造用糙米。
而在釀造用糙米中特別適合用來釀造日
本酒的米稱為「酒造好適米」，特徵在
於相較於一般米顆粒較大，以及米中央
稱作「心白」的白色混濁部分得以肉眼
所見。各個酒款釀造時可能採取全量使
用酒造好適米、全量使用一般米，或者
麴米使用酒造好適米、掛米使用一般米
等相互的組合方式。

酒造好適米的條件

1 **顆粒大（千粒重25～30克）**
為能承受高度精磨，具有一定程度的大小是必要
的。

2 **有心白（白色不透明的部分）**
讓麴的菌絲更容易朝向米的中心部分延伸繁殖，
培育出糖化力強的麴。

3 **蛋白質及脂肪含量少**
過多的蛋白質及脂肪，是造成雜味的原因之一。

4 **吸水性佳**
不僅有助於酵素的活動，酵母與醪的溶解性也會
變佳。

5 **蒸熟後外硬內軟**
外硬內軟的蒸米，對麴菌而言是易於繁殖的環
境。

酒造好適米的生產量

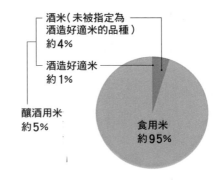

酒米（未被指定為
酒造好適米的品種）
約4%

酒造好適米
約1%

釀酒用米
約5%

食用米
約95%

由於酒造好適米的稻穗很高且容易
傾倒，在栽培上非常困難，因此相
較於食用米，產量相當稀少。

具代表性的酒造好適米品種

品種名稱	特　徵	主要產地
山田錦	具有高雅的風味之外，米粒的形狀很適合進行高度精磨，且蛋白質的含量適切，可謂為酒造好適米中的菁英。但由於容易傾倒又禁不起病蟲侵害，也是讓農家十分傷神的品種。2001年超越五百萬石，位居酒造好適米栽培量第一名。	●兵庫縣 ●福岡縣 ●岡山縣 　　　等
五百萬石 （五百万石）	具有易於製麴的特性，是十分優質的酒造好適米。以新潟、福井、富山及石川等北陸地區為一大產地而聞名。釀造出的酒款多為口感清爽舒暢的類型。昭和32年，為紀念新潟縣稻米生產量超過五百萬石，因而得名。	●新潟縣 ●福井縣 ●富山縣 　　　等
美山錦	顆粒大而飽滿、米粒溝槽淺，是十分適合釀酒的品種。耐寒性強，適合栽培於山間地區，因此多種植於長野縣標高700公尺以下的酒米生產地帶。釀造出的酒擁有滑順清爽、尾韻俐落的高評價。	●長野縣 ●秋田縣 ●山形縣 　　　等
雄町	品質優良，人氣度與山田錦不相上下。自開始種植以來，超過一百年以上從未間斷、持續栽培至今的唯一品種。與口感高雅舒暢的山田錦形成對比，酒款多屬濃郁且酒體飽滿的類型，味道也呈現多層次的變化。	●岡山縣 ●香川縣 ●廣島縣 　　　等
八反錦1號 （八反錦1号）	為「八反35號（或稱八反、廣島八反）」與「秋津穗（アキツホ）」交配後產生的米種，具有不易傾倒及吸水性佳等特性。一般認為此品種顆粒大、易於溶解，旨味因而較容易發揮出來。口感滑順清爽，適合作為餐中酒。	●廣島縣 　　　等

中国
（中國）

- ●鳥取縣 / 強力、五百萬石、玉榮、山田錦
- ●島根縣 / 改良雄町、改良八反流、神之舞、五百萬石、佐香錦、山田錦
- ●岡山縣 / 雄町、山田錦
- ●廣島縣 / 雄町、戀小町（こいおまち）、千本錦、八反、八反錦1號、山田錦
- ●山口縣 / 五百萬石、西都之雫、白鶴錦、山田錦

近畿

- ●滋賀縣 / 吟吹雪、滋賀渡船6號、玉榮、山田錦
- ●京都府 / 祝、五百萬石、山田錦
- ●大阪府 / 雄町、五百萬石、山田錦
- ●兵庫縣 / 愛山、古之舞（いにしえの舞）、五百萬石、白菊、新山田穗1號、神力、高嶺錦（たかね錦）、但馬強力、杜氏之夢、野條穗、白鶴錦、兵庫北錦、兵庫戀錦、兵庫錦、兵庫夢錦、福之花（フクノハナ）、山田錦、山田穗、渡船2號
- ●奈良縣 / 露葉風、山田錦
- ●和歌山縣 / 五百萬石、玉榮、山田錦

東海

- ●靜岡縣 / 五百萬石、譽富士、山田錦、若水
- ●愛知縣 / 夢吟香、夢山水、若水
- ●三重縣 / 伊勢錦、神之穗、五百萬石、山田錦、弓形穗

北陸

- ●富山縣 / 雄山錦、五百萬石、富之香、美山錦、山田錦
- ●石川縣 / 石川門、五百萬石、北陸12號、山田錦
- ●福井縣 / 奧譽（おくほまれ）、越之雫、五百萬石、神力、山田錦
- ●岐阜縣 / 五百萬石、飛驒譽（ひだほまれ）

九州

- ●福岡縣 / 雄町、吟之里（吟のさと）、五百萬石、壽限無、西海134號、山田錦
- ●佐賀縣 / 西海134號、佐賀之華（さがの華）、山田錦
- ●長崎縣 / 山田錦
- ●熊本縣 / 吟之里（吟のさと）、神力、山田錦
- ●大分縣 / 五百萬石、山田錦、若水
- ●宮崎縣 / 花神樂（はなかぐら）、山田錦

四国
（四國）

- ●德島縣 / 山田錦
- ●香川縣 / 雄町、山田錦
- ●愛媛縣 / 雫媛（しずく媛）、山田錦
- ●高知縣 / 風鳴子、吟之夢、山田錦

北海道

東北

- ●北海道／吟風、彗星、初雫
- ●青森縣／古城錦、華想（華想い）、華吹雪、豐盃
- ●岩手縣／吟乙女（ぎんおとめ）、吟銀河（吟ぎんが）
- ●宮城縣／藏之華、日和（ひより）、美山錦、山田錦
- ●秋田縣／秋田酒小町（秋田酒こまち）、秋之精、改良信交、吟之精、華吹雪、星明（星あかり）、美鄉錦、美山錦
- ●山形縣／羽州譽、改良信交、龜粹、京之華、五百萬石、酒未來、龍之落子（龍の落とし子）、出羽燦燦、出羽之里、豐國、美山錦、山酒4號、山田錦
- ●福島縣／五百萬石、華吹雪、美山錦、夢之香

甲信越

- ●新潟縣／一本〆、雄町、菊水、越淡麗、五百萬石、高嶺錦（たかね錦）、八反錦2號、北陸12號、山田錦
- ●山梨縣／玉榮、人心地（ひとごこち）、山田錦、夢山水
- ●長野縣／金紋錦、白樺錦（しらかば錦）、高嶺錦（たかね錦）、人心地（ひとごこち）、美山錦

関東

（關東）

- ●茨城縣／五百萬石、日立錦（ひたち錦）、美山錦、山田錦、若水、渡船
- ●栃木縣／五百萬石、玉榮、栃木酒14（とちぎ酒14）、人心地（ひとごこち）、美山錦、山田錦、若水
- ●群馬縣／改良信交、五百萬石、舞風、若水
- ●埼玉縣／酒武藏（さけ武藏）
- ●千葉縣／五百萬石、總之舞（総の舞）
- ●神奈川縣／若水

酒米的品種生產地圖

各都道府縣生產酒米（釀造用糙米）一覽。
盛行釀造日本酒的地區，酒米的種類也很豐富。

（依據「日本農林水產省平成24年產釀造用糙米的產地品種名稱一覽」製成）

177

水

水中所含有的成分
也是釀造工程中不可或缺的要素

日本酒的成分中有80%是水。由此可知，水也是構成日本酒味道的極大要素之一。此外，水中所含有的鉀、磷酸及鎂都是釀造日本酒不可或缺的成分。作為微生物的營養來源，進而有助於麴菌與酵母的繁殖。因此，若是這些成分不足，可能會導致發酵無法正常進行。然而，由於日本酒的釀造是使用地下水或河水，現今因為環境惡化造成水質不佳，對於酒藏來說也形成了非常嚴重的問題。

硬度與味道

水的硬度對於日本酒有很大的影響。一般而言，軟水釀造的日本酒口感輕快柔和，硬水釀造的日本酒口感厚重俐落。因此，自古以來即將使用京都伏見的軟水釀造而成的日本酒稱為「女酒」、使用屬硬水的灘之宮水釀造而成的日本酒稱為「男酒」，兩者都非常有名。

名水與銘酒

在思索全面提升日本酒的釀造技術時，使用來自大自然的美味水質可謂為最佳方法。釀造日本酒所需要的水量，是米的總重量約50倍之多。除了原料的「釀造用水」之外，包含洗米等各項作業也都需要龐大的水量。因此自古以來，酒藏多位在水質良好的河川或水源附近。

軟水與硬水的特徵

軟水	硬水
日本所採用的水大部分屬於軟水，特徵在於礦物質少、酒質順口。使用軟水釀造出的日本酒，多半呈現出優雅溫潤的風味。	雖然說硬度偏高，但以日本而言，兵庫縣的「灘之宮水」屬於中硬水類別中的硬度極限。由於礦物質含量較多，進而促使酵母與麴菌的發酵，因此酒質會呈現醇厚而強烈的風味。

具代表性的水源

岩手縣	金澤清水、龍泉洞地底湖、馬淵川等
新潟縣	信濃川、阿賀野川、福島潟、角田山靈水等
靜岡縣	天龍川、太田川、大井川、狩野川、富士山的伏流水等
京都府	御香水（自京都市伏見區的御香宮神社湧出的水，或來自相同水脈的水）
兵庫縣	宮水（自西宮市海岸附近的特定地下區域汲取的地下水）

麴菌
酵母菌

麴菌為促進米的澱粉
進行糖化的微生物

麴菌是促進米中澱粉進行糖化的一種黴菌。日本酒一般是使用黃麴菌，均勻地撒在蒸好的米上，進行增殖後凝聚為麴，成為日本酒的釀造原料。此外，麴也作為將蛋白質轉換為胺基酸、製造旨味與香味成分的重要角色。順帶一提，製麴的「種麴」（或稱為「種もやし」），是由統稱「種麴屋（もやし屋）」的業者所製造，各個酒藏會依據自家的釀造情況進行購買。

產生酒精、塑造香氣的酵母

酵母是將經由麴菌產生的糖分轉換為酒精的微生物。明治時代，由於國稅廳釀造試驗場的酵母研究突飛猛進，透過研究了解到酵母可以產生各種不同的香氣。進而設置了釀造協會，將從酒藏取得的優質酵母進行純粹培育後，再頒布給全國的酒藏——這就是所謂的「協會酵母」。此外，各縣的技術研究機關也持續進行酵母的開發，因此新的酵母種類也不斷增加中。

酵母的種類

協會酵母

酵母編號		特徵
有泡	無泡	
6號	601號	自秋田縣的新政酒造分離而來，是現存最古老的酵母。發酵力強、香氣沉穩，呈現出淡麗的酒質。
7號	701號	自以酒款「真澄」聞名的長野縣宮坂釀造的醪分離而來。呈現出沉穩的香氣與平衡性佳的酒質，是最常被使用的酵母。
9號	901號	自熊本縣酒造研究所的醪分離而來。有著香氣華麗的特質，相較於7號酵母酸味較淡。適合用於吟釀酒的釀造。
10號	1001號	自位在東北地方酒藏的醪分離而成。特徵在於酸味淡雅、酒質輕快與明顯的吟釀香氣。由於對酒精的耐受程度弱，處理相對困難。
11號	—	自協會7號分離而來。相較於7號酵母略偏酸，即便醪的發酵時間長，酒質依然俐落，胺基酸少。
14號	1401號	由金澤國稅局負責保管的酵母。酸味淡雅，適合用於特定名稱酒的釀造。
—	1501號	即秋田流花酵母，以協會1501號之名所頒布。酸味淡雅，適合用於釀造吟釀香氣明顯的特定名稱酒。

自治體酵母

靜岡酵母、秋田流花酵母、阿爾卑斯（アルプス）酵母（長野縣）、美島夢（うつくしま）酵母（福島縣），瀨戶內21（せとうち21）酵母（廣島縣）、真帆驢馬華（まほろば華）酵母（青森縣）、麗之（うららの）酵母（福井縣）、梨酵母（鳥取縣）、德島酵母等，各都道府縣的工業技術中心等政府機關，積極致力於新酵母的開發。

酒藏酵母（蔵付酵母、家付酵母）

在生長條件完備的情況下，酵母是自然界無所不在的微生物。從前便是使用存在於酒藏中的野生酵母進行釀造。但是，由於野生酵母的性質很難掌握，釀造過程中時常會發生如發酵中斷等狀況，因此對當時的釀造者而言是一大難題。

日本酒釀造完成之前

日本酒是以稱作「並行複發酵」的複雜發酵方式釀造而成，
特徵在於澱粉糖化與酒精發酵是在同一個酒槽中進行。
若能了解釀造方式，品飲時便能更佳感受到日本酒的深奧之處。

◉日本酒釀造流程圖

這張圖表彙整了日本酒釀造完成之前的流程，並整理出依據各個不同釀造工程所產出的酒質名稱。
這些酒質名稱通常會標示於酒標上，因此若能事先記下，
在選購日本酒時將很有幫助。

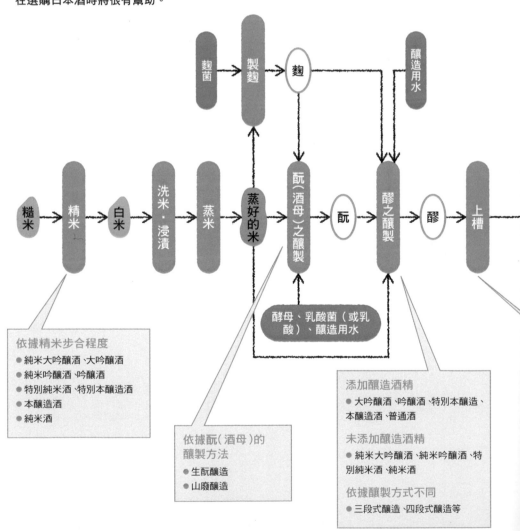

完全未經火入
● 生酒

未經第1次火入
● 生貯藏酒

未經第2次火入
● 生詰酒

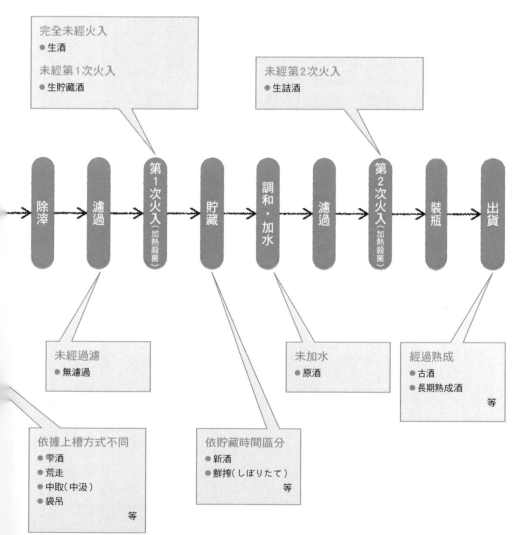

除滓 → 濾過 → 第１次火入（加熱殺菌）→ 貯藏 → 調和・加水 → 濾過 → 第２次火入（加熱殺菌）→ 裝瓶 → 出貨

未經過濾
● 無濾過

未加水
● 原酒

經過熟成
● 古酒
● 長期熟成酒
　　　　　等

依據上槽方式不同
● 雫酒
● 荒走
● 中取（中汲）
● 袋吊
　　　　　等

依貯藏時間區分
● 新酒
● 鮮搾（しぼりたて）
　　　　　等

○精米～蒸米

為了讓麴菌能附著米上、進行繁殖的準備階段。
洗好的米經過浸漬、吸收水分後進行蒸米。粒粒分明、觸感良好，
並呈現外硬內軟狀態的蒸米，被視為是優質的蒸米。

精米

去除可能造成雜味的部分

　　糙米的外側部分含有大量維生素、蛋白質及脂肪等成分，由於這些營養成分會破壞日本酒的香味平衡，導致雜味的產生，因此要進行「精米」作業來削除這些不必要的成分。從前是利用米粒間相互摩擦或水車進行精米作業，但自昭和初期開發了豎型精米機之後，精米的精細度也大幅提升。精米作業過後，會放置於陰涼處2～3週，讓米的溫度下降、含水量均一化（這個步驟稱為「枯らし（Karashi）」）。

蒸米

將米利用蒸氣加熱
成為麴菌的溫床

　　將浸漬過的米瀝乾水分後，接著進行「蒸米」作業。透過蒸氣加熱方式，讓米的內部成為有利於麴菌繁殖的環境。蒸米時會使用稱作「甑」的古傳道具（原理與蒸籠相同），或使用「自動連續蒸米機」。最後將蒸好的米分為20%的麴米與80%的掛米（使用於醪的釀製）後，進行冷卻。

洗米、浸漬

將米洗淨，讓米吸收水分

　　精米之後，為去除殘留在米表面上的米糠或是米屑，會進行「洗米」作業。由於洗米時除了會磨耗1～2%的米，同時米也會吸收水分，因此需要非常謹慎地進行。洗米作業完成後，應立即將米搬移至別的槽中，注入潔淨的水讓米浸泡其中，這就是「浸漬」作業。浸漬的時間會依據天候、氣溫、濕度及水溫等因素，以秒為單位進行調節。

（左上）精米完成後，經過2～3週的「枯らし」後進行「洗米」作業。照片中使用的是不會損害米粒的洗米機，但也有酒藏採行手洗的方式。（右上）將米浸泡於水中的「浸漬」期間，會依照氣候狀況每日進行調節。在此步驟應謹慎地確認米的狀態。（下）即將蒸米完成的「甑」。圖中的「甑」一次約能蒸800公斤的米量。

○製麴

「麴」指的麴黴菌在穀物上繁殖後的產出物總稱。
使用稻米的就稱為米麴，使用芋（地瓜）的就稱為芋麴，使用麥的就稱為麥麴。
這個製造麴的過程就稱為「製麴」。

讓麴菌在蒸米上繁殖而製成麴

　　麴的作用是讓米所含的澱粉轉化為糖分。如同「一麴、二酛（酒母）、三釀造」的說法，「製麴」是日本酒釀造作業中最重要的工程。大致來說，就是將蒸米搬運至35℃左右高溫中的「麴室」，在蒸米上均勻地灑上麴菌，進行繁殖的作業。杜氏與藏人們必須投入各項手工作業，日以繼夜地經過整整兩天才能完成，是十分耗費體力的工程。製好的麴，將作為之後製酛及製醪時的「掛麴」使用。

（上圖）在搬運至麴室的蒸米上，均勻撒上種麴的「播種」作業。

（下圖）為了讓灑上的種麴與米的溫度均一化，將米搓揉開來的作業（這個步驟稱為「床もみ（Tokomomi）」）

製麴的流程

1 入室（引き込み Hikikomi）

將蒸好並處於微溫狀態的米搬運至麴室，為了讓蒸米的溫度、水分均一化，將米堆積在稱為「床」的檯面上，覆蓋上一層布之後，放置1～2小時。

2 搓揉（床もみ Tokomomi）

將1的蒸米在檯面上分散鋪平，將種麴（麴菌的胞子）均勻地灑上全體（稱為「播種」）。為了讓種麴平均分散，就要經過「搓揉」的混合步驟。接著再次將蒸米堆積於檯面，為防止乾燥及溫度下降，依然需覆蓋上一層布。

3 翻動（切り返し Kirikaeshi）

經過10～12小時後，蒸米的表面變得乾燥，米粒之間也開始相黏在一起。而將這些蒸米的結塊分散並加以搓揉的作業就稱為「翻動」。經由這個作業能讓整體溫度及水分趨於一致，同時提供氧氣給麴菌。之後再將蒸米堆積起來覆蓋上布。

4 分裝（盛り Mori）

經過10～12小時後，米粒上若出現白色斑點，代表麴菌已繁殖在米上，這時會因麴菌的繁殖而產生熱，造成溫度升高。為了易於進行溫度調節，將蒸米搓揉開來之後，以一定的量分別放入稱作「麴蓋」或「箱」的木盒中。這個作業就稱為「分裝」。

5 中段作業（仲仕事 Nakashigoto）

經過7～9小時後，蒸米的溫度會上升至34～36℃左右。為防止溫度急遽上升並使整體溫度均一化，需將米加以翻動攪拌，並以約6～7公分的厚度鋪平開來。這就是「中段作業」。

6 收尾作業（仕舞仕事 Simaishigoto）

經過6～7小時後，蒸米的溫度會上升至37～39℃左右，因此要再次進行翻動攪拌，讓溫度均一化。此外，為了讓多餘的水分蒸發，要將米鋪平開來，在表面做出溝槽，擴大整體表面積。這就是「收尾作業」。

7 出麴（出麴 Dekouji）

在收尾作業之後，用於「製酛」及「製醪」的麴分別約需經過12小時及8小時即算完成。完成後的麴，為了讓麴菌不再繁殖，會將之從麴室移出並冷卻。這就稱作「出麴」。

◯ 製酛〈酒母〉

別名為「酒母」的「酛」，正是擔任「酒的母體」的重要角色。
分為「生酛系」與「速釀系」兩種製造方式。
無論是哪一種方式，都是為了純粹培育出強壯、健康的酵母。

培育能產生酒精的酵母

　製酛（酒母）是為了大量培養下一階段的製醪作業所需要的酵母。由於酵母的作用是把糖分轉化為酒精及二氧化碳，因此作為酒精飲料的日本酒必然是需要大量的酵母。

　製酛時需要水、麴、蒸米、酵母及乳酸。現在一般常見以釀造協會公佈的協會酵母作為原料。麴和蒸米是酵母的營養來源，乳酸則作為不勝雜菌侵擾的酵母的保護傘。這裡的乳酸，若是使用來自自然界的乳酸菌培育而成的酛，稱為「生酛系酛（酒母）」，而添加釀造用乳酸的酛，則稱為「速釀系酛（酒母）」。

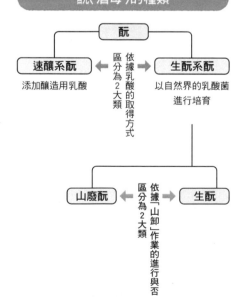

酛（酒母）的種類

```
                    酛
        ┌───────────┴───────────┐
    速酛系酛    ←  依  →   生酛系酛
                  據
    添加釀造用乳酸  乳    以自然界的乳酸菌
                  酸    進行培育
                  的
                  取
                  得
                  方
                  式
                  區
                  分
                  為
                  2
                  大
                  類
        ┌───────────┴───────────┐
    山廢酛    ←  依  →     生酛
                  據
                  「
                  山
                  卸
                  」
                  作
                  業
                  的
                  進
                  行
                  與
                  否
                  區
                  分
                  為
                  2
                  大
                  類
```

生酛系日本酒

生酛釀造

由於從前的米無法像今日能夠進行充分精米，因此會將蒸好的米用稱作「櫂」的木棒進行搗碎，以提升糖化的速度。這個過程稱作「山卸」，而釀造時有實行山卸作業的日本酒就稱為「生酛釀造」。在「山廢」出現之前，生酛釀造的酒款一直是日本酒的主流。

山廢釀造

為解決「山卸」消耗大量體力的問題，各方持續進行相關研究。直到明治42年，國稅廳釀造試驗場終於證實了「即便省去山卸作業，依然能製造出健全的酛」，因而出現了廢止山卸作業的「山廢廢止酛」，多半簡稱為「山廢酛」。採用此方法釀造而成的日本酒就稱為「山廢釀造」。

（圖下方）產生大量氣泡的酛（酒母）。是酵母大量增殖的證明。

○製醪

將酛、蒸米、麴及水放入酒槽中進行釀造（酒槽中的內容物稱為「醪」）後，
醪的釀製隨即展開。在酒槽中同時進行「糖化」及「酒精發酵」的「並行附發酵」，
是日本酒發酵型態的最大特徵。

三段式釀造後進入真正的發酵

製醪所需的蒸米（掛米）、麴（掛麴）、水及酛（酒母），通常會在四天內分三次放入酒槽中，因而稱為「三段式釀造」。將原料分段進行釀造，是為了保護酵母不受其他微生物的侵擾。若是一開始就在酛中加入大量的米和水，會造成其他微生物的繁殖，酵母也會因此被淘汰。三段式釀造後，麴促使米進行糖化，酵母得到糖分後分解為酒精及二氧化碳，並開始為期二週～一個月左右的發酵。

上／三段式釀造法中「初添」後的狀態。
下／在釀造酒槽內處於發酵狀態的醪中，放入木棒（櫂）進行攪拌。

三段式釀造的程序

第1天 ● 初添（初添え Hatsuzoe）

首先，在酒槽中加入酛、麴和水，經過1～3小時後再放入蒸米，這就稱作「初添」。初添的目的在於，要介於製酛完成到進入製醪階段這段期間，將沉睡中的酵母加以活化，同時增加酵母的繁殖。

第2天 ● 舞動（踊り Odori）

初添的隔日，一整天都不會進行其他作業，僅等待酵母的繁殖，這就稱為「舞動」。所謂舞動，指的是醪開始發酵後，會產生氣泡，宛如在跳動的樣子。另有一說則是將這個不進行任何作業的階段，比作像是在樓梯間*稍作休息的樣子。

* 編註：「樓梯間」日文為「踊り場」，也有「跳舞的場所」之意。

第3天 ● 仲添（仲添え Nakazoe）

舞動的隔日再加入麴、蒸米和水。

第4天 ● 留添（留め添え Tomezoe）

仲添的隔日再加入最後的麴、蒸米和水。

留添結束後的二週～一個月

● 醪的發酵

透過醪表面出現的氣泡狀態來確認發酵的狀況。最初會出現幾條氣泡紋路，之後會擴散成細小的水泡。接著會產生像岩石般高漲的氣泡，氣泡的高度會達至巔峰。一直到氣泡的狀態趨於穩定，變成小球狀的氣泡後，醪便完全成為液體，直到氣泡逐漸消失，就代表發酵即將接近終了。

● 添加酒精

部分會在發酵即將結束時添加釀造酒精。通常會在稱作「上槽」的搾酒作業前一日添加。添加了釀造酒精的日本酒，又分為本釀造酒系（大吟釀酒、吟釀酒、特別本釀造酒及本釀造酒）及普通酒。

○上槽～裝瓶

日本酒的釀造作業即將接近尾聲。邁向商品化的最後工程就是從上槽到裝瓶。

竭盡心力釀造而成的酒可能因接下來開始的作業產生很大的改變，因此要更加細心謹慎。

上槽 (Jousou)

搾取醪的作業

發酵完成的醪，經過搾取使酒粕與液體分開的作業稱作「上槽」。上槽的方式有好幾種，使用稱作「槽（Fune）」的壓搾機進行搾取的「槽搾」是最傳統的方式。

↓

滓引 (滓引き Oribiki)

待殘渣沉澱後進行的「上澄」萃取法

經過上槽凝聚而成的液體中，會漂浮著統稱為「滓」的米或酵母等固態物質，因此呈些微渾濁的狀態。但放置一段時間後，「滓」會慢慢地沉澱，上層部分的液體會變得澄淨。將上層澄淨的液體萃取出來的作業即稱之為「滓引」。

↓

濾過 (Roka)

讓酒變清澈的作業

為了將殘留細微的「滓」完全除去，會進行「濾過」作業。通常會使用濾過器進行濾過，有時也會使用活性碳濾過。

上槽方式的不同，產生各種類型的日本酒

上槽

●上槽方式

槽搾（槽搾り Funeshibori）

使用稱作「槽」的傳統壓搾機。一般作法是將醪裝入布縫製的酒袋中，將酒袋重疊放入槽中，由上方輕度施壓後搾取。

袋吊（袋吊り Fukurotsuri／雫酒 Shizukusake／斗瓶囲い Tobinkakoi）

將醪裝入用布縫製的酒袋中，束起袋口後懸吊掛起，讓酒自然滴落凝聚而成。因為自然垂滴的量極少，因此價格昂貴。

濁酒（にごり酒 Nigorizake）

僅以粗網目的布將醪中殘留的大量固態物質進行濾過。濾過後固態物質依然存在，呈白色混濁狀。

滓絡

滓酒（Orizake／滓がらみ Origarami）

將沉澱在酒槽槽底的「滓」混拌開來，直接裝瓶商品化。由於滓中主要是酵母的殘骸，含有豐富胺基酸（旨味），因此味道表現較為濃厚。

濾過

無濾過

細微的滓可以利用濾過器進行濾過，有時也會使用活性碳等。若是沒有經過這道濾過程序的酒，就稱為「無濾過」。

（左下圖）少見的「八重垣（ヤエガキ）式」壓搾機，構造很接近早期的「槽」。在遮布的內側，將裝入醪的酒袋與隔板交叉堆疊放置，藉由醪和隔板的重量，讓酒自然地溢出。

搾取後流出的日本酒。依照流出的段落順序有「荒走」及「中取」等稱呼，而無論是哪一種稱呼，酒都是處於鮮搾狀態。

●上槽階段

荒走（荒走り／新走り Arabashiri）
進行醪的搾取時，不施加任何壓力，藉由酒袋重量在最初自然流出的部分。香氣明顯，因為量少所以價格高昂。

中取（中取り Nakadori／中汲み Nakagumi／中垂れ Nakadare）
「荒走酒」下一階段所取得的部分。能享受到酒的原始香氣，味道平衡性佳。

責（せめ Seme／後取り Atotori）
中取之後，在最後進行加壓，直到出現酒粕為止所搾取出的部分。呈現濃郁的色澤與味道是最大特徵。

火入（參照p.25）

生酒
兩次的火入程序皆未進行的日本酒。

生貯藏酒
貯藏前未經火入，僅在裝瓶前進行一次火入的日本酒。

生詰酒
僅在貯藏前進行一次火入，裝瓶前不再進行火入的日本酒。

出貨（時期）

新酒（Shinshu／しぼりたて Shiboritate）…12～5月
在日本酒釀造業界，釀造年度（BY）是以7月至隔年6月為區間，在這個年度內出貨的酒就稱為新酒。但是市場上一般指的卻是12月左右開始陳列在商店中，剛剛釀造完成的日本酒。

冷卸（ひやおろし Hiyaooroshi／秋上がり Akiagari）…9～10月
初春完成的日本酒經過火入作業後，經過一個夏天的熟成，直到9月左右，室外溫度和酒槽內的日本酒溫度相近時，裝瓶前不再經過火入作業便出貨的商品。特徵在於熟成過的深沉香味。

古酒（Koshu）
在日本酒釀造業界指的是前一年度釀造的日本酒，但是對於古酒的標示並沒有很明確的規定。經過3年、5年或10年熟成的日本酒，具有琥珀色的色澤及複雜的熟成香氣，近年來十分受到矚目。

第1次火入

讓殘留在酒中的酵素活動停止

濾過後，會進行稱為「火入」的「低溫加熱殺菌」作業。在60～65℃的溫度下持續約30分鐘，除了中止殘留在酒中的酵素活動，也能針對上槽後依然繼續繁殖的火落菌等細菌進行殺菌作業。

貯藏

經過適當期間的貯藏讓酒熟成

經過火入的日本酒，在裝瓶前會先貯藏在酒槽中。經過一段時間後，水的分子與酒精的分子會相互融合，據說酒質會因此變得溫潤。

調和・加水

對釀造完成的酒進行調整

貯藏過後的酒會因為酒槽的不同，產生不同的香氣。為讓酒的品質均等化，會進行「調和」作業。此外，也會以釀造用水進行「加水」調整酒精濃度。未經過加水的酒就稱為「原酒」。

第2次火入・裝瓶

出貨之前的最後作業

加水作業結束後，裝瓶完成就會出貨。而在裝瓶之前會再進行第2次火入作業。

日本酒的品飲方式

即使同一款日本酒，依據溫度、酒器、搭配料理的不同，會產生不同的風味，
這就是日本酒的醍醐味。因此別被「吟釀系酒要冷飲」
或是「爛酒要用陶製的豬口杯」等既定想法侷限，勇於嘗試各種搭配方式吧！

以酒的性質傾向為基準，找尋自己偏愛的溫度

日本酒的特徵在於能讓味蕾感受到美味的溫度範圍很廣。但是由於不同酒款會有適合冷飲或適合爛飲的性質傾向，因此若能事先了解，對於品飲會很有幫助。一般來說，吟釀酒系適合微冷的溫度，普通酒及生酒等適合冰冷的溫度，純米酒及生酛系適合常溫或飲，而熟成過的酒則適合常溫或微溫之後，讓酒體表現出更加鮮明的個性。以這些傾向為參考基準，不被既定印象所侷限，試著以各種不同的溫度品嘗，才能享受到日本酒獨有的醍醐味。

關於品飲溫度

日本酒的類型 ｜ 溫度表現

日本酒的類型	溫度表現
約40℃ ●純米酒系 ●生酛系	55℃ 飛切爛（飛びきり Tobikirikan） 50℃ 熱爛（熱爛 Atsukan） 45℃ 上爛（上爛 Jokan） 40℃ 溫爛（ぬる爛 Nurukan）
15～25℃ ●古酒系	35℃ 人肌爛（人肌爛 Hitohadakan）
18～20℃ ●純米酒系	30℃ 日向爛（日向爛 Hinatakan） 25℃
	20℃ 常溫（常溫 Jouon）
10～15℃ ●吟釀酒系	15℃ 涼冷（涼冷え Suzuhie） 10℃ 花冷（花冷え Hanahie）
5～15℃ ●普通酒 ●本釀造酒 ●生酒	5℃ 雪冷（雪冷え Yukihie）

依據溫度產生的味覺變化

溫度愈低 ←		→ 溫度愈高
不容易感受到、雜香內斂不明顯。	香氣	香氣擴散開來、清爽感消失。
不容易感受到、清爽感增加。	甜味	甜味增強、帶黏膩感。
帶清爽感、銳利感增加。	酸味	變得溫和、帶朦朧的印象。
刺激性增加、味道更為俐落。	苦味	變得溫和、展現厚度。
刺激性增加、帶生澀的印象。	澀味	刺激性變得溫和、富溫和感。
旨味緊縮、不容易感受到。	旨味	旨味飽滿、更加明顯。
揮發性弱、帶銳利感。	酒精感	揮發性高、酒精感增強。

目的在於思考如何掌握味道、享受品飲

有不少日本酒的酒標上，都清楚標示了日本酒度、酸度及胺基酸度等多樣成分。但是，決定日本酒味道的要素還有很多，再加上每個人對於味道的感受都不同，因此不時會有選購後出現味道與想像中大不相同的情況發生。這時，最有幫助的就是進行「品飲（Tasting）」。品飲的目的並非是要去猜測酒款名稱等困難的事，而是在於「掌握味道特徵，思考適合的品飲方式」（特別是針對唎酒師等提供者的立場）。掌握味道特徵的重點在於香氣與味道（口感）。特別是稱作「含香」的香氣表現，指的是含在口中時回到鼻腔內的香氣，對於掌握味道特徵能發揮驚人的作用。

味道的指標

●日本酒度

標示日本酒甘辛程度的數值。是利用糖分含量多的時候比較重的原理，使用日本酒度計進行測量。將水的比重設定為0，比重較重的標示為「－」，比重較輕則標示為「＋」。一般而言，標示「－」的表示甘口，標示「＋」表示辛口。

●酸度

表示日本酒中酸含量的數值。日本酒中主要的有機酸大部分是乳酸、蘋果酸及琥珀酸。一般而言，這些有機酸越多，會呈現出濃醇、辛口口感。有機酸越少，則會呈現淡麗、甘口口感。

●胺基酸度

表示日本酒中胺基酸含量的數值。日本酒中含有很多胺基酸，是構成味道的重要要素。但是，過多的胺基酸卻是導致雜味產生的要因。

日本酒成分的平均值

種類 （調查數量）	吟釀酒 （369）	純米酒 （364）	本釀造酒 （347）	普通酒 （409）
日本酒度	4.5	4.2	5.2	3.9
酸度	1.32	1.48	1.26	1.18
胺基酸度	1.23	1.48	1.36	1.23
酒精濃度 （％）	15.91	15.44	15.58	15.33

（依據國稅廳／平成23年度「全國市售酒類調查結果」製成）

味道感受的順序

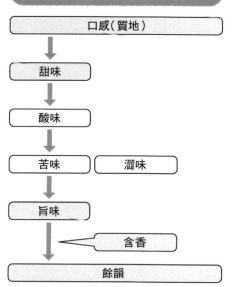

「口感」也可稱作酒的「質地」，例如「清爽」或是「滑順」等，也就是食感。「含香」也可稱作「後味」，指的是入喉後回到鼻腔內的香氣，而「餘韻」則是殘留在味蕾上的味道。若能掌握口感、含香與餘韻等三大要素，並感受到味道中的甜味與旨味，將能更順利地達成品飲的目的。

酒器

除了講求實用，外觀造型營造出的氣氛也很重要

要呈現出日本酒的個性，不可或缺的要素就是「酒器」。選擇酒器時，建議可以從「日本酒的香味」與「整體表現」等兩個觀點思考。首先，是要針對香味特性選擇適合的材質、形狀及大小。口徑大的酒器能充分享受到香氣、冷酒則適合在溫度上升之前就能喝完的小型酒器。此外，最重要的還有「氣氛」。即使是挑選了符合酒質特性的酒器，若是少了情調或樂趣，品嘗時也就少了愉快感，味道也會跟著大打折扣。換句話說，漂亮的酒器、喜愛的酒器，都是讓日本酒品嘗起來更加美味的秘訣。

選擇能活絡氣氛的酒器

想小酌一番時，選擇具有風情的小型酒壺與豬口杯（Choko）組合，感受優雅的氣氛。

適合搭配夏季清爽冷酒的青竹豬口杯。青竹的清新香氣能襯托出日本酒的風味。

可杯（Bekuhai）源自於高知縣，是一種用以在宴會中營造氣氛的酒器。這種結構特殊、造型有趣的酒器，是宴會席間進行遊戲的道具。例如無法放置於桌上的天狗杯、或是得從嘴巴上的小洞將酒喝完的鬼臉面具杯。

溫酒的道具

若想在家中享受品飲燗酒的樂趣，只要使用傳統的銚釐搭配其他溫酒道具就十分方便。但要是想確實地測量溫度、認真品味一番，「燗酒測量器」或「酒溫計」則是不可或缺的。

銚釐（ちろり）
喜歡品飲燗酒的人不可或缺的溫酒道具。正統的錫製材質，因為導熱效率高、加熱速度快，保溫的效果也很好，因此十分推薦。

桌上迷你溫酒器「ミニかんすけ」（サンシン）
在陶製容器中加入熱水，再放入注入日本酒的銚釐。經過90秒後就能完成燗酒，是非常方便的道具。

燗酒測量器（お燗メーター）
無論熱燗、上燗或溫燗都能一目了然的酒類專用溫度計。

酒溫計（サンシン）
「酒通」愛用的不鏽鋼製溫酒計。無論熱燗、溫燗、涼酒、冷酒或任何自己偏愛的溫度帶，都能一目了然。

●商品詢問
サンシン
Tel 03-3970-0943
http://www.kk-sanshin.com

① 從與空氣的接觸 思考酒器的使用

酒器的表面積愈大，香氣的揮發及酸化速度也愈快。因此，若注入香氣明顯類型的酒款，容易讓香氣很快地散去而造成反效果。但若是味道生澀的新酒，使用片口杯等表面積大的酒器，經過與空氣接觸後，口感反而會變得溫潤柔和。

與空氣接觸面積大的「平盃」類型，特徵在於香氣容易擴散。有些酒杯在內側也有美麗的圖案裝飾，光欣賞就是一種樂趣。

與葡萄酒的醒酒器效果相同，把新酒等生澀口感的酒倒入「片口杯」中後，味道會變得溫潤。

② 從日本酒的色澤 選擇酒杯材質

擁有美麗色澤的日本酒，就選擇透明的玻璃杯，或能夠增加艷澤感的酒器。呈現黃色或茶色的酒，搭配黑色或茶色系的陶瓷製酒器，看起來會顯得混濁；而若將濁酒倒入透明的玻璃杯中，喝過後之後會留下不美觀的痕跡，兩者都要特別注意。

能襯托出酒色澤的切子工藝玻璃杯（切り子細工）與玻璃豬口杯。沁涼感十足，適合搭配冰涼過的日本酒。

金色圖案裝飾的漆器，讓日本酒呈現高雅的格調。最適合在過年等慶賀場合中使用。

選擇能活躍香氣的酒器

③ 從日本酒的香氣 選擇酒杯形狀

具有華麗香氣特徵的日本酒，就要選擇能充分享受到香氣的酒器。建議使用杯體向上擴大的喇叭型酒器、或杯口略收的葡萄酒杯等，能充分感受到香氣表現的酒器。

能充分呈現出華麗香氣的喇叭型酒杯（左）。若想細細品味熟成酒等較具個性的香氣，則推薦杯口略收的鬱金香型酒杯（右）。

④ 從飲用溫度選擇 酒杯的大小和材質

品飲冰涼的日本酒時，可以使用冰鎮過的玻璃酒杯，或能短時間飲盡的小尺寸酒杯。而溫過的爛酒，則建議使用材質厚實的陶器或保溫效果良好的錫製酒器。

保溫性及保冷性都極佳的錫製酒器。爛酒溫度不容易下降，冷酒溫度不容易上升。因此若能保有一個會非常方便。

品飲冷酒時，建議使用在溫度上升前就能喝完的小型豬口杯。

191

料理

旨味、麴及乳酸菌是三大關鍵字

適合搭配白飯、或是平時我們喜歡拿來搭配白飯的配菜料理，並不能斷言就是適合搭配日本酒的料理。其中，若是具有日本酒特徵中的「旨味」食材，彼此的搭配性便會十分良好，例如像是昆布、柴魚與貝類等，都與日本酒非常調和。此外，味噌、醬油與鹽麴等麴製的食品，與日本酒的搭配性自然也不在話下，麴同時擁有能夠襯托生魚片美味及抑制魚貝類腥臭味的功效。再者，由於日本酒中含有乳酸，因此與乳製品也非常調和。特別是乳酸豐富的生酛系酒款，意外地與白黴起司非常搭配。除了日式料理之外，也可以試著與西式、中式或異國料理等各式不同菜色相互搭配。

季節料理與日本酒的香味類型搭配範例

※香氣類型請參照p.4～5

 春 ### 山菜料理╳薰酒
山菜具有沁涼的香氣與清爽的苦味。適合搭配香氣華麗的薰酒、口感舒暢的的爽酒或當季推出的新酒。

 夏 ### 日本鱧魚料理╳爽酒
日本鱧魚是夏季關西地區不可或缺的餐桌風景，特徵在於油脂少但旨味豐富。適合搭配旨味輕快且口感舒暢的爽酒。

 秋 ### 秋刀魚料理╳醇酒
秋刀魚豐富的油脂與內臟的苦味與日本酒是最佳拍檔。推薦搭配富旨味的醇酒，推薦溫飲。

 冬 ### 野味料理╳熟酒
野味指的是以野生的鴨、山豬及鹿等野生動物為食材的料理。營養豐富的肉類料理，最適合搭配味道濃厚的熟酒或醇酒。

---

column 你知道嗎？「喇酒師」與「日本酒檢定」

日本酒的侍酒師「喇酒師」

由於日本酒的選擇日趨多樣化，因此也開始需要像葡萄酒侍酒師一樣的專家，於是在1990年開始有了「喇酒師」認證制度。最初幾乎是餐飲業或酒類銷售等需接觸日本酒的相關從業人員，為了提升技能而取得認證。但是近幾年，愈來愈多日本酒愛好者也開始參與認證。目的似乎都在於希望透過學習日本酒與料理的搭配，以及酒器的選擇方式，讓日本酒更加美味，真正的享受到品嘗日本酒的樂趣。

以「日本酒通」為對象的「日本酒檢定」

自2010年起，以一般日本酒愛好者為對象的「日本酒檢定」一設立變備受矚目。出題內容共分為「歷史文化」、「釀造法」、「規範禮儀」、「品味法」及「雜學」等5個部份。檢定制度分為1級、準1級、2級～10級等共11個階段。由於任何人都可以報名測驗，因此像我們這樣的「日本酒通」正應該挑戰一下。

● 有關「喇酒師」認定與「日本酒檢定」的舉行可參閱官方網站說明

日本酒服務研究會・酒匠研究會連合會（SSI）
〒114-0004東京都北區堀船2-19-19
Tel 03-5390-0715
Fax 03-5390-0339
http://www.ssi-w.com

* 編註：台灣SSI相關課程請洽「台灣酒研學院」（http://www.wineacademy.tw/）

品飲 日本酒 實用用語

為能更認識、更親近日本酒，本文匯集日本酒的相關用語說明，讀者可在挑選日本酒時作為參考，更進一步邁向美好的日本酒世界。

* 編註：依據日文平假名排序。

（あ）

荒走（あらばしり Arabashiri）

進行醪的搾取時最初流出的部分，具有華麗香氣。依據醪的搾取順序，荒走之後流出的稱為中取（中取りNakadori）或是中汲（中汲みNakagumi），各呈現不同的特徵。

上立香（上立ち香 Uwadachika）

將日本酒注入酒器時感受到的香氣。常簡稱為立香。

滓酒（おり酒 Orizake）

在醪的搾取作業結束後，將沉澱在酒槽槽底的白色沉澱物「滓」一起裝瓶的酒，味道濃厚。

（か）

掛米（Kakemai）

釀製醪的時候所加入的蒸米。

活性清酒（Kassei Seishu）

通稱「氣泡日本酒（Sparkling Sake）」，是含有二氧化碳的日本酒。從酒精濃度低到酒精濃度高、甘口到辛口等，酒款種類多樣。

寒釀造（寒仕込み Kanjikomi／寒造り Kandukuri）

在適合釀造的最冷季節（11月～3月左右）進行釀造的名稱。

生一本（Kiippon）

在單一釀造場釀造而成的純米酒，以兵庫縣「灘」之生一本最為有名。

唎酒（利き酒 Kikizake）

針對酒的色澤、透明度、香氣及味道進行評價。

貴釀酒（Kijoushu）

製醪的過程中，以清酒取代部分釀造用水釀造而成的日本酒。多半呈現甘甜濃厚的風味。

生酛釀造（生酛仕込み Kimoto-jikomi）

將蒸米、麴和水裝入桶中用木棒（櫂）進行搗碎作業，讓酒藏的天然乳酸菌進行繁殖以製成酒母的釀造方式。

吟釀酒（Ginjo-shu）

以精米步合60%以下的米、麴、釀造酒精和水為原料，利用低溫慢慢發酵而成的日本酒。屬於特定名稱酒之一。

原酒（Genshu）

日本酒通常會經過「割水」，就是在酒中加入水，將酒精濃度向下調整至15～16℃，而沒有進行割水的酒就稱為「原酒」。酒精濃度較高，在18度前後。

高酸味酒（Kosanmi-shu）

日本酒一般使用黃麴進行釀造，「高酸味酒」指的是使用白麴釀造而成的日本酒。特徵在於強烈的酸味。

麴（Kouji）

讓黴菌之一的麴菌在蒸米上進行繁殖而來。又稱為「米麴」。目的是要讓米的澱粉進行糖化。

麴蓋（Koujibuta）

製麴時會使用到的杉木製淺長方形木盒。

酵母（Koubo）

將糖分轉化為酒精的微生物。分為日本酒釀造協會培養、公佈的酵母以及由酒藏自行培養的酵母等多種類型。為左右日本酒香氣的要因之一。

甑（Koshiki）

傳統的蒸米道具，構造與蒸籠相近。底部有能讓蒸汽流通的小洞。

古酒（Koshu）

一般指的是經過長期貯藏熟成的酒，但並沒有嚴格的規定。日本酒的釀造年度是以七月至隔年六月為區間，而酒藏會將前一年度之前釀造的酒皆稱為古酒。

（さ）

酸度（Sando）

表示日本酒中酸含量的數值。日本酒的平均酸度大約是在1.3~1.5左右。

上槽（Jousou／搾り Shibori）

醪的搾取作業，指的是將液體和酒粕分開的作業。

醸造酒精（醸造アルコール Jouzou Alcohol）

由含糖質原料等提煉而成，用於調整日本酒香氣。

酒造好適米（Shuzou-koutekimai）

適合醸造日本酒的米。具備米的心白部分大、蛋白質與脂肪含量少及吸水率佳等條件。目前被指定為酒造好適米的包含有「山田錦」、「雄町」等一百多個品種。

酒母（Shubo）

以麹、水和蒸米等培養酵母並促使其大量繁殖。為醪的原形。

純米酒（Junmai-shu）

使用米、米麹和水為原料醸造而成的日本酒。屬於特定名稱酒之一。

純米吟醸酒（Junmai Ginjo-shu）

以精米步合60%以下的米、米麹和水為原料，利用低溫慢慢發酵而成的日本酒。屬於特定名稱酒之一。

純米大吟醸酒（Junmai Daiginjo-shu）

以精米步合50%以下的米、米麹及水為原料，利用低溫慢慢發酵而成的日本酒。屬於特定名稱酒之一。

新酒（Shinshu）

剛醸造完成的日本酒會以新酒之姿進行販售，多半出現每年的十二月至三月之間。

浸漬（Shinseki）

用水清除殘留在米表面的米糠等物質後，將米浸泡於水中、吸收水分的狀態。

清酒（Seishu）

日本酒稅法制定的日本酒正式名稱。

精米步合（Seima-buai）

將糙米進行研磨，並以「%」表示磨去後剩餘的部分。

（た）

大吟醸酒（Daiginjo-shu）

以精米步合50%以下的米、米麹、水和醸造酒精為原料醸造而成日本酒。屬於特定名稱酒之一。

濁醪酒（濁酒 Dakushu／どぶろく Doburoku）

醪未經濾過程序醸造而成，呈白色混濁狀態的酒。市面上一般稱作「濁酒（にごり酒）」的酒因有經過粗網目濾布濾過的程序，因此不屬於濁醪酒，而是被歸類為清酒。（濁醪酒≠濁酒）

樽酒（Taruzake）

將酒貯藏於杉木製的木桶中，帶有杉木香氣的日本酒。

杜氏（Touji）

包括酒藏的管理、帳簿管理及醪的醸製等，進行醸造管理作業的總負責人。

特定名稱酒（Tokutei-meishoushu）

依據原料、醸造方式等的不同，共分為八個種類（純米大吟醸酒、大吟醸酒、純米吟醸酒、吟醸酒、特別純米酒、純米酒、特別本醸造酒、本醸造酒）的日本酒。

特別純米酒（Tokubetsu Junmai-shu）

純米酒之中，精米步合在60%以下或在醸造時有進行特別工程的日本酒。屬於特定名稱酒之一。

特別本醸造酒（Tokubetsu Honjouzou-shu）

本醸造酒之中，精米步合在60%以下或在醸造時有進行特別工程的日本酒。屬於特定名稱酒其中之一。

長期熟成酒（Chouki Jukusei-shu）

經過3~10年，或者更長時間進行熟成的酒。

斗瓶圍（斗瓶囲い Tobinkakoi／斗瓶取り Tobindori）

在酒袋中裝入醪並懸吊起來，將自然滴落的部分凝聚至18L（一斗瓶）的瓶中搾取而成，屬於最高等級的日本酒之一。

（な）

中取（中取り Nakadori／中汲み Nakagumi）

進行醪的搾取時，最初流出的部分稱為「荒走」，接著流出的液體就稱為「中取／中汲」，最後流出的部分則稱為「責（せめ Seme）」。

生酒（なまざけ Namazake）

完全未經過火入（加熱處理）作業的日本酒。一般日本酒則通常會進行2次火入作業。

生貯藏酒（Namachozou-shu）

未經過第1次火入作業便直接貯藏，僅在出貨前進行1次火入作業的酒。

生詰酒（Namatumesake）

僅在貯藏前進行1次火入作業，出貨時不再進行。

濁酒（にごり酒 Nigorizake）

僅使用粗網目的濾布進行醪的濾過，呈白色混濁狀的日本酒。濁酒中含有大量二氧化碳，因此在保存上要特別留心。

日本酒度（Nihonshudo）

表示日本酒甘辛程度的數值。「＋」的數值越高代表酒質為辛口，若是「－」的數值越高代表酒質為甘口。

乳酸（Nyuusan）

進行酵母的純粹培養及製造酒母時不可或缺的物質。釀造時若添加釀造用乳酸就稱為「速釀系酒母」，若使用酒藏中的天然乳酸菌就稱為「生酛系酒母」。

（は）

發酵（Hakkou／アルコール発酵 Alcohol-hakkou）

由酵母將糖分分解、轉化為酒精。

火入（火入れ Hiire）

為安定品質，將日本酒以60℃左右的溫度進行加熱的程序。通常會在貯藏前和出貨前各進行1次加熱，共計2次。

冷卸（冷おろし Hiyaoroshi）

原則上採用生詰酒的方式，經過半年左右的熟成，在秋季出貨的季節限定日本酒。

含香（含み香 Fukumika）

將含在口中時，由鼻腔穿透出的來的香氣。

袋吊（袋吊り Fukurotsuri）

多數指的是與「斗瓶囲／斗瓶取」的意思相同。

普通酒（Futsuushu）

特定名稱酒以外的日本酒，統稱為普通酒。

槽（Fune）／槽搾（槽搾り Funeshibori）

將醪裝入酒袋中後堆疊，施加壓力讓液體與酒粕分離的道具。使用此法搾酒稱為「槽搾」。

本釀造酒（Honjouzou-shu）

使用精米步合在70%以下的米、米麴、水和釀造酒精為原料釀造而成的日本酒。屬於特定名稱酒之一。

（ま）

蒸米（蒸し米 Mushimai）

有別於食用米以煮的方式，而是採用蒸米方式，作為釀造日本酒的原料。

無濾過（Muroka）

搾取後的酒液通常會再進行濾過，而「無濾過」指的就是未經過這道程序的酒。

酛（Moto）

即為酒母。

醪（もろみ Moromi）

酒母、蒸米、麴和水混合在一起的狀態。日本酒釀造過程中最重要的發酵程序。

（や）

山卸（山卸し Yamaoroshi）

使用木棒（櫂）將蒸米、麴和水混合、搗碎。為製造生酛系酒母的工程之一。

山廢（山廃 Yamahai）

為「山卸廢止」的簡稱。也就是廢止山卸作業，利用麴本身的糖化酵素力製造酒母。

195

SAKE INDEX・日本酒款索引
酒藏分類＆聯絡資訊
* 編註：日文原文索引。內文附記英文拼音對照。

公司	地址	電話	頁數
北海道			
男山(株)	旭川市永山2条7-1-33	0166-48-1931	34
國稀酒造(株)	増毛郡増毛町稲葉町1-17	0164-53-1050	35
小林酒造(株)	夕張郡栗山町錦3-109	0123-72-1001	34
高砂酒造(株)	旭川市宮下通17-右1	0166-23-2251	34、168
田中酒造(株)	小樽市信香町2-2(亀甲蔵)	0134-21-2390	35
日本清酒(株)	札幌市中央区南3条東5-2	011-221-7106	35
青森			
(株)西田酒造店	青森是油川大浜46	017-788-0007	36
八戸酒類(株)八鶴工場	八戸市八日町1	0178-43-0010	36
八戸酒造(株)	八戸市湊町本町9	0178-33-1171	36
三浦酒造(株)	弘前市石渡5-1-1	0172-32-1577	37
桃川(株)	上北郡おいらせ町上明堂112	0178-52-2241	37
(株)盛田庄兵衛	上北郡七戸町七戸230	0176-62-2010	37
岩手			
赤武酒造(株)	盛岡市北飯岡1-8-60(復活蔵)	019-681-8895	38
(株)あさ開	盛岡市大慈寺町10-34	019-652-3111	169
(名)吾妻嶺酒造店	紫波郡紫波町土館内川5	019-673-7221	38
(資)川村酒造店	花巻市石鳥谷町好地12-132	0198-45-2226	38
菊の司酒造(株)	盛岡市紺屋町4-20	019-624-1311	41
世嬉の一酒造(株)	一関市田村町5-42	0191-21-1144	40
泉金酒造(株)	下閉伊郡岩泉町岩泉太田30	0194-22-3211	39
(株)南部美人	二戸市福岡上町13	0195-23-3133	39
(株)浜千鳥	釜石市小川町3-8-7	0193-23-5613	39
(株)福来	久慈市宇部町5-31	0194-56-2221	40
(株)わしの尾	八幡平市大更第22地割158	0195-76-3211	40
宮城			
(株)一ノ蔵	大崎市松山千石大欅14	0229-55-3322	43、169
(株)男山本店	気仙沼市入沢3-8	0226-24-8088	44
(株)角星	気仙沼市切通78	0226-22-0001	45、170
金の井酒造(株)	栗原市一迫字川口町浦1-1	0228-54-2115	45
(株)佐浦	塩竈市本町2-19	022-362-4165	42
墨廼江酒造(株)	石巻市千石町8-43	0225-96-6288	43
仙台伊澤家 勝山酒造(株)	仙台市泉区福岡二又25-1	022-348-2611	41
大和蔵酒造(株)	黒川郡大和町松坂平8-1	022-345-6886	43
(株)田中酒造店	加美郡加美町西町88-1	0229-63-3005	44
(株)新澤醸造店	大崎市三本木北町63	0229-52-3002	44
森民酒造本家	仙台市若林区荒町53	022-266-2064	42
秋田			
秋田県醸酵工業(株)	湯沢市深堀中川原120-8	0183-73-3106	48
秋田酒類製造(株)	秋田市川元むつみ町4-12	018-864-7331	48
秋田清酒(株)	大仙市戸地谷天ケ沢83-1	0187-63-1224	48
秋田銘醸(株)	湯沢市大工町4-23	0183-73-3161	49
阿桜酒造(株)	横手市大沢西野67-2	0182-32-0126	47

公司	地址	電話	頁數
浅舞酒造(株)	横手市平鹿町浅舞字浅舞388	0182-24-1030	49
新政酒造(株)	秋田市大町6-2-35	018-823-6407	46
刈穂酒造(株)	請洽詢秋田清酒	-	49
(株)北鹿	大館市有浦2-2-3	0186-42-2101	46
(株)齋彌酒造店	由利本荘市石脇字石脇53	0184-22-0536	50
(名)鈴木酒造店	大仙市長野字二日町9	0187-56-2121	47
天寿酒造(株)	由利本荘市矢島町城内八森下117	0184-55-3165	50
日の丸醸造(株)	横手市増田町七日町114-2	0182-45-2005	50
(株)飛良泉本舗	にかほ市平沢中町59	0184-35-2031	46
福禄寿酒造	南秋田郡五城目町下夕町48	018-852-4130	47
舞鶴酒造(株)	横手市平鹿町浅舞字浅舞184	018-24-1128	51
山本(名)	山本郡八峰町八森字八森269	0185-77-2311	51

山形

公司	地址	電話	頁數
月山酒造(株)	寒河江市谷沢769-1	0237-87-1114	55
加藤嘉八郎酒造(株)	鶴岡市大山3-1-38	0235-33-2008	51
(株)小嶋総本店	米沢市本町2-2-3	0238-23-4848	52
酒田酒造(株)	酒田市日吉町2-3-25	0234-22-1541	54
(有)新藤酒造店	米沢市竹井1331	0238-28-3403	54
竹の露(資)	鶴岡市羽黒町猪俣新田字田屋前133	0235-62-2209	54
楯の川酒造(株)	酒田市山楯字清水田27	0234-52-2323	55
千代寿虎屋(株)	寒河江市南町2-1-16	0237-86-6133	52
出羽桜酒造(株)	天童市一日町1-4-6	023-653-5121	53
東北銘醸(株)	酒田市十里塚字村東山125-3	0234-31-1515	55
米鶴酒造(株)	東置賜郡高畠町二井宿1076	0238-52-1130	53
(株)渡會本店	鶴岡市大山2-2-8	0235-33-3262	53

福島

公司	地址	電話	頁數
会津酒造(株)	南会津郡南会津町永田字穴沢603	0241-62-0012	58
榮川酒造(株)	耶麻郡磐梯町更科中曽根平6841-11	0242-73-2300	57
(名)大木代吉本店	西白河郡矢吹町本町9	0248-44-3161	56
奥の松酒造(株)	二本松市長命69	0243-22-2153	58
小原酒造(株)	喜多方市南町2846	0241-22-0074	58
大七酒造(株)	二本松市竹田1-66	0243-23-0007	56
鶴乃江酒造(株)	会津若松市七日町2-46	0242-27-0139	61
人気酒造(株)	二本松市山田470	0243-23-2091	57
(資)廣木酒造本店	河沼郡会津坂下町市中二番甲3574	0242-83-2104	59
夢心酒造(株)	喜多方市北町2932	0241-22-1266	59

茨城

公司	地址	電話	頁數
石岡酒造(株)	石岡市東大橋字深久保2972	0299-26-3331	65
木内酒造(資)	那珂市鴻巣1257	029-298-0105	64
須藤本家(株)	笠間市小原2125	0296-77-0152	64
府中誉(株)	石岡市国府5-9-32	0299-23-0233	65
(株)武勇	結城市結城144	0296-33-3343	65
(株)山中酒造店	常総市新石下187	0297-42-2004	64

栃木

公司	地址	電話	頁數
菊の里酒造(株)	大田原市片府田302-2	0287-98-2477	67
小林酒造(株)	小山市卒島743-1	0285-37-0005	67
(株)島崎酒造	那須烏山市中央1-11-18	0287-83-1221	66
(株)せんもん	さくら市馬場106	028-681-0011	66
第一酒造(株)	佐野市田島町488	0283-22-0001	66

公司	地址	電話	頁數
(株)松井酒造店	塩谷郡塩谷町船生3683	0287-47-0008	67

群馬

柴崎酒造(株)	北群馬郡吉岡町下野田649-1	0279-55-1141	68
島岡酒造(株)	太田市由良町375-2	0276-31-2432	68
永井酒造(株)	利根郡川場村門前713	0278-52-2311	68
柳澤久造(株)	前橋市粕川町深津104-2	027-285-2005	69
龍神酒造(株)	館林市西本町7-13	0276-72-3711	69

埼玉

五十嵐酒造(株)	飯能市川寺667-1	050-3785-5680	71
石井酒造(株)	幸手市南2-6-11	0480-42-1120	69
小江戸鏡山酒造(株)	川越市仲町10-13	049-224-7780	70
(株)小山本家酒造	さいたま市西区指扇1798	048-623-0013	71
清水酒造(株)	加須市戸室1006	0480-73-1311	72
神亀酒造	蓮田市碼込3-74	048-768-0115	70
滝澤酒造	深谷市田所町9-20	048-571-0267	72
(株)文楽	上尾市上町2-5-5	048-771-0011	169
横田酒造(株)	行田市桜町2-29-3	048-556-6111	71

千葉

(株)飯沼本家	印旛郡酒々井町馬橋106	043-496-1111	73
木戸泉酒造(株)	いすみ市大原7635-1	0470-62-0013	73
小泉酒造(資)	富津市上後423-1	0439-68-0100	72
(株)寺田本家	香取郡神崎町神崎本宿1964	0478-72-2221	74
守屋酒造(株)	山武市蓮沼ハ2929	0475-86-2016	168
吉野酒造(株)	勝浦市植野571	0470-76-0215	73

東京

石川酒造(株)	福生市熊川1	042-553-0100	76
小澤酒造(株)	青梅市沢井2-770	0428-78-8215	75
小山酒造(株)	北区岩淵町26-10	03-3902-3451	74
(株)豊島屋本店	千代田区猿楽町1-5-1(本社)	03-3293-9111	75
野崎酒造	あきる野市戸倉63	042-596-0123	76

神奈川

泉橋酒造(株)	海老名市下今泉5-5-1	046-231-1338	77
(資)川西屋酒造店	足柄上郡山北町山北250	0465-75-0009	77
久保田酒造(株)	相模原市緑区根小屋702	042-784-0045	76
熊澤酒造(株)	茅ヶ崎市香川7-10-7	0467-52-6118	77

新潟

青木酒造(株)	魚南沼市塩沢1214	025-782-0023	82
朝日酒造(株)	長岡市朝日880-1	0258-92-3181	83
石本酒造(株)	新潟市江南区北山847-1	025-276-2028	82
市島酒造(株)	新発田市諏訪町3-1-17	0254-22-2350	86
今代司酒造(株)	新潟市中央区鏡が岡1-1	025-245-3231	83
魚沼酒造(株)	十日町市中条丙1276	025-752-3017	84
(株)越後鶴亀	新潟市西蒲区竹野町2580	0256-72-2039	81
お福酒造(株)	長岡市横枕町606	0258-22-0086	85
菊水酒造(株)	新発田市島潟750	0120-23-0101	85
麒麟山酒造(株)	東蒲原郡阿賀町津川46	0254-92-3511	85
白瀧酒造(株)	南魚沼郡湯沢町湯沢2640	0120-858520	79

公司	地址	電話	頁數
大洋酒造(株)	村上市飯野1-4-31	0254-53-3145	84
高の井酒造(株)	小千谷市東栄3-7-67	0258-83-3450	82
八海醸造(株)	南魚沼市長森1051	025-775-3866	80
原酒造(株)	柏崎市新橋5-12	0257-23-6221	81
福井酒造(株)	新潟市西蒲区福井1833	0256-72-2839	81
(株)北雪酒造	佐渡市徳和2377-2	0259-87-3105	80
緑川酒造(株)	魚沼市青島4015-1	025-792-2117	84
宮尾酒造(株)	村上市上片町5-15	0254-52-5181	86
諸橋酒造(株)	長岡市北荷頃408	0258-52-1151	86
吉乃川(株)	長岡市摂田屋4-8-12	0258-35-3000	80

山梨

太冠酒造(株)	南アルプス市上宮地57	055-282-1116	87
武の井酒造(株)	北杜市高根町箕輪1450	0551-47-2277	88
谷櫻酒造(株)	北杜市大泉町谷戸2037	0551-38-2008	87
山梨銘醸(株)	北杜市白州町台ヶ原2283	0551-35-2236	87

長野

大澤酒造(株)	佐久市茂田井2206	0267-53-3100	93
岡崎酒造(株)	上田市中央4-7-33	0268-22-0149	91
橘倉酒造(株)	佐久市臼田653-2	0267-82-2006	92
佐久の花酒造(株)	佐久市下越620	0267-82-2107	91
(株)酒千蔵野	長野市川中島町今井368-1	026-284-4062	61
信川銘醸(株)	上田市長瀬2999-1	0268-35-0046	92
大雪渓酒造(株)	北安曇郡池田町会染9642-2	0261-62-3125	92
千曲錦酒造(株)	佐久市長土呂1110	0267-67-3731	93
(株)豊島屋	岡谷市本町3-9-1	0266-23-1123	88
七笑酒造(株)	木曽郡木曽町福島5132	0264-22-2073	90
菱友醸造(株)	諏訪郡下諏訪町3205-17	0266-27-8109	90
(株)名古酒造店	佐久市塚原411	0267-67-2153	90
(株)桝一市村酒造場	小布施町807	026-247-2011	168
宮坂醸造(株)	諏訪市元町1-16	0266-52-6161	91
(資)宮島酒店	尹那市荒井3629-1	0265-78-3008	89
(株)湯川酒造店	木曽郡木祖村薮原1003-1	0264-36-2030	89
(株)麗人酒造	諏訪市諏訪2-9-21	0266-52-3231	89

石川

鹿野酒造(株)	加賀市八日市町イ6	0761-74-1551	99
菊姫(資)	白山市鶴来新町夕8	076-272-1234	98
(株)小堀酒造店	白山市鶴来本町1-ワ47	076-273-1171	96
車多久造	白山市坊丸町60-1	076-275-1165	96
宗玄酒造(株)	株洲市宝立町宗玄24-22	0768-84-1314	97
(有)武内酒造店	金沢市御所町イ22乙	076-252-5476	98
(名)中島酒造店	輪島市鳳至町稲荷町8	0768-22-0018	98
日吉酒造店	輪島市河井町2-27-1	0768-22-0130	99
(株)福光屋	金沢市石引2-8-3	076-223-1161	91、170
(株)吉田酒造店	白山市安吉町41	076-276-3311	99

福井

(資)加藤吉平商店	鯖江市吉江町1-11	0778-51-1507	101
源平酒造(株)	大野市要町1-33	0779-66-5712	100
黒龍酒造(株)	吉田郡永平寺町松岡春日1-38	0776-61-6110	101
田嶋酒造(株)	福井市桃園1-3-10	0776-36-3385	102

公司	地址	電話	頁數
(有)南部酒造場	大野市元町6-10	0779-65-8900	100
白駒酒造(資)	南条郡南越前町今庄82-24	0778-45-0020	102
舟木酒造(資)	福井市大和田町46-3-1	0776-54-2323	102
真名鶴酒造(資)	大野市明倫町11-3	0779-66-2909	101

富山

(有)清都酒造場	高岡市京町12-12	0766-22-0557	103
高澤酒造場	氷見市北大町18-7	0766-72-0006	103
林酒造場	下新川郡朝日町境1608	0765-82-0384	104
(株)桝田酒造店	富山市東岩瀬町269	076-437-9916	104
若鶴酒造(株)	砺波市三郎丸208	0763-32-3032	103

岐阜

(株)老田酒造店	高山市上三之町67	0577-32-0166	108
(有)蒲酒造場	飛騨市古川町壱之町6-6	0577-73-3333	104
小町酒造(株)	各務原市蘇原尹吹町2-15	058-382-0077	106
(資)白木桓助商店	岐阜市門屋門61	058-229-1008	106
千代菊(株)	羽島市竹鼻町2733	058-391-3131	106
天領酒造(株)	下呂市萩原町萩原1289-1	0576-52-1515	107
所酒造(資)	揖斐郡揖斐川町三輪537-1	0585-22-0002	107
中島醸造(株)	瑞浪市土岐町7181-1	0572-68-3151	108
(株)林本店	各務原市那加新加納町2239	058-382-1238	170
(有)平瀬酒造店	高山市上一之町82	0577-34-0010	105
(有)舩坂酒造店	高山市上三之町105	0577-32-0016	105
御代桜醸造(株)	美濃加茂市太田本町3-2-9	0574-25-3428	107、168
(株)三輪酒造	大垣市船町4-48	0584-78-2201	108

靜岡

磯自慢酒造(株)	焼津市鰯ヶ島307	054-628-2204	109
(株)大村屋酒造場	島田市本通1-1-8	0547-37-3058	109、170
三和酒造(株)	靜岡市清水区西久保501-10	054-366-0839	112
(株)志太泉酒造	藤枝市宮原423-22-1	054-639-0010	110、168
杉井酒造	藤枝市小石川町4-6-4	054-641-0606	110
(株)土井酒造場	掛川市小貫633	0537-74-2006	110
花の舞酒造(株)	浜松市浜北区宮口632	0120-606-609	111
富士高砂酒造(株)	富士宮市宝町9-25	0544-27-2008	111
富士錦酒造(株)	富士宮市上柚野532	0544-66-0005	109
牧野酒造(資)	富士宮市下条1037	0544-58-1188	111

愛知

相生ユニビオ(株)碧南事業所	碧南市弥生町4-3	0566-41-2000	114
神杉酒造(株)	安城市明治本町20-5	0566-75-2121	112
金虎酒造(株)	名古屋市北区山田3-11-16	052-981-3960	113
勲碧酒造(株)	江南市小折本町柳橋88	0587-56-2138	113
澤田酒造(株)	常滑市古場町4-10	0569-35-4003	114
関谷醸造(株)	北設楽郡設楽町田口字町浦22	0536-62-0505	113
(株)萬乗醸造	名古屋市区大高町西門田41	052-621-2185	114
山忠本家酒造(株)	愛西市日置町1813	0567-28-2247	115

三重

伊藤酒造(株)	四日市市桜町110	059-326-2020	115
(株)タカハシ酒造	四日市市松寺2-15-7	059-365-0205	116
(名)森本仙右衛門商店	伊賀市上野福居町3342(上野酒造場)	0595-23-5500	115

公司	地址	電話	頁數
若戎酒造(株)	伊賀市阿保1317	0595-52-0006	116

滋賀

上原酒造(株)	高島市新旭町太田1524	0740-25-2075	120
笑四季酒造(株)	甲賀市水口町本町1-7-8	0748-62-0007	120
太田酒造(株)	草津市草津3-10-37	077-562-1105	121
北島酒造(株)	湖南市針756	0748-72-0012	121
冨田酒造(有)	長浜市木之本町木之本1107	0749-82-2013	121
(株)福井弥平商店	高島市勝野1387-1	0740-36-1011	122
藤居本家	愛知郡愛荘町長野793	0749-42-2080	120

京都

木下酒造(有)	京丹後市久美浜町甲山1512	0772-82-0071	124
熊野酒造(有)	京丹後市久美浜町45-1	0772-82-0019	123
齊藤酒造(株)	京都市伏見区横大路三栖山城屋敷町105	075-611-2124	124
佐々木酒造(株)	京都市上京区日暮通椹木町下ル北伊勢屋町727	075-841-8106	125
招德酒造(株)	京都市伏見区舞台町16	075-611-0296	60、123
宝酒造(株)	京都市下京区四条通烏丸東入	075-241-5111	124
玉乃光酒造(株)	京都市伏見区東堺町545-2	075-611-5000	122
丹山酒造(有)	亀岡市横町7	0771-22-0066	61
ハクレイ酒造(株)	宮津市字由良949	0772-26-0001	123

大阪

秋鹿酒造(有)	豊能郡能勢町倉垣1007	072-737-0013	125
(有)北庄司酒造店	泉佐野市日根野3173	072-468-0850	126
西條(資)	河内長野市長野町12-18	0721-55-1101	125
兵庫			
香住鶴(株)	美方郡香美町香住区小原600-2	0796-36-0029	130
(株)神戸酒心館	神戸市東灘区御影塚町1-8-17	078-821-2911	129
小西酒造(株)	伊丹市東有岡2-13	072-782-5251	126
(株)小山本家酒造 灘浜福鶴蔵	神戸市東灘区魚崎南町4-4-6	078-411-8339	128
沢の鶴(株)	神戸市灘区新在家南町5-1-2	078-881-1269	127
(株)下村酒造店	姫路市安富町安志957	0790-66-2004	127
(株)西山酒造場	丹波市市島町中竹田1171	0795-86-0331	129
富久錦(株)	加西市三口町1048	0790-48-2111	129、168
(株)本田商店	姫路市網干区高田361-1	079-273-0151	128
ヤヱガキ酒造(株)	姫路市林田町六九谷681	079-268-8080	128

奈良

(株)今西清兵衛商店	奈良市福智院町24-1	0742-23-2255	131
梅乃宿酒造(株)	葛城市東室27	0745-69-2121	131
葛城酒造(株)	御所市名柄347-2	0745-66-1141	131
長龍酒造(株)	北葛城郡広陵町南4	0745-56-2026	130
八木酒造(株)	奈良市高畑町915	0742-26-2300	132
油長酒造(株)	御所市中本町1160	0745-62-2047	132

和歌山

(株)九重雑賀	紀の川市桃山町元142-1	0736-66-3160	133
(株)世界一統	和歌山市湊紺屋町1-10	073-433-1441	133
田端酒造(株)	和歌山市木広町5-2-15	073-424-7121	133
中野BC(株)	海南市藤白758-45	073-482-1234	134
(株)名手酒造店	海南市黒江846	073-482-0005	134
(株)吉村秀雄商店	岩出市畑毛72	0736-62-2121	132

公司	地址	電話	頁數
鳥取			
(株)稲田本店	米子市夜見町325-16	0859-29-1108	138
大谷酒造(株)	東伯郡琴浦町浦安368	0858-53-0111	138
諏訪酒造(株)	八頭郡智頭町智頭451	0858-75-0618	139
千代むすび酒造(株)	境港市大正町131	0859-42-3191	170
(有)山根酒造場	鳥取市青谷町大坪249	0857-85-0730	138
島根			
板倉酒造(有)	出雲市塩冶町468	0853-21-0434	140
隠岐酒造(株)	隠岐郡隠岐の島町原田174	08512-2-1111	141
簸上清酒(名)	仁多郡奥出雲町横田1222	0854-52-1331	140
吉田酒造(株)	安来市広瀬町広瀬1216	0854-32-2258	141
米田酒造(株)	松江市東本町3-59	0852-22-3232	139
李白酒造(有)	松江市石橋町335	0852-26-5555	140
岡山			
嘉美心酒造(株)	浅口市寄島町7500-2	0865-54-3101	141
菊池酒造(株)	倉敷市玉島阿賀崎1212	086-522-5145	142
高祖酒造(株)	瀬戸内市牛窓町牛窓4943-1	0869-34-2002	142
(株)辻本店	真庭市勝山116	0867-44-3155	142
利守酒造(株)	赤磐市西軽部762-1	086-957-3117	144
三宅酒造(株)	総社市宿355	0866-92-0075	143
宮下酒造(株)	岡山市中区西川原184	086-272-5594	143
室町酒造	赤磐市西中1342-1	086-955-0029	143
広島			
相原酒造	呉市仁方本町1-25-15	0823-79-5008	146
(株)今田酒造本店	東広島市安芸津町三津3734	0846-45-0003	60
榎酒造(株)	呉市音戸町南隠渡2-1-15	0823-52-1234	145
金光酒造(資)	東広島市黒瀬町乃美尾1364-2	0823-82-2006	146
賀茂泉酒造(株)	東広島市西条上市町2-4	082-423-2118	145
賀茂鶴酒造(株)	東広島市西条本町4-31	082-422-2121	146
亀齢酒造(株)	東広島市西条本町8-18	082-422-2171	147
(株)醉心山根本店	三原市東町1-5-58	0848-62-3251	147
(株)天寶一	福山市神辺町川北660	084-962-0033	147
中尾醸造(株)	竹原市中央5-9-14	0846-22-2035	148
白牡丹酒造(株)	東広島市西条栄町3-10(白牡丹株式会社)	082-423-2202	144
比婆美人酒造(株)	庄原市三日市町232-1	0824-72-0589	148
(株)三宅本店	呉市本通7-9-10	0823-22-1029	145
山口			
旭酒造(株)	岩国市周東町獺越2167-4	0827-86-0120	151
酒井酒造(株)	岩国市中津町1-1-31	0827-21-2177	149
(株)中島屋酒造場	周南市土井2-1-3	0834-62-2006	150
中村造酒(株)	萩市椿東3108-4	0838-22-0137	149
(株)永山本家酒造場	宇部市車地138	0836-62-0088	148
村重酒造(株)	岩國市御庄5-101-1	0827-46-1111	150
八百新酒造(株)	岩國市今津町3-18-9	0827-21-3185	151
香川			
綾菊酒造(株)	綾歌郡綾川町山田下3393-1	087-878-2222	154
川鶴酒造(株)	観音寺市本大町836	0875-25-0001	154

公司	地址	電話	頁數
西野金陵(株)	仲多度郡琴平町623	0877-73-4133	154
德島			
(有)斎藤酒造場	徳島市佐古七番町7-1	088-652-8340	155
日新酒類(株)	板野郡上板町上六條283	088-694-8166	155
芳水酒造(有)	三好市井川町辻231-2	0883-78-2014	156
(株)本家松浦酒造場	鳴門市大麻町池谷字柳ノ本19	088-689-1110	155

高知

亀泉酒造(株)	土佐市出間2123-1	088-854-0811	157
酔鯨酒造(株)	高知市長浜566-1	088-841-4080	158
司牡丹酒造(株)	高岡郡佐川町甲1299	0899-22-1211	156
(有)西岡酒造店	高岡郡中土佐町久礼6154	0889-52-2018	157

愛媛

石鎚酒造(株)	西条市氷見丙402-3	0897-57-8000	159
梅錦山川(株)	四国中央市金田町金川14	0896-58-1211	158
(株)八木酒造部	今治市旭町3-3-8	0898-22-6700	158
雪雀酒造(株)	松山市柳原123	089-992-0025	159

福岡

(株)いそのさわ	うきは市浮羽町西隈上1-2	0943-77-3103	159
(株)喜多屋	八女市本町374	0943-23-2154	161
(株)高橋商店	八女市本町2-22-1	0943-23-5101	160
(株)杜の蔵	久留米市三猪町玉満2773	0942-64-3001	160
(名)山口酒造場	久留米市北野町今山534-1	0942-78-2008	161

佐賀

天吹酒造(資)	三養基郡みやき町東尾2894	0942-89-2001	163
五町田酒造(株)	嬉野市塩田町五町田甲2081	0954-66-2066	162
天山酒造(株)	小城市小城町岩蔵1520	0952-73-3141	163
(有)馬場酒造場	鹿島市三河内乙1365	0954-63-3888	162
富久千代酒造(有)	鹿島市浜町1244	0954-62-3727	162

長崎

今里酒造(株)	東彼杵郡波佐見町宿郷596	0956-85-2002	163
潜龍酒造(株)	佐世保市江迎町長坂209	0956-65-2209	164
福田酒造(株)	平戸市志々伎町1475	0950-27-1111	164

熊本

(株)熊本県酒造研究所	熊本市中央区島崎1-7-20	096-352-4921	164
千代の園酒造(株)	山鹿市山鹿1782	0968-43-2161	165
通潤酒造(株)	上益城郡山都町浜町54	0967-72-1177	165
(株)美少年	菊池市四町分免兎原1030	0968-27-3131	165

大分

萱島酒造(有)	国東市国東町綱井392-1	0978-72-1181	166
クンチョウ酒造(株)	日田市豆田町6-31	0973-23-6262	166
佐藤酒造(株)	竹田市久住町久住6197	0974-76-0004	166
(有)中野酒造	杵築市南杵築2487-1	0978-62-2109	167
浜嶋酒造(資)	豊後大野市緒方町下自在381	0974-42-2216	167

<STAFF>

攝影／目黑－MEGURO.8
插畫／矢田勝美
設計／NILSON design studio（望月昭秀、木村由香利）
執筆協力／加茂直美、中村悟志、青龍堂（竹山東山、倉本皓介）、富江弘幸
校正／株式會社 鷗來堂
編輯協力／見上 愛、木下穎子
編・構成／3season Co., Ltd.（湯田美喜子、花澤靖子）
企劃／吉田七美（Mynavi Corporation）

參考書目

• 『日本酒の基』日本酒サービス研究会・酒匠研究会連合会（NPO法人FBO）
• 『日本酒手帳』日本酒サービス研究会・酒匠研究会連合会／長田卓・監修（東京書籍）
• 『おとなの常識日本酒』藤田千恵子・著（淡交社）
• 『知識ゼロからの日本酒入門』尾瀬あきら・著（幻冬舍）
• 『酒米ハンドブック』副島顕子・著（文一総合出版）
• 『新世代日本酒が旨い』かざまりんぺい・著（角川SSコミュニケーションズ）
• 『蔵元を知って味わう 日本酒事典』武者英三・監修（ナツメ社）
• 『発酵』小泉武夫・著（中央公論社）
• 『日本の酒の歴史』坂口謹一郎・監修（研成社）
• 『日本酒の歴史』柚木学・著（雄山閣）
• 『日本酒──人と酒のつき合い史』井口一幸・著（彩流社）
• 『日本酒の教科書』木村克己・著（新星出版社）
• 『唎酒師必携』右田圭司・著（柴田書店）
• 『日本酒ガイドブック──Tastes of 1212』松崎晴雄・著（柴田書店）
• 『日本酒のすべて』（雉出版社）
• 『日本酒全国酒造名簿2009年版』（フルネット）

國家圖書館出版品預行編目（CIP）資料

日本酒圖鑑：超過300間百年歷史酒藏，402支經典不墜酒款，品飲日本酒必備知識與最新趨勢！/ 日本酒侍酒研究會，酒匠研究會聯合會監修；陳瑩玉譯. -- 初版. -- 臺北市：積木文化出版：家庭傳媒城邦分公司發行, 民104.09
面；　公分
譯自：日本酒の図鑑
ISBN 978-986-459-011-7（平裝）

1. 酒 2. 日本

463.8931　　　　　　　104017681

VV0053

日本酒圖鑑

超過300間百年歷史酒藏，402支經典不墜酒款，品飲日本酒必備知識與最新趨勢！

原書名	日本酒の図鑑
監修	日本酒侍酒研究會・酒匠研究會聯合會（SSI）
中文審訂	歐子豪
譯者	陳瑩玉

總編輯	王秀婷
責任編輯	張成慧
版權行政	沈家心
行銷業務	陳紫晴、羅伃伶

發行人	涂玉雲
出版	積木文化

104台北市民生東路二段141號5樓
電話：(02) 2500-7696 | 傳真：(02) 2500-1953
官方部落格：www.cubepress.com.tw
讀者服務信箱：service_cube@hmg.com.tw

發行　英屬蓋曼群島商家庭傳媒股份有限公司城邦分公司
台北市民生東路二段141號11樓
讀者服務專線：(02) 25007718-9 | 24小時傳真專線：(02) 25001990-1
服務時間：週一至週五09:30-12:00、13:30-17:00
郵撥：19863813 | 戶名：書蟲股份有限公司
網站：城邦讀書花園 | 網址：www.cite.com.tw

香港發行所　城邦（香港）出版集團有限公司
香港九龍九龍城土瓜灣道86號順聯工業大廈6樓A室
電話：+852-25086231 | 傳真：+852-25789337
電子信箱：hkcite@biznetvigator.com

馬新發行所　城邦（馬新）出版集團Cite (M) Sdn Bhd
41, Jalan Radin Anum, Bandar Baru Sri Petaling,
57000 Kuala Lumpur, Malaysia.
電話：(603) 90563833 | 傳真：(603) 90576622
電子信箱：services@cite.my

封面設計	許瑞玲
數位印刷	凱林彩印股份有限公司

NIHONSHU NO ZUKAN supervised by NIHONSHU SERVICE
KENKYUKAI・SAKASHO KENKYUKAI RENGOKAI
Copyright © 2014 3season Co.,Ltd.

All rights reserved.
Original Japanese edition published by Mynavi Corporation

This Traditional Chinese edition is published by arrangement with
Mynavi Corporation, Tokyo in care of Tuttle-Mori Agency, Inc., Tokyo
through Bardon-Chinese Media Agency, Taipei

2015年9月24日　初版一刷
2023年12月5日　初版七刷（數位印刷版）

售　　價　450元
ISBN　978-986-459-011-7